MOTORエレクトロニクス

電池特性解説からLICの製作・全固体電池の評価実験まで

EVと電池の充電・放電・給電

CQ出版社

CONTENTS

MOTORエレクトロニクス No.10

表紙デザイン：MATHRAX 久世 茉里子

特集 電池特性解説からLICの製作・全固体電池の評価実験まで
EVと電池の充電・放電・給電

第1章	多種多様な電池から選択のための基礎知識 電池の充放電の特性データの使い方 …… 長谷川 圭一 … 3
第2章	〜鉛電池の基礎知識から用途別最新技術まで 鉛電池の特性を120%引き出す方法 …… 長谷川 圭一 … 23
第3章	エネルギー密度より充放電性能と長寿命化を優先した 負極がLTOのリチウム・イオン電池"SCiB" …… 澁谷 信男 … 41
第4章	BMSと電池残量計測を担うガス・ゲージIC〜 SBS1.1規格とSMBusプロトコルを使ってみよう …… 大熊 均 … 59
第5章	リチウム・イオン電池パック用データ収集ユニットの製作 SMBusを使い「CQリチウム・イオン電池パック」の内部状態を見る …… 鶴岡 正美 … 68
第6章	期待されているリチウム・イオン電池の将来型 "全個体電池"はどれだけ安全なのか …… 鶴岡 正美 … 74
第7章	プリドープ必須！　実験室で水平ドープ法による "リチウム・イオン・キャパシタ"の製作 …… 臼田 昭司 … 79
第8章	磁界結合方式と同様に今後の普及が期待 電界結合ワイヤレス電力伝送 …… 大平 孝 … 93
第9章	将来のEV普及の必須技術となる 走行中給電が必要な理由 …… 畑／居村／藤本／佐藤／郡司 … 103
第10章	仕様決定からミニモデル実験まで ワイヤレス給電仕様のインホイール・モータ搭載EVの開発＜前＞ …… 畑／居村／藤本／佐藤／郡司 … 113
第11章	実車試験＆路面設備の製作と実証実験 ワイヤレス給電仕様のインホイール・モータ搭載EVの開発＜後＞ …… 畑／居村／藤本／佐藤／郡司 … 133

製作実験レポート
"磁気車輪"の動作原理・実験・製作
永久磁石による回転型「磁気浮上・走行装置」 …… 藤井 信男 … 151

2018年CQ EVミニカート筑波レース 秋大会
ユニーク・ボディの26台が筑波サーキットに集まった
カウル装着可能な大会で記録は大幅アップ！ …… 青山 義明 … 171

特別連載
上位入賞を目指すための省エネ型EVレース車の損失削減の考え方＜下＞
車体構造とタイヤ周りのレイアウト …… 中村 昭彦 … 177

EV/モータ製作レポート
エコノムーブで「菅生サーキット」を走るために
モータ・コイルの最適な巻き方を探る …… 本田 聡 … 187

広道を走るEVバスの開発
8輪コミュニティEVバスの製作と普及
ベンチャの挑戦 …… 宗村 正弘 … 196

連載エッセイ
クアラルンプールの教壇から④
英語をしゃべって「変わり者」になろう！ …… 小林 史典 … 212

第1章

～多種多様な電池から選択のための基礎知識～

電池の充放電の特性データの使い方

長谷川 圭一

現在は，EVに限らず電池を使うことが少なくない．電池の種類も増えており，EVやモバイル機器などに電源を搭載したい時，その選択肢も多くなった．その中で，使用目的に合わせて，どういう仕様のどういう特性の電池を選ぶかを考える．まずは，電池の種類を整理した後，電池のカタログにある特性値がどういう意味を持つかを考える．特に，放電特性と充電特性について，その見方と考え方を示す． （編集部）

1．電池の特性ってナニ？

■ 1.1 電池の放電と充電の性能

● 電池需要は増加と多様化に進む

今では「電池」に関する記事や情報をたくさん目にします．これも
- IoT化によるモバイル機器の普及
- エンジン駆動からモータ駆動への転換

が進んでいるので，その電源となる電池に対する需要が年々増えつつあるからです．

また，電池に対する要求も多様になり，いろいろな仕様や特性を持った電池が次々に登場しています．

● 多様化で選択肢は増えたが…

電池の多品種化により，その選択肢は増えつつあります．一方で電池性能も品種ごとに異なり，最適な電池選定をするのは簡単ではありません．

電池の使い方によっても選択肢は異なり，逆に，電池の特性を考慮して使用することで長寿命化や大きな電気容量の確保につながります．

● 一次電池と二次電池，放電と充電

電池の特性では，2つのことを重視しなくてはなりません．

例えば，テレビのリモコンでは，単3電池や単4電池のような使い切りタイプの電池を使います．この使い切りタイプの電池を"一次電池（primary cell）"といいます．

(a) 一次電池　　　　　　(a) 二次電池

図1　一次電池と二次電池

一方，スマートフォン等のモバイル機器に組み込まれている電池の多くは，充電器で"充電"が可能なタイプです．充電は無限ではありませんが，何度でもできます．このタイプを"二次電池（secondary cell）"といいます（**図1**）．

一次電池を使用するときに気になるのは放電の性能ですが，二次電池では加えて充電の性能も気になります．

● 電池の性能の"良し悪し"って何か？

テレビのリモコンの電池が切れて家電量販店に買いにいくとしましょう．リモコンに使う単3電池だけでもたくさんの種類が並んでいます（**写真1**）．値段も高いものから安いものまで．さて，一体何が違うのでしょうか？

「高い値段を出せば，それなりに性能も良い」と思いたいですね．では，その"性能"って一体何でしょうか？　性能の良し悪しって，どうやって比べるのでしょうか？

電池の性能は，電圧と電流の値だけでは表せません．それらの値は，電池につながる負荷（抵抗値など）によっても変化します．これらを定性的・定量的に表した「電池の特性」について考えてみましょう．

写真1　リモコンと単3電池

■ 1.2　放電と充電でまったく違う顔を持つ電池

● 電池の特性は「充電」と「放電」で異なる

電池の"特性"と聞くと，「電池がどれくらいの時間"持つ"のか」，つまり「どれくらいの時間"放電"が可能なのか」を示していると考えませんか．もちろん，電池の持ちは重要な特性ではあるのですが…．

例えばスマートフォンの電池で考えてみると，何度も繰り返し長寿命で使いたい，短時間で素早く充電したい，などと使い方全体を考える必要が出てきます．この「使う」ということを頭において放電や充電を考えることが大切になります．

また，電池を使っていて中の電気容量が減ってくると，パワーがなくなってきたと感じます．つまり，電池中にある電気容量によって電池の性能が変わってくることも経験上ご存じだと思います．

● 放電と充電の特性をたとえてみる

ここで，電池を「人に見立て」て，放電と充電のそれぞれの特性を考えてみましょう（図2）．

(1) 放電：電池そのものに大きく依存

放電は，電池がパワー（電気）を出すことに相当します．どこまで放電できるかは，電池そのものに依存します．

放電には電池の性格がそのまま表れ，その時の電池の状態も関係します．つまり，マッチョで元気があればドーンとパワーを出せるし（大きな電流を流せる），やせていて元気がなければ少ししかパワーは出せません（電流が少ししか流せない）．

(2) 充電：充電器にも依存

一方の充電は，電池にパワー（電気）を食べさせるため，充電器による味付けが大切です．充電器が食べやすくした電気だと電池は受け入れます．しかし，食べにくい電気だと受け付けません．

充電器による味付けだけでなく，電池の種類ごとに好き嫌いなどの自己主張もあります．

このように電池の放電と充電では電池の違った側面が現れるので，それぞれの特徴づけられる特性項目で表現することが必要になります．

2. 個性派ぞろいの電池の世界

電池の特性の話を始める前に，まず電池の種類をおさらいしておきます．多種多様な電池があるのですが，ここでは身近な電池に限っています．

■ 2.1　一次電池／乾電池

まず，テレビやエアコンのリモコン用電池を考えてみましょう．この場合，多くは使い捨ての一次電池が使われますが，使うのは電気屋やコンビニで広く売られている定型（寸法／電圧）のものです．

● 直列や並列につなげられる

例えば，最も身近な電池として，単3や単4といった国際標準品の円筒型の"乾電池（dry cell）"注1（一次電池の一種）がよく使われています．

1個（最小単位を「セル」という）で1.5Vの電圧があり，使いやすく，しかも安全です．このため，直列に接続して高電圧にしたり，並列に接続して容量を大きくしたりして用いることもあります．

このように乾電池の場合，直並列の接続はある程度自由にできますが，二次電池になると直列や並列に接続する場合，一定の制約があります．

● マンガン電池とアルカリ電池

同じ乾電池でも，マンガン電池やアルカリ電池など種類があります．いずれも，正極に二酸化マンガン

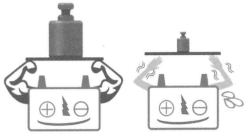
(a) 放電は電池の個性が出る

(b) 充電は充電器が電池に無理やり食べさせる

図2　放電と充電

特集　EVと電池の充電・放電・給電

表1　一次電池の種類

	乾電池			ボタン電池				
	マンガン電池	アルカリ電池	リチウム電池	リチウム電池	アルカリ電池	空気電池	酸化銀電池	水銀電池
正極材	二酸化マンガン	二酸化マンガン	二酸化マンガン	フッ化黒鉛	二酸化マンガン	酸素	酸化銀	酸化水銀
負極材	亜鉛	亜鉛	リチウム	リチウム	亜鉛	亜鉛	亜鉛	亜鉛
電解液	塩化亜鉛（酸性）	水酸化カリウム（アルカリ）	有機系+リチウム塩	有機系+リチウム塩	水酸化カリウム（アルカリ）	水酸化カリウム（アルカリ）	水酸化カリウム（アルカリ）	水酸化カリウム（アルカリ）
セル電圧	1.5V	1.5V	3.0V	3.0V	1.5V	1.4V	1.55V	1.3V
規格名	R	LR	CR	BR	LR	PR	SR	MR

（a）マンガン電池（単3と単4）

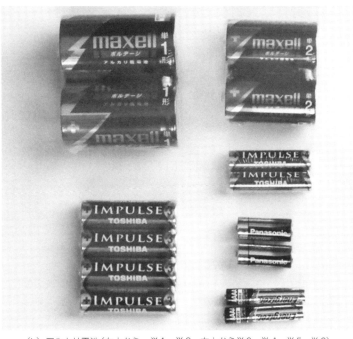

写真2
乾電池の例

（b）アルカリ電池（左上から，単1，単3，右上から単2，単4，単5，単6）

を，負極に亜鉛を用いますが，大きな違いは電解液で，
- マンガン電池：塩化亜鉛（酸性）
- アルカリ電池：水酸化カリウム（アルカリ性）

です．実は，アルカリ電池もマンガンを使うので，JISでは"アルカリマンガン電池"と呼びます（表1，写真2）．

● 規格表記ではRとLR

国際的な表記（JIS/IEC）で，マンガン電池は'Rxx'を使いますが，これは円形電池を意味するroundから来ているようです．xxには1桁か2桁の数字が入りますが規則性はありません．

単1形：R20
単2形：R14

注1：一般的に乾電池（dry cell）とは，電解液が電池容器から漏れにくいように，電解液を固体（ペースト）状にした定型の電池の呼称であるが，JISや電池工業会で定義された用語ではないようだ．ただし，形状は基本円筒形，電圧1.5Vで世界的に規格化されている．JIS規格には単1形～単6形の1.5V系，6個積層型である006P形（外形は直方体）の9V系などがある．また，単6は日本の規格にはないが，米国のAAAAの外国製乾電池を「単6」と便宜的に呼んで電気店で売られている．なお，米国での乾電池名称は以下のとおりとなる．

単1形＝C，単2形＝B，単3形＝AA（ダブルA），単4形＝AAA（トリプルA），単5形＝N，単6形＝AAAA，006P形＝6F22
さらに，同じ定型の乾電池でも，電極や電解液の違いによってマンガン乾電池やアルカリ乾電池などがある．これらは電圧は同じだが，特性の違いがある．なお，同じ形状で2次電池のものもあるが，電圧は1.2Vと異なる．
ちなみに，乾電池を世界で最初に開発したのは屋井先蔵（やい・さきぞう）という日本人といわれている（1887年）．そのエピソードについては，電池工業会のHP（http://www.baj.or.jp/knowledge/history01.html）を参照してほしい．

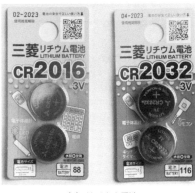
(a) リチウム電池

(b) アルカリ電池

(c) 酸化銀電池

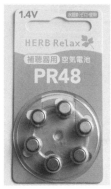
(d) 空気電池

写真3 ボタン電池の例

単3形：R6
単4形：R03
単5形：R1
単6形：R61

アルカリ電池の場合はRxxの頭に'L'が付き，LRxxになります．

角型の9V 電圧の"006P"がありますが，角形パッケージの中に小型の円筒形のマンガン電池かアルカリ電池が6個直列に入っています．この規格は6F22となります（昔は4個直列の6V出力もあった）．

● 見掛けなくなった？マンガン電池

15年以上前は，マンガン電池が最も一般的な電池でした．各社で多くの高性能版が開発されましたが，今はマンガン電池自体を電気店でもあまり見掛けなくなっています．

アルカリ電池の方が容量も大きく内部抵抗が低いので大電流が使えます．

ただ，マンガン電池には休み休み使うと電圧が回復するという特徴があり，アルカリ電池が高価だということもあり，用途によって使い分けるのがよいでしょう．

■ 2.2 一次電池/ボタン電池

上記のような乾電池とは別に，コイン状の薄型の"ボタン電池（button cell）"もあります．電子体温計や補聴器，自転車用速度計，電子歩数計，腕時計など，小型の電子機器によく用いられていました．さらに微少電力の電子機器やCMOSメモリのバックアップなどにも使われていました．

これも種類がたくさんあり，国際規格化されています（**表1**，**写真3**）．

● リチウム電池：CR/BR

例えば，よく使われているボタン電池のCR2032は，負極にリチウムを使うリチウム電池で[**写真3(a)**]，電圧は1.5Vです（リチウム・イオン電池とは異なる）．

型番の最初の'C'がリチウム電池を表し，正極には二酸化マンガンを使用しています．次の"R2032"が形状で，直径20mm，厚さ3.2mmを意味しています．CR2016は直径20mm×1.6mm厚，CR2025は同じく2.5mm厚です．

負極にリチウム，正極にフッ化黒鉛を使うBRタイプもあります．現在はあまり使われていないようですが，これも電圧は1.5Vです．

● アルカリ電池：LR

よく使われる小型のLR44やLR41のような'L'で始まる2桁数字の型番のものは，アルカリ電池型のボタン電池です．乾電池形のアルカリ電池と構成は同じです．

数値は形状を示すのですが，乾電池のアルカリ電池のように規則性がなく個別の番号が振られています．

R41：直径 7.9mm，厚3.6mm
R43：直径11.6mm，厚4.2mm
R44：直径11.6mm，厚5.4mm
R48：直径 7.9mm，厚5.4mm
　　　　　　　　　⋮

● 酸化銀電池型：SR

腕時計用にはSRの酸化銀電池が使われます．これは負極に亜鉛を使い，正極は酸化銀です．電圧は1.55Vです．

銀を含むので抵抗が小さく，放電電圧の変化も小さいのが特徴です．

● 空気電池型：PR

補聴器用の電池として現在はPR41やPR48などがあります．型番の'P'が空気電池を示しています．空気電池とは，負極に亜鉛，正極に酸素（つまり空気）を使う電池で，電圧は1.4Vです．

特徴としては，正極合剤が不要になるので，小型・軽量になります．

特集　EVと電池の充電・放電・給電

表2　二次電池（乾電池系／鉛電池系）の特徴

	乾電池		鉛電池
	ニッケル・カドミウム電池	ニッケル水素電池	
正極材	オキシ水酸化ニッケル	オキシ水酸化ニッケル	二酸化鉛
負極材	カドミウム	金属水素化物（MH）	鉛
電解液	水酸化カリウム	水酸化カリウム	希硫酸
セル電圧	1.2V	1.2V	2.1V
規格名	KR	NR	

● 製造されなくなった水銀電池型：MR

昔，MRの型番の水銀電池のボタン電池がありました（電圧1.3V）．正極に酸化水銀が使われていたのですが，この水銀が有毒になるので，現在では日本や欧米ではほとんど製造されておらず，他のボタン電池を使用するようになっています．

● ボタン電池の回収は水銀の回収が目的

電気店やスーパーなどで，ボタン電池の回収ボックスを見掛けます．これはボタン電池に入っている水銀回収が主目的で，電池工業会が回収とその適正処理を行っています．昔は，乾電池を含む電池の多くの種類に水銀が入っていたこともあったのですが，1992年に同工業会の「乾電池の水銀ゼロ化」以降，1997年には表1にあるボタン電池の「水銀電池の製造・販売を中止」していました．

ただし，ボタン電池の中で，酸化銀電池（SR）と空気電池（PR），アルカリ（ボタン）電池（LR）には，今でも極微量の水銀が使われていて，その回収を行っています．ということで，ボタン電池のリチウム電池は，水銀が入っていないので回収の対象外です．

なお，ボタン電池は形状が小さく，子どもなど人が間違って飲み込むと，命に関わるほどの大きなダメージを身体に与えることがあります．万が一の時は，速やかに医師や小児救急電話相談（Tel #8000）に相談するべきです．また，写真3にあるボタン電池は，同じパッケージですが，それは電池工業会が進める子どもの「誤飲防止パッケージ」に準拠しているからです．

■ 2.3　二次電池／乾電池系

● ニッケル・カドミウム電池／ニッケル水素電池

充電できる二次電池はどうでしょうか？

乾電池と同じ形状のニッケル・カドミウム電池やニッケル水素電池があります．これらは，いずれも単3や単4の形状のものが売られていますが，電圧は1.2Vです（写真4，表2）．

乾電池の単3や単4の代わりに使っている人がいるかもしれませんが，電圧が低いので，機器が正常に動作するとは限りません．注意が必要です．

（a）ニッケル・カドミウム電池（単3形×2，コードレス電話子機用）

（b）ニッケル水素電池（単3形）

（c）ガム型電池（ニッケル・カドミウム電池）

写真4　乾電池型の二次電池の例

写真5
鉛電池の例

単3/単4型だけでなく，昔は「ガム型電池」が「ウォークマン」などのポータブル・オーディオ機器で使われた時代もありました．

■ 2.4　二次電池／鉛電池系

● 自動車系の標準電池に12V鉛電池を使用

自動車やバイクに広く使われている箱状の鉛電池も二次電池です（写真5）．

クルマにはエアコンやカー・ナビゲーション・システム（カーナビ）などの電装類が多く，鉛電池はその電源を担います．エンジン車ではエンジンの駆動に連動して回るようになっている発電機から鉛電池に充電されるようになっています．電池があるおかげで，エンジン駆動していなくても電装系はしばらく動作可能です．エン

ジン始動のためのスタータ（モータ）も鉛電池によって駆動します．

● **鉛電池の多くはセル電圧2Vの6直列**

鉛電池は，負極に鉛，正極に二酸化鉛，電解液に希硫酸を使ったもので，1セルで2Vの電圧があります．

一般に購入できる鉛電池のほとんどが6セルの直列構造になっていて，12Vの電圧となります．鉛電池メーカ各社は，電圧12Vで性能の異なるいろいろな製品を出荷しています．

車載用の鉛電池にはJIS（日本工業規格）があり，小型から大型まで形状による7種類の区分がありますが，決められているのは幅と箱高さで，長さは決められていません．

■ **2.5　二次電池／モバイル用リチウム・イオン電池**

● **小さく軽くできる高エネルギー密度の電池**

スマートフォンやPDAなどのモバイル機器の電池はどうでしょうか？　今では，それらの多くがリチウム・イオン電池を使います．

なぜ，今リチウム・イオン電池が使われるかというと，質量/体積当たりのエネルギー密度がこれまで述べたどの電池よりも高いからです．これは，軽くて，小さくて，長時間使える，という特長になります．また，電池の内部抵抗（出力インピーダンス）が他の電池よりも低いため，大電流での充放電が容易です．

ただし，リチウム・イオン電池には規格化された形状がありません．そのため，各種機器専用の電池が用意され，充電器も専用となるのです（写真6，表3）．

● **電解液は燃えやすい有機系**

先に登場したリチウム一次電池と異なり，リチウム・イオン電池は，リチウム・イオンが電池内の電解液を正極-負極間に移動する性質を利用します．このリチウム・イオンは，水との相性が良くないので（化学反応を起こしやすいので），電解液に水溶性のものは使えず有機系電解液を使います．

有機系電解液は可燃性であるため，爆発したり燃えたりする事故の原因となっています．

● **電極の材料で電池電圧が変わる**

リチウム・イオン電池といっても，正極や負極の材料によって電圧が変わります．電池は何種類もあり，セルの電圧もいろいろです．

一般的には，正極に何らかのリチウム系化合物を使い，負極に黒鉛を使うケースがほとんどです．正極材によって電圧に差がありますが多くは3.2〜3.7Vです．

負極材にチタン酸リチウムを使う電池もありますが，電圧は2.4Vと低めです．そのぶんエネルギー密度が低くなるのですが，内部抵抗が低いという特長もあります．

● **複数セル搭載の電池パックの場合**

モバイル機器，中でもノートPCなどのスマホより

（a）携帯電話のリチウム・イオン電池（1セル）

（b）デジカメのリチウム・イオン電池パック（2セル）

（c）EVのリチウム・イオン電池パック（日産リーフ）

写真6　リチウム・イオン電池の例
多くの弁当箱形状の電池モジュールで構成されている

表3　二次電池（リチウム・イオン電池系）の特徴

	リチウム・イオン電池		
	コバルト酸系	マンガン酸系	リン酸鉄系
正極剤	コバルト酸リチウム	マンガン酸リチウム	リン酸鉄リチウム
負極剤	黒鉛	黒鉛	黒鉛
電解液	有機系＋リチウム塩	有機系＋リチウム塩	有機系＋リチウム塩
セル電圧	3.6〜3.7V	3.7〜3.8V	3.2〜3.3V
備　考	コバルトは希少金属		中国製の電池に多い

注：黒鉛はグラファイトのことで，Pb（鉛）は入っていない炭素の結晶である．

も消費電力が少し大きい電子機器用の電源は，リチウム・イオン電池(セル)が複数個収納された電池パック(組電池)を使用することが多くなります．機器のユーザからすると，パックは1個の電池としか見えません(写真6)．

多セルの場合，あるセルだけが何らかの劣化/故障を起こしていると，そこが過電流となって異常加熱し，最悪発火する可能性もあります．

このような事故を防ぐために，セルごとに状態(電圧，電流，温度)をチェックして管理するシステムが必要になります．これをBMS(Buttery Management System)といいます．基本的にリチウム・イオン電池パックの場合，BMSは必須です．電池の残量もBMSで計算する機能を持つことがほとんどです．

充電器も専用品が用意されます．こうなると，近くの電気店に行けばすぐに買えるというものではありません．使う側としては実に不便です．

充電器も専用品が用意されます．こうなると，近くの電気店へ行けばすぐに買えるというものではありません．使う側としては実に不便です．この電池は，他の電池よりも取り扱いが難しく，一般の人がふさわしくない充電器を買って使ったり，改造したりすることで，発火や高温に発熱することがないように配慮されているのです．

● 最近話題の全固体リチウム・イオン電池

リチウム・イオン電池は有機系電解液を用いるため，万が一の場合，激しく燃える危険性があります．そこで，有機系電解液を用いない「全固体リチウム・イオン電池」が盛んに研究開発されています．

実用化までに，まだ数年単位の時間がかかると見込まれていますが，一部では単セルの全固体電池のサンプル出荷が始まっているので，実用化は意外に近いのかもしれません．

■ 2.6 二次電池/
　　　EV用リチウム・イオン電池パック

● EVで搭載されている電池

エンジン車ではなく，EV(ハイブリッド)などの電池はどうでしょうか？

EVの日産LEAFや三菱i-MiEV，プラグイン・ハイブリッドのトヨタPrius PHVなどには，リチウム・イオン電池が搭載されています．ただし，トヨタPRIUSは1997年の発売以降，長い間ニッケル水素電池を採用していました(2015年以降のPRIUSではリチウム・イオン電池搭載車種が増えた)．同じくトヨタAQUAもリチウム・イオン電池です．

いずれにせよ，クルマを走行させるためには，大電力を供給できる大型のリチウム・イオン電池が必要です．

しかも，モバイル機器よりもずっと高電圧を使います．つまり，多くのセルを直・並列に接続し，数100以上のセルが搭載されています．米国テスラ社のEVには数千個程度のリチウム・イオン電池セルが搭載されているということです．

● 構造化された電池セル

多数のセルを効率良くクルマへ搭載するため，多くのEVは複数の電池セルを単位とした「電池モジュール」と，それを複数接続した「電池パック」を作製し，その電池パックを複数搭載する構成になっているようです．

このように高電圧/高電流を扱うので，BMSに要求される機能も複雑となり，また高い精度も要求されます．

EV車にはそれぞれ専用のリチウム・イオン電池セル/電池モジュール/電池パックが搭載されていますが，それらは電気的にも形状的にも互換性がまったくありません．ユーザが，独自にメインテナンスすることも認められていないようです．

＊

電池には，乾電池などのように規格化されたものもありますが，実は規格化されずに使われることも多いのです．

3. 鉛電池のカタログを読む

多種多様の電池が，それぞれの特徴を持つことを説明してきました．このような特徴を表示したものに電

三元系(NMC系)	ニッケル系(NCA系)	LTO系	リチウム・ポリマ電池
ニッケル・マンガン・コバルト＋酸化リチウム	ニッケル・コバルト・アルミニウム＋酸化リチウム	マンガン酸リチウム	←リチウム・イオン電池と同様
黒鉛	黒鉛	チタン酸リチウム	←リチウム・イオン電池と同様
有機系＋リチウム塩	有機系＋リチウム塩	有機系＋リチウム塩	電解液をポリマ化(重合体)
3.6〜3.7V	3.6V	2.4V	←リチウム・イオン電池と同様
		SCiB，Dr.OZAWA電池	ゲル化した有機系電解質

池のカタログがあります．

では実際に，電池のカタログにはどんなことが書いてあるのでしょうか．ここでは鉛電池を対象にします．

表4に表示したのは，GSユアサ製の小型制御弁式鉛蓄電池PXL/REシリーズのものです．具体的に見ていきましょう．

■ 3.1 カタログの数値をじっくり読む

まず**表4**の最上段の項目を見てみましょう．それらの項目のうち，タイプやシリーズ名，形式については メーカが決めた事項です．また，外形寸法や質量は，特に説明の必要はないでしょう．

● **公称電圧**［表4(a)の①］

"公称電圧"は，普通の"電圧"と何か異なるのでしょうか？

答えはYES．そう，公称電圧と電圧は異なるのです．公称電圧は，電池製品として表示する電圧であり，JIS[1]で「鉛電池では2V/セル」と決められているのです．つまり，6セル・ブロックであれば12Vとなります．

購入者向けの表示用電圧なので，実際の動作時には異なる値となります．

● **定格容量**［表4(a)の②］

(1) 容量とは

電池の「容量の単位」は，放電電流とその電流で流せる時間の積の"Ah（アンペア・時）"で示します．

ところで，充電後に放電（使用）途中の電池の容量を直接かつ正確に知ることは困難なので，推測値を用いることが多いようです．

(2) 定格容量と容量は異なる

では，"定格容量"は単なる"容量"とどう違うのでしょうか．これもJISで定められています．少し簡単に言うと，初期値として電池メーカが保証する容量です．

この定格容量が重要なのは，他の電池特性を示す基準値として使われるからです．例えば，「容量が定格容量の75%以下になった時点」を"寿命"と定義する，などと決められています．

(3) 20時間率（$C_{20}A$）

定格容量のかっこ内にある"20時間率"は，少し分かりにくいかもしれません．一般的に，電池は（特に鉛電池では）放電する電流によって使える電池容量が大きく変わるのです．つまり，大電流で使うより小電流で使う方が多くの容量を使えるのです．

20時間率とは，「満充電の電池を，20時間でちょうど使い切る（放電が終了する）ように定電流で放電した際に得られる容量（Ah）」です．

放電電流により容量が変動するので，電流を規定する意味で"時間率"という表現を用います．

この表にはありませんが，"5時間率"もよく使われます．一般的に20時間率よりも容量の数値が小さく

表4 電池カタログの例（GSユアサ，「小型制御弁式鉛蓄電池PXL/REシリーズ」から）

タイプ	シリーズ名	GSユアサ形式	公称電圧(V)	定格容量(Ah)(20時間率)	外形寸法(mm) 総高さ(TH)	箱高さ(BH)	幅(W)	長さ(L)	質量(約kg)	端子形状	端子位置	蓄電池設備形式認定
高率放電・長寿命タイプ	PXLシリーズ	PXL12023	12	2.3	65	60	34	178	1.0	F1	3	×
		PXL12050		5.0	105.5	102	70	90	2.0	F2	11	×
		PXL12072		7.2	98	94	65	151	2.8	F1	3	×
					103					F2		
	REシリーズ	RE5-12		5.0	106	102	70	90	2.0	F2	11	○
		RE7-12		7.0	97.5	94	65	151	2.7	F2		○
		RE12-12		12.0	98	94	98	151	4.2	F2		×
		RE7-6	6	7.0	97.5	94	34	151	1.35	F2		×

(a) 蓄電池要項表（PXL/REシリーズ）

項　目	スタンバイ・コース	
	PXLシリーズ	REシリーズ
充電方式	定電圧充電	
設定電圧(V/セル) 25℃	2.275 ± 0.025	
設定電圧・温度係数(mV/℃・セル)	− 3	
初期最大充電電流($C_{20}A$)	0.25	
温度(℃)	− 15 〜 + 40	

・温度勾配の基準温度：25℃　　・推奨使用温度範囲：0〜40℃

(b) 定電圧充電仕様（PXL/REシリーズ）

放電電流	放電終止電圧
0.01$C_{20}A$ 未満	1.90V/セル
0.01$C_{20}A$ 以上　0.2$C_{20}A$ 未満	1.75V/セル
0.2$C_{20}A$ 以上　0.5$C_{20}A$ 未満	1.70V/セル
0.5$C_{20}A$ 以上　1.0$C_{20}A$ 未満	1.60V/セル
1.0$C_{20}A$ 以上　2.0$C_{20}A$ 未満	1.50V/セル
2.0$C_{20}A$ 以上　3.0$C_{20}A$ 未満	1.35V/セル
3.0$C_{20}A$ 以上	1.00V/セル

(c) 放電電流と放電終止電圧の関係（PXLシリーズ）

特集　EVと電池の充電・放電・給電

図3　カタログに示されたさまざまな用途

図4　電池は実は個性派ぞろい

なります．

● 初期最大充電電流 [表4(b) の③]

次に充電仕様に移ります．定電圧充電仕様の表にある"初期最大充電電流"の項に注目します．

ここで0.25（C_{20}A）とあります．C_{20}とは前述の20時間率容量のことで，この値の0.25倍の電流までなら「初期の充電電流として許容できる」ことを示しています．

例えば，定格容量が2.3Ahだとすると，初期最大充電電流は0.57Aということです．

● 設定電圧・温度係数 [表4(b) の④]

また，同じ表の上の項目には"設定電圧・温度係数"が示されています．これは，充電時に「環境温度が変化した際，充電の設定電圧をこの値に従って補正する」ことを求めています．

表の上項に25℃時の充電電圧が2.275 [V/セル] とあるので，6セルでは13.65 [V] で充電します．周囲温度が25℃から30℃となった場合は，

$$\{(30-25)[℃] \times -3[mV/℃・セル]$$
$$+ 2.275[V/セル]\} \times 6[セル]$$
$$= 13.560[V]$$

と，なります．つまり，

$$13.65 - 13.56[V] = 0.09[V]$$

で，90mV下げなければなりません．

● 放電終止電圧 [表4(c) の⑤]

放電終止電圧の表4(c) を見ると，放電電流が大きくなると，放電終止電圧も下げるように規定されています．これは，放電電流が大きくなると放電電圧もこれに伴い低下するために設定されているものです．

また一方で，「この電圧以下になるまで放電しないでほしい」という値でもあります．

● 使用条件が規定される理由

以上のように，カタログでは，容量や充電条件を設定する際，細かな調整が必要なことや電流について特別な規定をしていることが分かります．

鉛電池のみならず，一般に電池では以下のことがいえます．つまり，使用条件項目で細かな規定が少ないところは，その条件が多少変動しても，大きな性能差が出ないと見ることができます．逆に，細かく規定される項目については，電池の使用時に注意する必要があるということを示しています．

■ 3.2　スペック・シートを読む

● より詳細な電池特性が示されるスペック・シート

電池メーカは，カタログ以外にも各製品のスペック・シート（仕様書）として詳細な電池特性をネット上などで公開している場合があります．そこには，実製品の各種特性測定結果が示されています．

前述のように，電池の特性は使用環境/方法で大きく変わります．スペック・シートの測定データを得た試験方法も明示されているはずです．カタログよりも詳細になる分，データの規定も複雑で微妙な差異もあります．

● JISやIEC準拠の意味は

しかし，データ・シートなどでは，JIS（日本工業規格）やIEC（国際標準会議）などの一定の規格に則って試験した結果を示す場合があります（表5，これが全てではない）．規格準拠データであれば同じ測定方法なので，表示された数値をそのまま比較することができます．

同じ試験項目でも，違う電池系になると異なる試験方法が定義されている場合があるので注意してください．

安全性試験にはUL（Underwriters Laboratories：安全機関）などの規格も適用されています．なお，ULは米国にある機能や安全性に関する民間の認証機関です．政府系でも国際機関系でもない企業なのですが，広く使われています．

4. 電池を化学の視点で見直す

● 電池は電気製品だが化学製品でもある

カタログの記載内容を紹介してきましたが，これらのほとんどが電気的特性を表しています．しかし，電池は，化学反応を閉じ込めた製品でもあるのです．

表5 電池に関する規格類例

規格番号	規格名称
IEC 60086：2018	Primary batteries
IEC 60095：2006	Lead-acid starter batteries
IEC 60254：2005	Lead-acid traction batteries
IEC 60622：2002	Secondary cells and batteries containing alkaline or other non-acid electrolytes - Sealed nickel-cadmium prismatic rechargeable single cells
IEC 60896：2002	Stationary lead-acid batteries
IEC 60993：1989	Electrolyte for vented nickel-cadmium cells
IEC TR 61044：2002	Opportunity-charging of lead-acid traction batteries
IEC 61056：2012	General purpose lead-acid batteries (valve-regulated types)
IEC 61427：2013	Secondary cells and batteries for renewable energy storage
IEC TS 61430：1997	Secondary cells and batteries - Test methods for checking the performance of devices designed for reducing explosion hazards - Lead-acid starter batteries
IEC 61434：1996	Secondary cells and batteries containing alkaline or other non-acid electrolytes - Guide to designation of current in alkaline secondary cell and battery standards
IEC 61951：2017	Secondary cells and batteries containing alkaline or other non-acid electrolytes - Secondary sealed cells and batteries for portable applications
IEC 61959：2004	Secondary cells and batteries containing alkaline or other non-acid electrolytes - Mechanical tests for sealed portable secondary cells and batteries
IEC 61982：2012	Secondary batteries (except lithium) for the propulsion of electric road vehicles - Performance and endurance tests
IEC 61982：2015	Secondary batteries (except lithium) for the propulsion of electric road vehicles
IEC TR 62188：2003	Secondary cells and batteries containing alkaline or other non-acid electrolytes - Design and manufacturing recommendations for portable batteries made from sealed secondary cells
IEC 62259：2003	Secondary cells and batteries containing alkaline or other non-acid electrolytes - Nickel-cadmium prismatic secondary single cells with partial gas recombination
IEC 62281：2016	Safety of primary and secondary lithium cells and batteries during transport
IEC 62485：2015	Safety requirements for secondary batteries and battery installations
IEC 62619：2017	Secondary cells and batteries containing alkaline or other non-acid electrolytes - Safety requirements for secondary lithium cells and batteries, for use in industrial applications
IEC 62620：2014	Secondary cells and batteries containing alkaline or other non-acid electrolytes - Secondary lithium cells and batteries for use in industrial applications
IEC 62660：2010	Secondary lithium-ion cells for the propulsion of electric road vehicles
IEC 62675：2014	Secondary cells and batteries containing alkaline or other non-acid electrolytes - Sealed nickel-metal hydride prismatic rechargeable single cells
IEC TR 62914：2014	Secondary cells and batteries containing alkaline or other non-acid electrolytes - Experimental procedure for the forced internal short-circuit test of IEC 62133：2012
IEC 62928：2017	Railway applications - Rolling stock - Onboard lithium-ion traction batteries
IEC 62133：2017	Secondary cells and batteries containing alkaline or other non-acid electrolytes - Safety requirements for portable sealed secondary cells, and for batteries made from them, for use in portable applications

(a) IEC関係

規格番号	規格名称	規格番号	規格名称
JISC8701	可搬鉛蓄電池	JISC8972	太陽光発電用長時間率鉛蓄電池の試験方法
JISC8702	小形制御弁式鉛蓄電池	JISD5301	始動用鉛蓄電池
JISC8704	据置鉛蓄電池	JISD5302	二輪自動車用鉛蓄電池
JISC8705	密閉形ニッケル・カドミウム蓄電池	JISD5303	電気車用鉛蓄電池
JISC8706	据置ニッケル・カドミウムアルカリ蓄電池	JISF8101	船用鉛蓄電池
JISC8708	密閉形ニッケル・水素蓄電池	JISF8102	船用電気設備－リチウム二次電池を用いた蓄電池設備
JISC8709	シール形ニッケル・カドミウムアルカリ蓄電池	JISF8103	舟艇－電気機器－リチウム二次電池を用いた蓄電池設備
JISC8714	携帯電子機器用リチウムイオン蓄電池の単電池及び組電池の安全性試験	JISH7205	ニッケル・水素蓄電池用水素吸蔵合金の放電容量試験方法
JISC8971	太陽光発電用鉛蓄電池の残存容量測定方法		

(b) JIS関係

特集　EVと電池の充電・放電・給電

では，電池の化学的特性はどこに含まれているのでしょうか？　これは，ユーザとして気にすべき点です．

■ 4.1 電気と化学の接点にある電池

● 2つの顔を持つ電池——「電気の顔」と「化学の顔」

電気と化学はまったく異なる世界のようですが，電池は「化学の世界で見る顔」と「電気の世界で見る顔」の2つの見方ができ，その見え方は異なるのです（図5）．電池を理解し使いこなすには，その2つの見方で電池を見る必要があります．

ここでは「化学」の観点で電池を見直します．そうすれば，「電池による特性の違い」が理解できるかもしれません．

● 電池の電圧は電極の選定で決まる

例えば電池の持つ電圧です．

電気の世界では，「電圧1.2Vのニッケル水素電池なら電圧3.6Vのリチウム・イオン電池と同じ電圧にするのに3直列必要だ…」などと考えます．要は，電池の種類で電圧は決まっている，と見ます．

化学の世界では，「正極が水酸化ニッケル，負極が水素吸蔵合金なら，（ニッケル水素）電池の電圧は1.2Vになる」などと，電極材が決まれば自動的に電池の電圧は決まる，と考えます．化学の側面では，電池の材料こそが電圧を決めるもので，そこは神しか変えることができない値なのです．

● 電池の電流と発熱

次に電流はどうでしょう．

電気の世界では，「この電池から何A取り出せるのだろう，その時の発熱はいくらだろう」などと考えます．

一方，化学の世界では「今100A放電しているので毎秒約1mm molの材料が反応している」という具合に考えます．

● 電池の振る舞いを理解するには化学も学ぼう

電圧や電流の裏側には，「自由エネルギー変化」や「ファラデーの法則」といった化学的な法則が成立し

図5
電池には「電気の顔」と「化学の顔」の二面性がある

電圧が3.6V必要な場合を考える．電気の世界では「ここにある1.2Vのニッケル水素電池を3個直列に使えばいい」となり，化学の世界では「3.6Vの電圧を得るにはリチウム・イオン電池の正極にコバルト酸リチウム，負極に黒鉛を選べばいい」となる．

ているのです．

ここで重要なのは，各電池の特性値が持つ大きさや変化量は，その重みが化学的と電気的とではまったく異なるということです．

ここに電池の本質があり，また，理解するのがとても厄介な理由となっているのです．

● 電池の特性が表れる裏側

これは，電池の研究者や専門家でも大変困難な問題であり，電池の反応を原子数個レベルの本当にミクロな領域で考察すると，電気化学の教科書どおりの大変奇麗な反応式を用いて表現ができ，また，電子の流れを等価回路で電気的に表現することも可能です．

ところが電池では，無数の原子が無数の立体構造をとって，それぞれで物質の動きやすいところ／動きにくいところ，電子の流れやすいところ／流れにくいところ，など幅広い分布を持ちながら，複雑な電池反応を起こしているのです．

先ほどのミクロな話を膨大な数で立体的に展開するとお手上げになってしまうので，実際には全体をどんぶり勘定して1つの式や値にまとめてしまって計算したり，勝手な仮定をおいて簡略化して表現したりします．

そして最終的に得られる結果が，電圧○○V，容量▽▽Ah，最大電流××A・・・などとなるわけです．

（a）ミクロな世界

（b）マクロな世界

図6　ミクロがたくさん集まって現実の世界

■ 4.2 電池の特性から
電池の化学反応を想像する

このような化学と電気の関係を念頭に電池特性を考えてみましょう．

● 大電流を放電できる電池とは

まず「大電流放電が得意という電池」を化学的な視点で見直してみましょう．

(1) 化学反応に関係する物質が十分あること

大電流が流せるということは，「電池内にある活物質の"反応速度が速い"」ということになります（コラムA参照）．

速い反応を起こすためには，反応に関与する物質が十分に供給される必要があります．

(2) 正極板と負極板の距離が短いこと

次に，電池の中で，電子は物理的に高速に移動できます．しかし，イオンは電子より何桁も遅い速度で移動します．

したがって大電流を流せる電池は，イオンの移動距離を小さくするため正負の極板間の距離を短くしてあ

コラムA 電池の「極板」の構造とその設計

電池内部にある電極部は，板状の金属などから構成されるので「極板」といいます．ここでは，電気を生み出す電池の「極板」を詳しく見てみます．

◆電池の心臓「電極」——活物質と集電体

「活物質」の粉末をペースト状やインク状にして「集電体」に塗布したものが電極の「極板」になります．集電体も活物質も，異なる物質でできています．

写真Aはリチウム・イオン電池を分解して，中の極板を開いた状態です．この例では，正極の集電体がアルミ箔で，負極の集電体が銅箔です．いずれの電極も黒くなっているのは活物質が塗布されているからです．セパレータは，正極と負極の極板が接触して短絡しないために挟まれている絶縁物なので電子は通さないのですが，電解液中ではイオンを通すのでリチウム・イオンはセパレータを通過できます．

電池内の反応は電極で起こるので，電極は電池の中の一番大切な部分であり心臓部といえます．そこで電池メーカは，電極の改良に並々ならぬ努力を注いでいます．

◆電極に求められるものと電解液の役割

電極では，活物質が電解液と「速やかに，かつ均一に反応する」ことが望ましいとされています．このためには，「電解液」が滞りなく活物質中に出入りすること，生成した電子が速やかに外部に引き出されることが重要です．

電極の断面を拡大したのが**写真B**です．活物質の

写真A
リチウム・イオン電池内の電極板とセパレータ
（「ボーイング式787-8型JA804A航空重大インシデント調査状況報告」，運輸安全委員会 H25年3月資料より）

写真B
リチウム・イオン電池の集電体と活物質
（三井分析科学センター，分析メニュー・事例より）

ります．

正負の両極の距離が短い分，短絡の危険性が増えるので，セパレータの強度の高いものが必要になります．つまり，大電流放電が可能な電池は極間距離が小さくセパレータが特殊な仕様となっています．

● 大容量の電池とは

逆に高容量タイプを考えてみましょう．

(1) 反応物質を多くする

大容量にするということは，電池内へ高密度に反応物質を詰め込めばよいはずです．

(2) 電解液のにじみ込みを増やせるか

しかし，活物質層の内部に電解液がにじみ込みにくくなります．当然，電解液を通じたイオンの移動も制限されます．

(3) 大電流は取り出しにくい？？

大容量タイプの電池では反応速度は小さくなり，結果として取り出せる電流が小さくなります．

高容量と大電流を両立させることは特殊な技術が必要であることが分かります．

間に電解液が入り込みやすくなっています．

少し細かく考えてみましょう．まず，電解液について考えると，集電体に塗布された活物質に穴がたくさん開いている方が，電子やイオンの出入りがしやすいと予想できます．しかし，穴がたくさんあると活物質粒子同士の結合断面は小さくなりますね．つまり，そこを電子が移動するには，抵抗が高くなってしまいます．

そこで，図Aに示すように，電子伝導を良くするため電極に導電材（導電助剤ともいう）が添加されることがあります．これで電子の流れについては解決できそうですが，今度は導電材の分だけ電極の体積が増大します．つまり極板が厚くなってしまいます．すると，電池のサイズも大きくしなければなりません．

◆ 絶妙なさじ加減が求められる

このように，電極の設計は「あちらを立てればこちらが立たず」の問題を解くようなものになります．そこで，その電池に求められる特性をよく考えて，要求度の高い/低いを，ギリギリのところでバランスさせて活物質の多孔度や電極の厚さなどを決定しているのです．

合わせて生産性や寿命，コストなどさまざまな因子を考慮すると，そのバランスはさらに絶妙な1点に絞り込まれていくのです．

この職人技の領域が電池メーカのノウハウであり，技術力と言えるでしょう．「最高性能の電池材料を開発できる会社が，必ずしも最高の電池メーカになるわけではない」と言われるのは，このような背景があるからです．

図A
リチウム・イオン電池の電子の流れ
（京都大学内本喜晴研究室HP，産総研研究成果記事2016年05月23日より）

図7 電池の中身を推定する

● 化学反応の視点も電池システムの開発では重要

こういった内容をイメージできると、電池の新製品が出たときにどのような改良がされて、これに伴う悪影響がどのように現れるかを推察することができます(図7)。

電池の応用製品を検討する場合、こうした推定が電池の制御方法を検討する際に重要となるでしょう。

5. 使用時から考えた電池の選定

次に、電池を使う場面を想定して、電池の要件を抽出していきたいと思います。

つまり、「どういった仕様の電池を選択すべきか」という考え方を、例を挙げて示します。ここでは鉛電池を例にしますが、どの電池でも考え方はあまり変わりません。

■ 5.1 「放電」使用の要件――簡単ではない!?

電池を使う、つまり「電力が必要だ」ということです。では、その必要電力と電池の特性をどのように適合させていくかを考えなくてはなりません。

これは、電池の「放電の特性」を考えることです。

● 例:「100Wの負荷を30分稼働する電池」を考える

例えば、電圧の指定はないのですが「100Wの負荷を30分稼働させたい」場合、電池をどう選ぶかを考えます。

(1) 余裕を10%とって電力量を計算

課題の必要な電力量は、余裕としての10%を含めると、

$$100W \times 0.5[時間] \times 1.1 = 55[Wh]$$

と、おおよそ推測できます。

(2) カタログ・モデルから選ぶ

ここで表4の中から12Vの鉛電池を用いるとすると、

$$55[Wh] \div 12[V] \fallingdotseq 4.6[Ah]$$

となります。必要な電池の容量は4.6Ahです。

表4から選ぶなら、12V5Ahの電池である「PX12050を選択する」となります。

簡単ですね。ですが、これでOKでしょうか?

(3) 100W使用で30分…この時の使える電気容量は?!

鉛電池の場合は、「使用電流によって使える電池の容量が変わる」のでしたよね。PX12050の5Ahというのは20時間率の値です。

つまり、

$$5[Ah] \div 20[A] = 25[A]$$

での放電容量です。

「30分で使い切る電池」を考える場合、0.5時間率での容量の値が必要で、20時間率での容量からかなり減るはずです。

100W放電時の電流は、

$$100[W] \div 12[V] \fallingdotseq 8.33[A]$$

となり、0.25Aの30倍以上の大きなものです。電池のカタログには、各電池の放電時間と放電電流の関係が図8のように出ています。図からはPX12050を0.5時間放電するには約5.4A以下でなければなりません。

(4) 劣化を考えると1つ大きいサイズでもダメ?!

そこで、1つ大きいサイズの12V7.2AhのPX12072に変更したとします。

この電池の場合、0.5時間の放電は約9.3Aまで許容できそうです。ところが、この特性は新品時です。電池が劣化し交換時期が来るまでこの電力が必要だとすると、劣化分の余裕も必要です。メーカは電流値で25%を見積もるように推奨しています。となると、

$$8.33[A] \times 1.25 = 10.41[A]$$

となり、PX12072でも劣化がある程度進行すると放電不能となることが分かります。

したがって、推奨される電池はPXシリーズにはなく、同じ系列の12V12AhのRE12-12となります。つまり単純計算の場合から2サイズも大きい電池が必要となるわけです。

● 充電/放電・使用条件・環境…全てを考えて選択する

このように電池の選定に当たって、特に鉛電池の選定に当たっては、実際に必要な電力量よりもかなり大きな電池が必要になることもあります。

ここでは放電条件だけを考えましたが、充電のことも考えなければいけません。

もう1つ例を挙げて考えてみましょう。

■ 5.2 例2:忘れがちな「充電」時の使用

● ソーラ・パネルで充電を条件に加えると…

前項の100Wの負荷と12V12Ah電池を組み合わせたシステムで、30Wのソーラ・パネルにより充電することを考えます。パネルの必要枚数を決めるのです。

(1) 30Wソーラ・パネルの1日の発電量

家庭用太陽光発電では、パネル1kW当たり晴天で1日3kWh前後発電するといわれています。フル出力の3時間分ということです。つまり30Wのパネルだと、

特集　EVと電池の充電・放電・給電

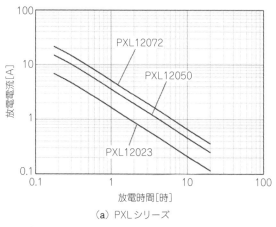
（a）PXLシリーズ

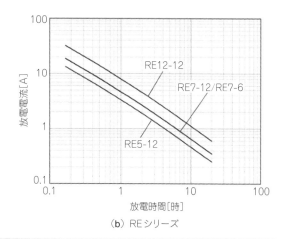
（b）REシリーズ

図8　放電電流と放電時間の関係（出典：GSユアサ カタログより）

90Wh程度の発電量になります．

(2) 鉛電池の充電時の電力効率は85％程度

　直接負荷を駆動できるなら90Whで十分なのですが，発電できる時間帯と負荷を動かす時がずれる場合は，一旦電気を蓄えておかなければなりません．

　電流は，常に高い電圧のところから低い電圧の方にしか流れません．つまり，充電時には，電池電圧より高く設定しないと充電ができません．

　充電時には，電池の電圧は「過電圧」と呼ばれる現象で，放電電圧よりも高くなります．

　さらに電解液の分解反応も同時に起こるため，少し多めの充電電気量が必要となるので，電池の充電電力効率は85％程度になります．

(3) ソーラ・パネル出力をDC変換する効率は約90％

　ソーラ・パネルのDC出力電圧は一定でありません．晴天や曇天でも電圧は変わります．そこで，電池電圧より少し高くするには，DC-DCコンバータで一定電圧にする必要があり，そのコンバータの変換効率をおよそ90％とします．

(4) ソーラ・パネル1枚から充電できる容量

　すると，総合的な充電電力効率は，

　　85［％］× 90［％］= 76.5［％］

となります．ソーラ・パネルの発電から実際に充電できる電力量は，

　　90［Wh］× 76.5［％］= 68.85［Wh］

です．つまり，100Wを0.5時間/日使うとすると，晴天でも

　　68.85［Wh］÷ 50［Wh/日］= 1.38［日］分

の電力量にしか相当しません．

(5) 晴天ばかりではないので総合的に勘案すると

　パネルを50Wパネルに大型化すれば2，3日分の充電が可能ですが，これ以上の日数曇天・雨天が続いた場合，電池は満充電には至りません．このような天候

図9　雨天は発電できないだけでなく電池も痛める

が続けば，サルフェーションが進行することになります（図9，第2章を参照）．

● 発電機と電池をつなぐときの注意

　また，ソーラ・パネルの発電量は家庭用をベースに計算しましたが，このシステムがポータブルを想定すると実際の発電量はさらに少ないことが想定されます．

　ともかく，このシステムでは，「50Wより大きなパネルが必要」と考えられます．

● 電池選定時に考えることは意外に多い

　この例では「使い方」として，劣化の進行や充電効率，日照条件について考慮しました．このように実際に使うことを想定して，さまざまな要因を電池選定時に考慮することが重要となります．

5.3　実は実際に使ってみるしかない！？

● 電池の使い方/使う環境は多種多様なので…

　「使い方」を想定するというのはとても難しい作業で，技術力で定評のある大企業でさえ想定不足の問題にぶち当たる[2]のです．

　ここには技術力のみならず，「どれだけ使用する人

の立場に立てるか」がポイントになると筆者は感じています．

● 使わない時間でも電池は生きている？

例えば，「使い方」には「使わない」というモードが含まれています．電池は「生き物」と呼ばれるくらい内部は活性ですから，使わないで放置される間も刻々と変化しているのです．

● 電池のロバスト性も

また，このようないわゆるロバスト性（頑強性）については，ケースバイケースとして電池メーカも詳細な検討を行っていないため，最後は実際に使ってみて検証する必要があります．

装置の寸法なども，数字と実物では印象が異なることが多いようです．

6. 二次電池の"充電"が電池の生死を決める

● "充電"は簡単なことではない

二次電池のほとんどで「充電が電池の寿命を支配」しています．考えてみると，同じ電池でも充電のできない電池（一次電池）が多くあるということは，電池の"充電"は，極めて難しい操作であることを示唆しています．

では，なぜ，充電がそんなに困難なことなのでしょう？

■ 6.1 「充電」をエントロピーの視点で見る

● 低エネルギー状態から高エネルギー状態に変える充電

「電池に負荷をつなぐ」それだけで放電は起こります．ところが，電池に外部からエネルギーを与えないと充電反応は起こりません．つまり充電は，電池が自発的に起こす反応ではないのです．

当然，充電させるとき，電池にはさまざまなストレスがかかります（第1章 第1.2項参照）．

充電というのは，電気をためる操作に違いないのですが，化学的には「エネルギーの低い状態から，高い状態に変化させる」ことです．

● 満充電の電池を放置すると電解液が分解する

そして，物質はエネルギーの低い方へと変化する熱力学の（エントロピー）法則に従うので，活物質は放電方向に反応しようとします．

電池のエネルギーを取り出さずに放置すると，別の反応を起こしてエネルギーの低い状態に移行しようとします．電池の電解液には比較的分解しやすい材料が含まれているので，多くの電池で電解液の分解反応が進行します．

これが放置劣化の1つの要因です．

● 特にリチウム・イオン電池の場合

リチウム・イオン電池は電圧が高いので，充電後のエネルギー状態も高く，放置劣化はとても大きな劣化要因となっています．

つまり，自分の持つエネルギーで自分を傷つけてしまうということです．人でいうと胃酸過多（？）に近いのでしょう（図10）．

ポータブル機器用途やアシスト自転車，電気自動車などは充電後に放置されることが多いので，放置劣化が進行しやすいといえます．ところがこれらの用途でリチウム・イオン電池を満充電せずに使うと寿命低下が小さくなります．

■ 6.2 たかが10℃の差で寿命が半分になる

● 電池は化学反応を使うので高温化で劣化も早まる

電池の内部は化学反応を起こしているので，原理的に温度の影響を受けます．電池の温度によって化学反応の速度は大きく変化するからです．

多くの物質が，化学反応で温度が上がると反応速度も速くなります．

前項のような放置劣化でも，高温によって劣化が促進されます．

● スマホを内ポケットに入れると寿命は半分になる？！

通常の条件であればアレニウス則注2に従い，温度が10℃上昇すると，劣化の進行は約2倍の速さになるといわれています(3)．

つまり，常に内ポケットにスマートフォンを入れていると寿命は半分近くになっている可能性があります．それほど，電池は環境温度の影響を受けやすいのです．

また，劣化が進行すると電池特性も低下しますが，特に低温特性に影響が出やすいので注意が必要です．

● 長寿命化のためには温度管理が必要

長期信頼性が要求されるデータ・センタや通信事業の基地局などでは，バックアップ用電池の温度管理がしっかりされています．

そのため適用される長寿命型鉛電池は，15年以上の寿命が期待されます(4)．

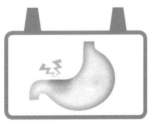

図10
満充電での放置は内部を痛めてしまう

注2：アレニウスの法則：スウェーデンの科学者のアレニウス（Svante Arrhenius，1859-1927）が発見した，化学反応速度と温度との関係を示す法則．現在では，電子部品の寿命予測などにも使われている．

■ 6.3 充電の工夫で寿命を延ばす

● 寿命を延ばすというより，寿命を短くさせない

充電の話から少しそれたので元に戻します．

電池の寿命は，ユーザにとって極めて大きな問題です．費用対効果に大きく関わってくるからです．

そこで，積極的に充電の工夫をすることで電池の寿命を延ばそうとする検討が行われています．

充電を適切に制御することで劣化を抑制しようとするもので，正確には「寿命を延ばす制御」ではなく，「期待寿命が得られるように制御する」，もっと単純にいえば「寿命を短くさせない制御」を目指すものです．

● 鉛電池のサルフェージョン現象

前にも少し出てきた用語ですが，鉛電池には"サルフェーション"という劣化問題があります．サルフェーション (sulfation) とは「硫酸化」という意味です．

特に，メガソーラーなどに適用されている大規模鉛電池などでは，サルフェーション劣化が進行しやすい問題があります．しかし，定期的なリフレッシュ充電を実施することで劣化予防が行われています．

● 電池内部で起こる化学反応を均一にする工夫

電池内部での反応が均一に進むことは困難で，ある程度の偏りが生じます．これを充電で均一化させ，一部分に集中した劣化が抑制できると期待されるため，今後検討が進むのではないかと思われます．

● 充電は電池の状態で最適電流を決める方法

充電時間の短縮のために充電電流を大きくすることが検討されています．しかし，大電流充電サイクルで寿命が短縮するという課題がありました．

そこで電池の状態把握技術と組み合わせ，電池の状態に合わせてできるだけ大きな電流で充電すること

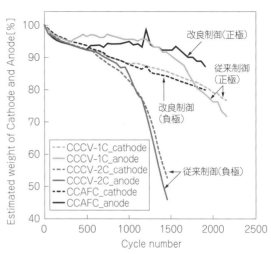

図11 電池の状態に応じた充電制御の効果検討例［出典：藤田ら（東芝）第58回 電池討論会1I 25（2017）に加筆］

で，大電流充電の悪影響を最小限に抑える技術が提案されています（図11）．

7. 実際に電池の特性を調べる

電池を用いた製品等を開発する場合は，実際に用いる電池の特性を確認する必要があります．ここでは，電池を試験する方法を述べます．

■ 7.1 試験装置の準備

● 充放電試験装置を使う

電池の試験を正確に行うには，"充放電試験装置"を用います（写真7）．これは，①直流電源，②電子負

写真7 充放電試験装置と電池設置状態
［写真提供：東洋システム（株）］

写真8
電池ケースに入れた電池
(出典：https://www.ipros.jp/product/detail/2000239295/)

写真9
電池に取り付けたタブの例
(出典：http://www.batteryspace.jp/shopdetail/003008000006/)

荷，③制御部からなる装置で，幾つかのメーカから市販されています．

● 充放電試験装置がない場合

試験装置がない場合でも，①直流電源，②負荷用の抵抗，③切り替えリレー，④データ・ロガーがあれば，単純な試験であれば手動でも行えます．

自作充放電装置になる場合は，電池がアースに対してフロートする(接地しない)ことに注意してください．

7.2 電池の準備

● 内部抵抗と電圧の測定

電池の個別データとして，
- 内部抵抗
- 開放電圧

を測定し，電池に異常がないか確認します．

なお，内部抵抗を直流で測定すると充電または放電方向に振れてしまうので，1kHzなどの交流で測定します．

● 電池ケースを使わずにタブを電極に溶接する

計測線を接続するため，円筒型電池を電池ケースに入れて試験することもあるようです(写真8)．しかし，電池ケースの端子は抵抗が大きいので，大電流の試験を行う場合はタブを溶接する方が良いでしょう(写真9)．

タブ溶接の際のはんだ付けは避けてください．内部のセパレータが溶けて短絡する場合があります．抵抗溶接や超音波溶接など熱の影響が小さいものを使用しましょう．

なお，電流測定用と電圧測定用の2つのタブを用意した方が正確です．

● 恒温槽を使う

電池は温度の影響を受けるので，室温を一定にするか恒温槽に電池を設置します．鉛電池の場合は水素ガスが出るので水槽に浸けて試験する方が良いでしょう．

室温を一定にしていてもエアコンの動作の影響を受けるので注意が必要です．ただし，室温変化も同時に測定しておけば後で考慮することができます．

● 充放電の方法

準備が整ったら充放電を行います．

(1) 最初は標準条件の充放電で特性測定

電池の劣化を調べるのであれば，初期状態として標準的な充放電特性を取得しておきましょう．

まず，カタログ表記の容量の測定条件($0.2C_{20}A$や$0.2It$などと書かれていることもある)で放電し，メーカ推奨条件で充電します．

(2) 特性測定の安定後に任意の条件で測定

標準的な充放電を3回程度繰り返し，特性測定結果が安定したら，試験したい充放電条件に移行します．試験を行う場合は，できるだけ実際の使用状況を想定した充放電条件を設定してください．

例えば，放電後にすぐ充電できないことが想定されるなら，①放電後の放置時間を設定する，②充電が分割されてしまうとか中断されることが想定されるならそのような充電方法を設定するなど，メーカ推奨条件とはかけ離れてもかまいません．むしろ，推奨条件がとれない場合を確認することは，電池試験の大きな目的の1つとなります．

● 忌避事項は必ず守ること

ただし，電池メーカが指定する"忌避事項(最大電流や過充電，過放電，温度範囲など)"は必ず守るようにしてください．また，この忌避限界に至るまでの状態を調べる場合は，十分な安全対策(防爆設備や火災対策など)を行ったうえで実施してください(次項参照)．

7.3 絶対にやってはいけないこと！

● 電池は「エネルギーの塊」なので間違うと大事故に！

電池の実験はエネルギーの塊(＝電池)を扱うので，試験方法を間違うと極めて危険な状態になり得るということを忘れてはなりません．メーカの指定使用条件を逸脱しないように，念入りに確認を行いましょう．

万が一，電池が発熱発火しても問題ない環境で試験を行うようにしてください．

特集　EVと電池の充電・放電・給電

● 起こりやすいトラブル事例

電池試験で起こりやすい間違いを幾つか紹介します．

(1) 接続ミス

よくあるケアレス・ミスです．電流線の＋／－の接続や電池ケースへの装着など，間違いやすい部分がたくさんあります．対策として，使用する電線の色を変える，ラベルを付けるなどして確認を行いやすくします．

(2) 接続不良

接続する部分や先端にクリップなどを用いた場合，クリップのはんだ付けや腐食などで接触の悪い場合があります．最悪のケースではスパークが発生し，引火して火災の要因となります．

(3) 過充電／過放電

制御値入力ミスや制御装置との接続線不良などにより，放電時に過大電流になったり通電が停止しなかったりすることがあります．特に，リチウム・イオン電池の場合は最も危険な事象です．確実に動作確認を実施することが重要です．

(4) 環境温度異常

直射日光が当たる窓際や電源の排熱が当たるところなどに電池が設置されていると，電池温度が異常に上昇することがあります．鉛電池では定電圧制御中に温度上昇することにより電池電圧が低下し，これに伴う充電電流の増大によりさらに温度が上昇するという熱暴走の可能性があるので十分注意してください．

(5) 雷・サージ

制御装置などの異常動作を避けるため，電源系に対策を施すようにします．

(6) 電池の取り扱い

ラミネート・タイプの電池は外装が弱いので，電池の上に物を落としたり曲げたりすると短絡することがあります．加えて，落下させてしまった電池は，内部で短絡を生じている可能性があって危険なので，試験を避ける方がよいでしょう．

また，端子部や周囲の折り曲げ部も弱いので，ストレスがかからないよう注意します（図12）．さらに，端子部へドライバなどの金属が接触すると短絡することもあります．

(7) 発生ガス

鉛電池やニッケル水素電池には水素ガスが発生する可能性があります．水素は，微量であれば金属板や壁さえすり抜けるのですが，発生量が多いと爆発する可能性があるので，試験中は換気を行うように注意します．

市販の充放電試験装置には，異常現象を捉えたセンサ信号が入力されると装置を緊急停止できる機能が付いたものもあります．必要に応じてこれらも活用するようにしてください．

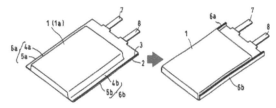

図12　ラミネート型電池のシール部の様子
（出典：特開2002-331309）

7.4　電池メーカの研究例

● 電池の開発・研究に必要な実験はいろいろある

電池メーカではさまざまな試験を行っています．研究開発のため，品質保証のため，新規開発事項のため…．電池試験にとどまらず，その中身についても詳細な分析を行い，総合的に解析を進めます．

しかし，電池メーカではない企業や個人が実施できるのは，電池試験までではないでしょうか．

そこで電池メーカの研究例を紹介しながら，充放電試験結果の解析方法を紹介します．電池は中身が見えないので，試験で得られる限られた情報で解析しなければなりません．つまり，電圧，電流，電池温度，これだけしかないのです．それをいかにうまく料理するかが重要です．

● 充放電の繰り返しで容量の減少以外に変化はあるか？

図13はリチウム・イオン電池をサイクル試験した結果の解析例です．充放電の繰り返しにより，電池容量がどう変化（低下）したかを測定したものです．

この時の放電曲線が図13（b）の上部です．容量が減少していることは明確ですが，容量変化以外の違いはよく分かりません．

そこで，これを容量変化当たりの電圧変化として微分したものが図13（b）の下部に示した曲線です．微分により変化量が明確になりました．

● 電池特性のメカニズムを解明する

その結果，容量の低下は段階的なことが分かりました．それを「Stage1-2-4」と呼んでいるのですが，その変化ポイントに注目します．

容量はStage2-4ではあまり変化せず，Stage1-2と示された部分の減少に起因しているのが分かります．またStage1-2の減少以外にはピーク変化がないので，材料自体の大きな変質が少ないことも推測されます．

このような推定のもと，電池を解体調査し，どのようなメカニズムでStage1-2の部分が減少したのか，またStage1-2がどのような意味を持つのかなどが解析されています．

● 電池の性能を十二分に引き出したり寿命を延ばしたり

以上のように，充放電曲線を詳細に検討すること

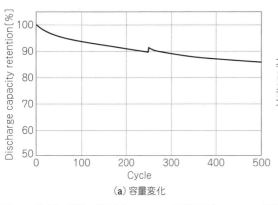
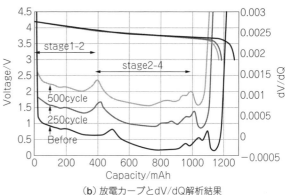

(a) 容量変化　　　　　　　　　　　(b) 放電カーブとdV/dQ解析結果

図13　サイクル試験の例［出典：LIBTEC技術資料「LIBTECの電池特性評価と劣化解析」(2015)］

で，さまざまなことが分かります．最近では精密に充放電試験を行うことで，わずかに生じる充放電量の差異から電池内部の副反応や容量ずれと呼ばれる劣化モードについて議論可能であることも報告され[5]ています．

電池の性能を100%使い切る手法を獲得するためにも，新しい電池の開発のためにも，まだまだやるべきことが残されているのだと思います．

さいごに

電池特性についてカタログ値の読み方，その背景，また電池試験の詳細と解析方法について紹介しました．実は電池は単純なようでとても複雑な挙動を示します．当然，その使い方をマスタするのも簡単ではありません．

そして，理解不足により，本来の電池性能が十分に引き出せなかったり，時には危険な事象を引き起こしたりもします．

この記事により皆さんの電池に対する興味や理解が深まることで，電池をもっと有効活用してもらえるようになれば幸いです．

◆参考文献◆

(1) JIS C 8702-1:2009　小形制御弁式鉛蓄電池－第1部：一般要求事項，機能特性及び試験方法
(2) http://www.honda.co.jp/50years-history/challenge/1988evplus/page05.html
(3) NEC技報，vol.65, No.1, p.58 (2012)
(4) GSユアサ制御弁式据置鉛蓄電池総合カタログ
(5) 右京他，第57回 電池討論会講演要旨集2C08 (2016)

筆者紹介

長谷川　圭一
（は せ が わ　けいいち）
（株）Plan Be　代表取締役

湯浅電池（現GSユアサ）にてニッケル水素電池，鉛電池などの開発に従事．2001年より蓄電池コンサルタントとして活動し，2011年に（株）Plan Beを設立．電池材料のほか応用製品開発も多数指導．電気化学会，電気学会所属．

第2章

～鉛電池の基礎知識から用途別最新技術まで～

鉛電池の特性を120％引き出す方法

長谷川 圭一

現在，二次電池の市場ではリチウム・イオン電池がシェアを伸ばしているが，鉛電池の割合も少なくない．この理由は，安全で安価だということであろう．しかし，重い・寿命が短い等の短所もある．ここでは，鉛電池を取り上げ，その基本特性を解説し，その能力をいかに引き出すかを考察する．実は，製品としての鉛電池も進化しており，いろいろな用途に適応した機種も開発されている．鉛電池を適材適所でもっと使おう，という提案である． (編集部)

1．鉛電池って知っていますか？

● こんなところで使われている

前の章では，家庭にもいろいろな電池があり，充放電ができる二次電池も増えていることを述べてきました．

本章では，その中でもさらになじみの薄い「鉛電池」の話をします．そう，車のボンネットを開けた隅の方に小さく薄汚れた姿を見せている，あの四角いバッテリです．といっても，最近はボンネットを開けたことがないドライバーも多いので，カー・バッテリを見たことのない人が多いかもしれません．

● 鉛電池の市場はまだまだ大きい！

電池を少しでもご存知の方なら，「鉛電池なんてもう昔の技術だ」「鉛電池市場はほぼ廃れている」と思っていることが多いかもしれません．ところが今でも2,000億円近い国内市場があり，しかもこの30年で大きな変動もなくその規模が推移しているのです（図1）．電池市場は拡大し続けていて，拡大した多くをリチウム・イオン電池が占めているため，前述のような誤解が生じたのでしょう．

● 潜水艦も鉛電池で動いている

鉛電池は，どこでそんなに使われているのでしょうか？

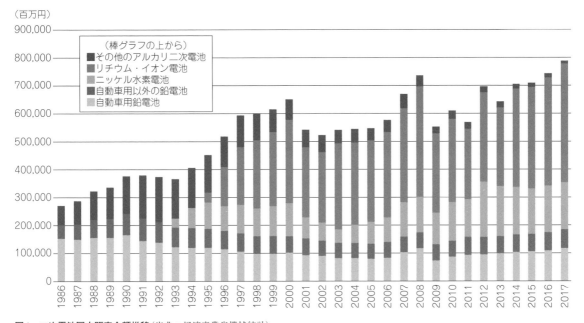

図1　二次電池国内販売金額推移（出典：経済産業省機械統計）

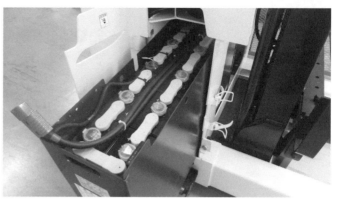

(b) 大型の鉛電池を多数搭載している

(a) 室内用フォークリフトの多くは鉛電池駆動

写真1　電動フォークリフト（CQ出版社で撮影）

やはり自動車が最も多く，年間2,500万個近くになります．これ以外に室内用フォークリフトやゴルフカートなどの駆動用，UPSや携帯電話基地局などのバックアップ用，そして発電所や大規模な蓄電装置などに使われています（**写真1**）．

意外なところでは，潜水艦にも大量の鉛電池が搭載されています（**写真2**）．海中には空気がないのでエンジンが使用できません．そこで浮上時にエンジンで発電機を回して鉛電池へ充電しておき，潜航時に電池からモータへ電力を供給します．シリーズ式ハイブリッドシステムと同じですね．電力量が大きいので，人の背丈ほどもある大きな電池が使われています．

フォークリフトや潜水艦では鉛電池の重さも有効に作用しています．

● **NTTは日本最大級の電池消費者**

携帯電話などの通信サービスは，非常時にも途絶えることが許されません．このため，通信事業者は大量の電池を導入してバックアップに備えており，そのほとんどに鉛電池が使用されています．

このためNTTグループは国内最大級の電池消費者と言われています（**写真3**）．データセンター向け市場も拡大しており，ここでも絶対にデータを消失させないために大量の電池が導入されています．

2.　鉛電池の基礎知識

■ 2.1　鉛電池の中身は？

● **150年も改良が続くが原理はもちろん1つ**

では，鉛電池の中身について見てみましょう．

鉛電池は，実用化された電池の中で最も歴史が古く，ボルタ（伊）が電池を発明した1800年から約60年後の1859年にプランテ（仏）によって発明されました．その後，1895年に日本のエジソンとも呼ばれる二代目島津源蔵[注1]が試作に成功，1917年に日本電池（現ジーエス・ユアサ コーポレーション）を設立しています．

発明から150年以上も経過していますが，基本的な

写真2　日本の潜水艦にも多くの鉛蓄電池が搭載されている（呉港で撮影）

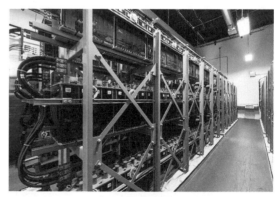

写真3　データセンターに設置された鉛電池
（出典：NTT Communications 社HP）

特集　EVと電池の充電・放電・給電

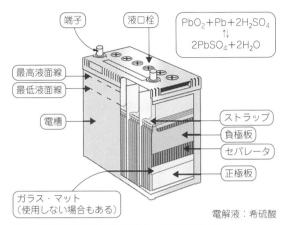

$$PbO_2 + Pb + 2H_2SO_4 \rightleftarrows 2PbSO_4 + 2H_2O$$

電解液：希硫酸

図2　鉛電池の構造と反応式（出典：電池工業会HP）

写真4　鉛インゴット
（出典：三井金属HP）

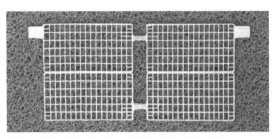

写真5　鋳造式格子体の例：活物質充填後4枚に裁断するタイプ
（出典：http://www.weiku.com/products/5677019/ZDX40S_VRLA_Battery_Lead_Acid_Battery_Grid_Casting_Machine.html）

原理（第1章も参照）および構造は変化しておらず，鉛化合物からなる正極および負極を希硫酸電解液中で対向させています．

鉛電池の構造を図2に示します．

■ 2.2　鉛電池の驚きの製造方法

● 鉛インゴットから全部作ってしまう

鉛電池の製造方法は少し変わっています．それは，化学反応を起こす物質（活物質）もそれを保持する集電体も（集電体に活物質を塗布したものが極板），電気を取り出す端子も全て鉛インゴットから作ってしまう，という点です．インゴットとは地金（延べ棒）のことです（写真4）．

電槽と電解液以外の基本要素は，全て同じ原料から作り出されているということです．さまざまな部材を社外から購入して電池の要素部品に加工し組み立てているリチウム・イオン電池と大きく異なります．鉛電池メーカは素材から内製するのが伝統となっていました．

● 製造工程

では，鉛電池の製造工程を追ってみましょう（図3）．

(1) 鉛インゴットから格子体の作成

まず，鉛インゴットから集電および活物質保持機能を持った"格子体"と呼ばれる網目形状を形成します．これには，鉛をいったん溶かして型に流し込む「**鋳造法**」や（写真5），鉛を圧延シートに形成した後，切り込みを入れて引き延ばす「**エキスパンド法**」などの方

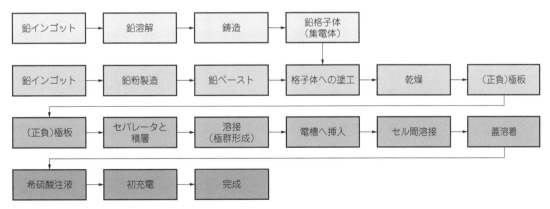

図3　鉛電池の製造工程概要

注1：二代目・島津源蔵（1869 - 1951）は，初代・島津源蔵（1839 - 1894）が創業した島津製作所の二代目社長．二代目（幼名は梅次郎）は，初代源蔵と同じく発明家として極めて有名．日本で最初にX線装置を開発．また，それまで輸入に頼っていた鉛蓄電池を開発し，それが後にGS式蓄電池となった．

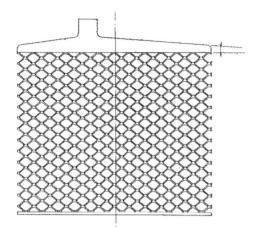

図4 エキスパンド式鉛格子体の例（出典：特許4461697号）

写真6 島津源蔵の発明した鉛粉製造装置
（出典：島津製作所HP）

法があります（図4）．また，格子体の耐食性や強度向上などの高性能化のためにスズ（元素記号：Sn）などを添加し合金化されることもあります．

(2) 鉛インゴットから鉛粉の作成

次に，鉛インゴットから"鉛粉"と呼ばれる鉛酸化物を作ります．一般的には，数cm大にカットした純鉛を加温した容器室内に投入し，容器室ごと回転させ，鉛塊同士をぶつけることで表面の酸化物を剥がし，これを収集して鉛粉とします（写真6）．

この鉛粉製造方法は，前述の島津源蔵が発明したもので，鉛電池の生産効率が飛躍的に向上しました［GSユアサのGSはこの島津源蔵に因む[1]］．

(3) 格子体に鉛粉を塗って極板の作成

この鉛粉に希硫酸や水，添加剤などを混合してペースト状に練り上げ，先ほどの格子体に塗工（充填）します．塗工された格子体は温度と湿度が調整された条件で時間をかけて乾燥され，格子体に活物質が充填された極板になります．

格子体の合金組成や添加剤などの違いにより，正極板と負極板に区別されます．

(4) 極群の作成

これらの極板は，ガラス繊維や多孔質樹脂からなる"セパレータ"を介して積層され（写真7），正極同士もしくは負極同士をそれぞれ溶接して，ストラップを形成することで"極群"と呼ばれる一体品に組み立てます（写真8）．

極群は，電槽内のセルと呼ばれる小部屋に挿入され，セルとセルの間の導通をとるためのセル間溶接を行ったのちに蓋を接着します．

(5) 電解液（希硫酸）入れて初充電する

蓋にはセル（小部屋）ごとに穴があり，ここから電解液となる希硫酸を注入して充電を行います．この充電は"初充電"あるいは"化成"と呼ばれたりします．

初充電は，放電を含む特殊なパターンで数回繰り返されます．これにより電池の内部は完全に活性化し，鉛電池が完成します．

そして検査，梱包を経て海外含む各地へと出荷され

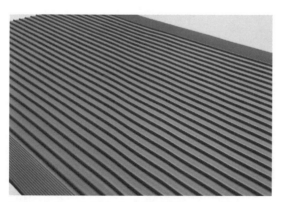

写真7 セパレータ（出典：Dramic社HP）

写真8 極群とストラップ

特集　EVと電池の充電・放電・給電

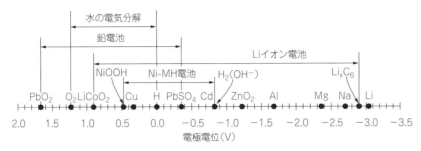

図5　水の電気分解電圧と電池電圧
2点間の電位差が電圧となる（その系における電位で表示しているため，系間の相対値は実際と異なる）．

■ 2.3　鉛電池の「鉛」の秘密

鉛ってとても重いし，人体に有毒な化合物にもなりやすいし…なぜ使われるの，と不思議に思われる人も少なくないかもしれません．鉛電池の普及の裏には，奥深い面白い理由があります．

● 鉛を使うと重いので作るのは大変

鉛電池の工程は，素材を含めて内製比率が高いこと以外に，やはり材料が「重い」ことが特徴になります．金属鉛は密度が11.35g/cm³で，500mlペットボトル・サイズで6kg弱もあります．

鉛粉は鉛酸化物粉末ですが，それでも見掛け密度は3g/cm³以上，バケツ1杯分でも簡単には持ち上げられません．

ペーストの混練装置として生コンクリート用のそれが転用されていた頃は，材料を2トン分も入れても，底の方で少量が撹拌されているだけでした．一昔前の鉛電池工場はマッチョな人がたくさんいたと言われています．

● 起電力2V/セルって驚異の数値！？その理由とは

さて，こうしてできあがった鉛電池は，1つのセルで2Vが基本電圧（起電力）です．アルカリ乾電池（1.5V）やニッケル水素電池（1.2V）よりは高いものの，リチウム・イオン電池（3.6Vなど）よりも低い値です．

実は，起電力が2Vというのはとんでもない値なのです．通常，水（H_2O）に1.23V以上の電圧をかけると，電気分解[注2]を起こして水素と酸素に変化します．

鉛電池は，水が分解するよりもはるかに高い電圧を発生しているので，原理的には電解液の水分がいつ電気分解を起こしてもおかしくない状態なのです．

では，電気分解しない理由はなんでしょう？

● 正極と負極の活物質の鉛化合物に秘密がある！

実は，鉛電池の正極活物質（二酸化鉛：PbO_2）も負極活物質（鉛：Pb）も，そこで生じる水の電気分解速度はとても小さい（遅い）ので，2Vという状態でも分解せずに成立しているのです．

この電気分解が起こりにくい性質を"過電圧（厳密には酸素過電圧，水素過電圧）"と呼び，さまざまな物質の中で「鉛化合物は飛び抜けて高い過電圧」を持っているのです（図5）．

最初に発明された二次電池である鉛電池にこのような性質を持つ鉛化合物が用いられたことは，驚くべきことと言えるでしょう．

● 過電圧と蒸留水の関係

過電圧は，さまざまな要因で大きく変動します．例えば，電池内部に混入した不純物などにより過電圧が減少すると電解液の分解が促進され，これに伴い自己放電が進みます．

鉛電池の補水に蒸留水が指定されているのは，このような理由もあるのです．

昔，自家用車を所有している人は，カー・バッテリの電解液として，定期的に，希硫酸ではなく蒸留水を補水していたのですが，その経験者も少なくなっていると思います（現在は必要ない）．

3.　鉛電池が今でも使われる3つの理由

鉛電池がいまだに大きな市場を誇る最大の理由は，鉛電池が素晴らしい特性を有しているためです．そんな鉛電池の特性を紹介します．

■ 3.1　パワー強大！！

● 瞬時に大電流を流せる

まず，鉛電池は大パワーが得意です．この特徴を最大に生かしているのがカー・バッテリです．自動車のエンジン始動時には，セル・モータを数秒間だけ回します．静止状態のエンジンをモータで回すには大トルクが必要で，そのために実に数百Aという大電流を（数秒間だけ）供給しなくてはなりません．

● CCA値が素晴らしい！

この電池の能力は，"CCA（コールド・クランキン

注2：リチウム・イオン電池の電解液は有機溶媒であるため，水の電気分解は原理的に起こらない．次項の過電圧には該当しない．

表1 コールド・クランキング性能例
（出典：ACDelcoカタログから抜粋）

形式	CCA（A）	RC（分）	容量5HR（Ah）
34B17	246	38	24
40B19	332	52	28
46B19	370	62	34
50B24	325	75	36
60B24	430	80	36
80D23	580	120	54
90D26	680	150	58
105D31	710	165	64
115D31	780	170	75

CCA： $-18℃±1℃$ の温度で放電し，30秒目の電圧が7.2V以上となるように定められた放電電流[2]

RC ： リザーブ・キャパシティ＝25℃，25Aで終止電圧10.5Vまで連続放電可能な持続時間[2]

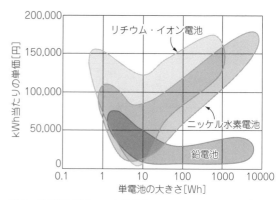

図6　各種単電池のコスト比較（システムやモジュールは含まない：推定含む筆者調べ）

グ・アンペア）"と呼ばれる，低温でどれだけ大きな電流が流せるかを示す特性[2]で示されています（表1）．

　鉛電池の電解液は希硫酸なので導電性が高く，また，重い極板を支持，固定するストラップや端子が太いことなどにより，電池の内部抵抗がとても小さく出力を出しやすいのです．

● 放電が進むとパワーが減少する

　残念ながら，大パワーを取り出せるのはしっかり充電されているときだけで，放電が進むとパワーが一気に低下するのも鉛電池の特徴です．

　このため，ゴルフカートやフォークリフトなどは，放電の末期になっても十分な出力が得られるよう考慮したサイズの電池が選定されています．

3.2　炎天下のエンジン・ルームで耐えられる

　鉛電池の強力な長所は，エンジン・ルームのような高温環境でも安全に使用できることです．

● リチウム・イオン電池は高温が苦手だが

　リチウム・イオン電池の場合，一般的には60℃以上での使用は禁止されていますが，鉛電池は60℃以上でも充放電可能です（もちろん推奨されない環境であり性能は低下する）．

　このような電池は，他の系ではあまり見られません．

● 長寿命化を考えると鉛電池でも高温対策は必要

　電池の高温での使用は，性能低下以外に寿命が短くなる問題もあります．特にリチウム・イオン電池をEVに用いる場合，電池冷却は重要な設計ポイントとなります．

　一方，鉛電池の場合は高温での劣化が比較的小さいため，冷却にかけるコストを削減することも可能です．ただし，電池の寿命を完全に出し切るためには鉛電池でも冷却や温度の均等化は重要となります．

3.3　やっぱり安い！

● 容量単価は他の電池の1/3～1/10！

　鉛電池の最大の武器は安さです（図6）．1Wh当たりのコストが他の電池系の1/3～1/10程度になります（Whとは，電池の公称電圧と公称容量の積）．

　モバイル機器やパソコンなどの小型機器では電池の使用量が少ないので，コスト差が問題にならない場合もありますが，メガソーラーなどの大規模蓄電システムでは電池費用だけで数千万円の差が生じることもあり，電池選定でコストはとても重要な項目となります．

● 製造コストに鉛インゴットの安さが効く

　前に述べたように，原料から完成まで多くの部分を内製化していること，原料となる鉛インゴットが安いことなどが大きな要因です．けれども，筆者はあと1点，低コストの要因を挙げたいと思います．

　それは，鉛電池製造ラインの汎用性です．鉛電池は発明以来その基本構造を変えておらず，小型の電池から大型の電池まで，ほぼ同様の製法で生産されています．

　このため，製造ラインの稼働率が高く，また特定の機種専用の装置などが少なくて済みます．

　実は，他の電池系でここまで汎用性の高い製造ラインを使用しているものはありません．ある意味長い歴史の賜物でしょう．

　図6に示したように，鉛電池は大型でも小型でも単価が変動しません．これはこのような製造方法の特徴によるものと言えます．

4.　鉛電池のバリエーション

　鉛電池といっても，実はいろいろあります．鉛電池のバリエーションは，

・用途に合わせて進化したもの

特集　EVと電池の充電・放電・給電

写真9　補水作業と一括補水装置例（出典：住友フォークリフト）

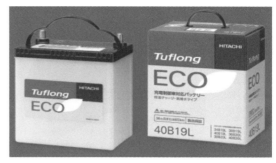

写真10　MF電池例（出典：日立化成HP）

- 性能を向上させたもの

などさまざまで，ここでは用途別進化を中心に紹介します．

(1) 補水が必要な液式鉛電池

まず，「カー・バッテリ」と呼ばれる自動車用鉛電池です．一部のバイクや比較的古い年式の車には，前述した「補水の必要な電池」が用いられています（このようなタイプを"液式電池"ともいう）．

正極格子体の耐食性向上のためにアンチモンが添加されており，これが負極に析出するために電解液の分解速度が大きくなり，補水を必要とします．

補水するのは，あくまで蒸留水などの精製水です．希硫酸中の硫酸成分は分解しないので水分のみを補給します．

自動車用だけではなく，非常電源に用いる「据置用液式電池」もあります．これは，寿命が長いので電話局の地下などにバックアップ用の大型のものが設置されています．

(2) 補水が不要な「メンテナンス・フリー鉛電池」

「補水するのは，やはり面倒」ですから，最近の車で使われている鉛電池は補水の必要がありません（このタイプを「メンテナンス・フリー電池：MF」という）．

見た目には液式とほとんど変わらず，

- 液面確認の線が描かれていない
- 補水する液栓がない

などの違いがある程度です．

前項で説明したアンチモンの添加量を減らすことにより減液速度を抑制し，液の減少が電池寿命と同じ程度に収まるよう設計されています．

(3) 横にしても大丈夫な「制御弁式鉛電池」

液がたっぷり入っている電池を横に倒すと，液栓から電解液の希硫酸がこぼれて危険です．そこで電解液をセパレータのガラスマット（AGM：Absorbent Grass Mat）に含ませ，それ以外の余分な液は取り除いた電池が開発されました．サーバの無停電電源装置などによく使われている「制御弁式鉛電池（Valve Regulated Lead Acid Battery：VRLA）」です（**写真11**）．

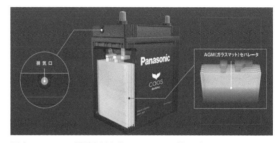

写真11　VRLA電池例（出典：Panasonic社HP）

特徴は，

- 前述のアンチモンを完全になくしたため，負極からの水素ガス発生が大変少ない
- 正極から発生する酸素ガスをセル内部で再度水に戻してやることで，ほとんど外部にガスを出さず，電解液の減少もない構造

となっています．ただし「完全に」ガスが出ないというわけではないので，シール式（シールド）とか密閉式とは言いません（昔はそう呼んでいたが，誤解による危険事象の可能性があるため今は区別されている）．

(4) 完全密閉型の「シールド電池」（密閉式電池）

現在では二輪車用や自動車用にもこのタイプが用いられています．事故や転倒時に電解液が流出しにくくなっています．ガス発生が少ないので，ハイブリッド車の補器用としてトランクルームや後部座席下などの室内に近いところに設置可能です．ガラスマットがコストアップになることや，寿命を延ばすために高い技術が必要となるため，やや高価になることが多いようです．

5. 鉛電池の劣化

■ 5.1　車用電池の最大の敵：サルフェーション

● 自動車のトラブルの1/3はバッテリ上がり！

JAF（日本自動車連盟）のロードサービスというの

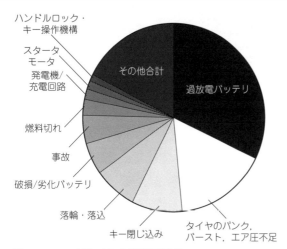

図7　JAFロードサービスの救援依頼内容
[JAF統計データより作成　対象年月日：平成28年4月1日（金）〜平成29年3月31日（金）]

があります．会員であれば，クルマの走行中にトラブルが生じた時に，すぐに出張サービスを受けられるというものです．そのJAFロードサービスの出動事由のおよそ1/3を，バッテリ上がり，つまりライトの点灯しっぱなしや電池の劣化等で電池の容量が不足するトラブルが占めています（図7）．

鉛電池が進化していないように感じるのも仕方がないかもしれません．

では，鉛電池が劣化するのはどういう理由なのでしょうか．

● バッテリ上がりは「充電できない電池」が理由

バッテリ上りは車が始動できないことで発覚します．つまり「エンジン始動用のセル・モータを回す電力を放電できない」ということです．これには2つのパターンが考えられます（図8）．

　(1) 充電できているにもかかわらず放電ができない
　(2) 充電できていないために放電できなかった

トラブルの原因は圧倒的に後者なのです．

昔は，乗用車でも運転前点検時にバッテリの電圧や比重をチェックすることがありました．鉛電池の場合，充電が進むと電池の電圧が上昇して電解液比重が大きくなるので，電池電圧が下がっている場合，充電

図8　放電ができないのか？充電できないのか？

できていないことが分かります．

● サルフェーションとは電池の内臓脂肪！？

車にはオルタネータ（ジェネレータともいう）という発電・充電機構があり，エンジンが動くことで充電ができるはずです．それなのに充電できないというのは，「電池自体が充電を受け入れられない状態に劣化した」ということが考えられるのです．

多くの場合，このような現象は"サルフェーション"と呼ばれる電池劣化に起因しています．これは，負極の活物質であるスポンジ鉛が放電により硫酸鉛へ変化し，これが再度充電できないような不活性な状態に至った状態を指します（硫酸鉛＝lead sulfateができるのでサルフェーションと呼ぶ）．

人間でたとえると，取り込んだ栄養が内臓脂肪となって蓄積するようなものです（図9）．

● サルフェーションから進行する電池の劣化

サルフェーションという劣化モードは，とても厄介なもので，これをきっかけにして他のさまざまな劣化（正極格子腐食や減液促進など）が進行します．

かつては他の劣化が進行してから電池の調査を行ったため，サルフェーションがきっかけとなっていることが見過ごされたこともあったようです．また，前述のように，放電により生成された硫酸鉛が劣化の起点になるので，電池を使うこと自体がサルフェーションの始まりになり得るのです．

● サルフェーションを防ぐには常に満充電にする

これを防ぐためには，常に満充電状態にしておくことが重要です．

クルマは，オルタネータで発電された電力を，レギュレータという電子装置によってバッテリの定格電圧より少し高い電圧で常に充電するようになっています．これにより，満充電状態に維持されているので，原理的にはサルフェーションが起こりにくいようになっています．

ところが，エアコンなどでクルマの消費電力が増大すると，発電量が追い付かないという状況が発生します．

例えば，最近の自動車などでは，
　・停止中にエンジンを止める
　「アイドリング・ストップ機構」

図9　元に戻らない（充電できない）からサルフェーションが起こる

特集　EVと電池の充電・放電・給電

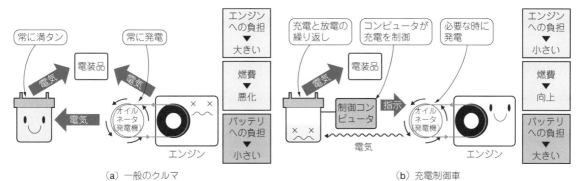

図10　充電制御システム（出典：ENEOSバッテリHP）

- 発進時にオルタネータを切り離す「**充電制御運転**」

が行われたりするので，さらに発電量が減少しています．つまり，クルマの最新技術により，ますますサルフェーションが起こりやすくなっているのです．

■ 5.2　UPS用の鉛電池の敵は格子腐食

● UPSではサルフェーションが起こりにくい?!

サーバなどの停電対策として無停電電源装置（UPS）があり，これにも鉛電池が多く用いられています．停電対策用なので常に満充電にして備えており，自動車用に比べサルフェーションが起こりにくいのです．

● UPSでは正極格子の腐食問題が深刻

UPSのように常に微小電流を流し続けることで満充電を維持する充電方法を"フロート充電"と呼びます．

では，フロート充電だと鉛電池はダメージを受けずに長寿命かというと，そうではないのです．サルフェーションが起きにくい代わりに，正極の「**格子体腐食**」により電池が劣化するのです（**写真13**）．

人間でたとえると，老化に伴う骨密度低下に似ています．人間と異なるのは，正極格子が腐食すると腐食物である過酸化鉛（PbO_2）を生成するのに伴い，①大きな体積膨張を引き起こし，②格子が延伸して電槽が変形されます．ひどい場合は，③電槽が割れて内部の電解液が漏れ出て，④電池外との絶縁抵抗が下がり，スパークが発生，⑤最悪の場合はほこりなど周囲の可燃物に引火します．

● 電池の老化対策

このため，UPSでは定期的な電池交換を求めており，これを怠ると危険事象に至ることもあるので十分な注意が必要です．

また，周囲温度が高くなると格子腐食は加速します．周辺機器の多い場所やファンの冷却効率が低い場所にUPSが設置されている場合はさらに注意が必要なのです．

■ 5.3　フォークリフト用で懸念の活物質脱落

● 電極の活物質は多孔体だから

鉛電池の活物質は，粉末をペースト状にして塗工乾

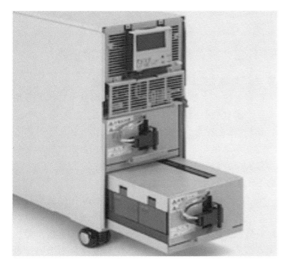

写真12　UPSと電池搭載情況例（出典：サンケン電気HP）

写真13　格子腐食（出典：http://batteryuniversity.com/）

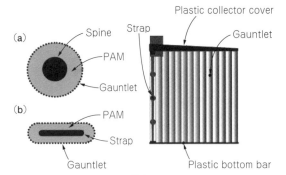

図11 チューブラ極板とその構造
(出典：D.Pavlov 他, Journal of Power Sources, 113, 27, 2003)

写真14 リグニン（改質リグニン）
(出典：農水省広報誌 aff 2016年10月号)

燥したものです．つまり，レンガや砥石のような極めて小さな穴が開いた多孔体です．

しかし，正極活物質（PbO_2）は，充放電に伴い一つ一つの細かい粒子同士の結合力が低下していきます．その結果，長期間使用すると泥状に変化し，液が多い電池の場合は電解液中に溶け散っていきます．

この劣化モードを活物質の"軟化脱落"と呼びます．電解液の検査時に「電解液が茶色く濁っている」のであれば，この劣化が進んでいることが懸念されます．

● 対策としてチューブラ極板の採用

この劣化は，充放電を頻繁に繰り返す場合に生じやすくなります．その対策として，フォークリフト用電池やゴルフカート用電池などの「深い放電を繰り返す電池」では，活物質をガラス繊維でできたチューブ（Gauntlet）の中に閉じ込めた"チューブラ（またはクラッド）"と呼ばれる正極を用いています．

放電出力を向上させるため，図11のように扁平にしたものもあります．

6. 工夫満載鉛電池：劣化の抑制技術イロイロ

6.1 電池のサプリメント：添加剤

● 負極添加剤リグニン

電池にもサプリメントがあります．添加剤です．電池の中身は部品の少ないシンプルなものですが，添加剤は幾つかが目的に応じて使い分けられています．特にサルフェーション抑制のために，負極活物質の添加剤は極めて重要な開発要素です．

負極添加剤の1つにリグニンがあります．

製紙などに用いるパルプを作るため木材チップを高温高圧で薬液処理しますが，この時チップの繊維を結着していた成分が薬液に溶出します．これがリグニンです．

● 充電効率を上げるリグニン

リグニンを添加すると充電効率が向上し，サル

フェーションを抑制します．鉛電池メーカはさまざまなリグニンから最適なものを探査して用いています．

ちなみに，リグニンはバニリン成分を含んでいるので，負極活物質ペースト調製工程ではチョコレートやバニラのような匂いが漂うことがあります．バニリンはバニラの香りの成分です．

● リグニン発見のエピソード

実は，リグニンの有効性が発見されるまでには失敗がありました．

かつての鉛電池は，セパレータに薄い木の板を用いていました（木製容器に入った幕の内弁当の蓋のようなもの）．その後，樹脂製セパレータが開発されて切り替えたところ，早期に劣化してしまったのです．原因を究明したところ，木の板に含まれる木質成分が有効であると分かり，リグニンが添加剤として用いられるようになったのです．

リグニンはとても複雑な天然化合物の混合体であり，その中の有効成分の特定や機構解明も図られました．天然のリグニンには及ばず，現在は処理方法や化学的性質を改良した特殊品製造の検討が進められています．

6.2 錬金術の血を引く合金技術

● 格子体腐食を防ぐ負極剤のSb合金

正極劣化の主要原因である格子体腐食を抑制するために，耐食性合金の検討が続いています．

純Pbはとても柔らかいため，格子体として用いると強度が不足します．そこで硬度増大と耐食性向上のためSb（アンチモン）が添加されていました．

● Sb合金を使うと補水が必要に

Sb合金は，現在でもとても優れた耐食性を示しますが，充放電に伴いわずかにSbが溶出します．これが負極板上で析出されると，その部分から水素が発生するようになります．このため，Sb合金を用いた電池は制御弁式構造（VRLA）にすることができず，補

特集 EVと電池の充電・放電・給電

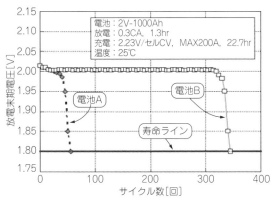

図12 PCLメカニズム [出典：FBテクニカルニュース，62, p.19 (2006) に一部加筆]

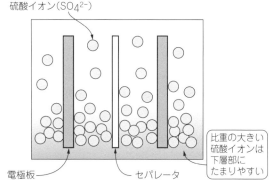

図13 成層化の模式図（出典：日立化成自動車用バッテリHP）

水が必要な液式電池になるのです．

また，放置中にも水素は発生し，これには負極の自己放電が伴う（局部電池反応と呼びます）ため，サルフェーションが促進されます．

● Sbの代わりにCaとSnを使う

補水作業を不要とするためにはSbの使用を止める必要があり，代わりの硬度増大用としてCa（カルシウム）が，耐食性向上用としてSn（スズ）が添加されるようになりました．

Pb-Ca-Sn合金は制御弁式鉛電池の正極格子体用合金の基本組成となっています．

● Sbフリー合金開発のエピソード

この組成にも失敗の歴史があります．各社がSbフリー合金を用いた補水不要のメンテナンス・フリー電池の生産に着手したところ，使いはじめてすぐに容量低下する現象（PCL：Premature Capacity Loss）が発生して，世界中で大問題となりました．

詳細な原因究明が行われた結果，格子体と活物質層の結着面に残存する間隙に電解液が入り込み，放電時にはここが優先的に反応して$PbSO_4$の高抵抗皮膜を形成するため，その後の放電が阻害されていることが明らかになりました．

Sb合金は格子-活物質界面結着が強固になる性質を有していたので，電解液が入り込む間隙ができにくかったのです．

Snによって耐食性が向上したものの，逆に，界面形成に対しては悪影響を及ぼしてしまいPCLが発生しました．製造条件を最適化することで，現在は良好な界面形成が行われてPCLは解決し，耐食性も向上したことにより，さらなる寿命の延伸が実現しています．

■ 6.3 水にもこだわります

● 鉛電池用の電解液添加剤とは

鉛電池の性能向上用と称し，電解液の添加剤が販売されています．成分が明示されていないので効果の真偽は不明ですが，前に述べたように，鉛電池は極めて大きな過電圧（特に負極の水素過電圧）があるので，これに影響を及ぼさない添加剤は限定されるでしょう．

● やはり蒸留水がいい！？

また，比重が低下しているからと硫酸を添加する例もしばしば見かけますが，さらに深くまで放電が進んでしまい，次の充電がほとんどできないということになりかねません．

このため，通常は蒸留水を補水します．添加剤などを含まないとしても，水道水やミネラルウォーターは避けましょう．含まれている塩素やミネラル分が，前記の水素過電圧を低下させたり格子体の腐食を促進したりするのです．

● 希硫酸は上部と下部で濃度が異なると…

制御弁式電池では，電解液をセパレータであるガラスマットに吸収保持させて電池内に固定しています．ミクロで見ると，ガラスマットの空隙の中で液の流動性は維持されています．

鉛電池の充電時には極板内部から濃硫酸がにじみだしてきますが，高濃度硫酸は密度が高いので，重力により電池下部に沈降していきます．これが繰り返されると，上部が低濃度，下部が高濃度という硫酸濃度分布が生じます．これを"成層化"と呼びます．

濃度差は局部電池現象を生じるだけでなく，充電反応も不均一にさせるのでサルフェーションが進行します．そこで電解液へシリカを添加して液の粘度を増大させることが行われています．濃硫酸の沈降速度が低下して成層化が起こりにくくなり，サルフェーション劣化を抑制できます．

その他，放電後の放置特性を向上させるため，硫酸ナトリウム（温泉の湯の花の主成分！）が添加されている例もあります．

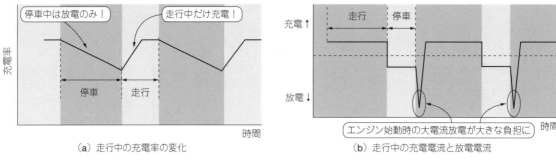
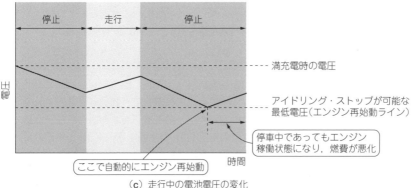

図14 アイドリング・ストップ車とそのモード（出典：日立化成自動車用バッテリHP）

7. 新しい用途と新たな課題

■ 7.1　アイドリング・ストップ車の鉛電池

● 鉛電池としては厳しい負荷が

　赤信号で停止中にエンジンを停止すると，その間ガソリンを消費しないので，明らかに燃費が向上します．そこで普及したアイドリング・ストップ車です（図14）が，鉛電池としては少し迷惑です．

　停車中にエンジンを停止するので，エンジン始動回数が従来の何倍にも増加します．加えてエンジン停止中でも，カー・エレクトロニクス機器（エアコン他）は作動しているので，大きな負荷が継続します．

　したがって，カー・バッテリへの負担はとても大きくなります．

　実際，予想以上に電池の劣化が激しく，劣化を検知した車両側でアイドリング・ストップを回避する制御がかかってしまいました．

写真15　ソーラー発電と蓄電装置による独立電源システム例（出典：古河電池HP）
実際に稼働しているメガソーラー・システムの多くは鉛電池に関し技術的配慮がなされたものになっている

特集　EVと電池の充電・放電・給電

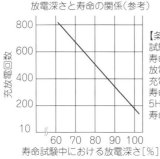

電動車用（動力源）鉛蓄電池の寿命は，実際の電池が定格容量の80％に至った時と規定．これを超えて使用を続けると電池内部部品の劣化によって，急な放電停止，変形，破損の原因となる．充放電寿命サイクルは，下記を参考．

（a）サイクル寿命特性

シリーズ名	PXLシリーズ REシリーズ
交換時期の目安	6年（25℃）

期待寿命とは，高温フロート加速寿命試験で得られた耐久期間を25℃での実使用状態の期間に換算推定した年数．一定条件使用下で推定した期待寿命は，全ての条件下での蓄電池寿命を保証する値ではない．

（b）期待寿命

図15　寿命表示の例（出典：GSユアサカタログ）

これに対応してさまざまな改良を加えたアイドリング・ストップ車用電池が開発されました．

● 満充電の状態が短くなりサルフェーションが…

この用途では負荷が大きいので，通常の車載電池よりも深い放電になります．また，頻繁にエンジン停止となるので，オルタネータが作動する発電時間も短くなります．したがって，電池は満充電に達している期間がとても短くなります．つまり，サルフェーションが起こりやすくなるのです．

そこで，満充電に至らなくてもサルフェーションが抑制でき，かつ短時間に充電が可能な充電受け入れ性能の向上が図られました（詳細は後述）．

■ 7.2　再生可能エネルギー時代のEMS

● ソーラー発電用の鉛電池は寿命が短い！？

再生可能エネルギーの大量導入に伴い，いわゆるエネルギー・マネジメント・システム（xEMS）における蓄電システムの重要性が高まっています．

鉛電池を用いた蓄電システムも稼働しているのですが（写真15），一部システムで特にソーラー発電と組み合わせた鉛電池の寿命がとても短い現象がみられます．

● ソーラー発電の特徴がサルフェーションを招く！？

ソーラー発電では，日照が良い時と悪い時とで発電量が大幅に異なります．雨天が続くと電池への充電が途絶えます．したがって，満充電にすることができず，ここでもサルフェーションが生じやすくなります．

その一方，EMSでは電池は深く放電されるため，充電時間も長時間となり，ここでも満充電にされにくいことが分かります．

つまり，サルフェーションと深放電のダブルパンチで，EMS使用の鉛電池の寿命は期待値よりも大幅に小さいものとなってしまったのです．

● 鉛電池の用途で対応は変わる

鉛電池は，フォークリフトなどの深放電を繰り返す用途と，UPSなどの満充電で待機する非常用電源用途とに明確に分かれており，これまで述べてきたように，それぞれに適した改良技術が投入されています．

ところが，このような技術背景を理解せずにUPS用の電池をEMSに適用したりすると，さらに寿命が短くなってしまいます．

これは，電池スペックとして表示されている寿命（図15）が，サイクル数なのか利用可能な年数なのかを十分に考慮せずに電池選定を行ったという理解不足が一因と考えられます．

● 電池の正しい使い方の情報が伝わっていない？！

鉛電池メーカの事業は，いわゆるB to Bの大口顧客が中心です．また，これらの顧客は自動車メーカや通信会社なので，電池の利用について十分なノウハウを蓄積しています（むしろ電池メーカよりも現場での利用については詳しい）．

このため，電池メーカ推奨条件（いわゆる標準的使用方法）以外の細かな使用条件とその特性などは，顧客側で検討するのが慣例となっていました．しかし，EMS市場では従来と異なる顧客が電池を利用するようになり，電池知識の少ない状態でシステムが構築される例が少なくありません．

また，これらに対する，電池メーカからの情報提供も十分とは言えないと筆者は考えています．

8.　新用途に向けた最新技術

■ 8.1　アイドリング・ストップ車用鉛電池

● 鉛電池に大きな進化を促した用途

すでに述べたように，アイドリング・ストップ車は，鉛電池に格段の進化を要求しました．その期待に応えて電池の改良も続けられ，現在は第5世代と呼ばれるところまで進化しています（表2）．

表2 各世代のアイドリング・ストップ車用鉛電池の改良ポイント
（出典：GSユアサテクニカルレポート13巻2号を改変）

Items	第1世代 (1st G)	第2世代 (2nd G)	第3世代 (3rd G)	第4世代 (4th G)	第5世代 (5th G)
開始年	2009〜	2010〜	2011〜	2012〜	2017〜
セル設計	○	○	○	◎	◎
格子設計最適化	○	◎	◎	★	★
電解液の添加剤開発			○	○	○
負格子の特殊加工	○	◎	◎	◎	◎
高密度正極活物質	○	◎	◎	◎	◎
正極活物質の添加剤の開発	○	○	○	◎	◎
負極活物質の添加剤の最適化	○	○	○	○	◎
カーボン技術	○	○	○	○	◎

○：改善した　　◎：追加改善した　　★：大きく追加改善した

● 多岐にわたった改良のポイント

改良のポイントは，①格子体形状，②電解液への添加剤，③負極格子体製法，④正極活物質密度，⑤正極添加剤，⑥負極添加剤，⑦炭素添加剤，…とほぼ全領域にわたっています．

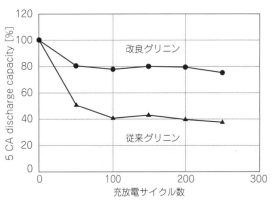

図16 リグニン改良の効果例
［出典：GSユアサテクニカルレポート3巻1号（2007）］

さまざまな目的のためこれらの改良技術が投入されています．しかし，アイドリング・ストップ車特有の充電の機会が少なく放電量が多いという，サルフェーションが生じやすい状況に対する改善が中心となります．

では，その一部についてご説明しましょう．

● 大幅刷新したサプリメント

第6節でリグニンの説明をしましたが，やはりこの改善が重要です．いまだにリグニンの作用機構は解明しきれていません[3]．

一般的には負極の充放電反応中に生成するPb(Ⅱ)イオンと結合して安定性を増大するため，$PbSO_4$の析出が抑制され，結果としてサイクルに伴う負極活物質粒子の粗大化を抑制すると言われています．

そこで，この効果をさらに高めるような改良リグニンの探査が行われ[4]，電池メーカ各社は特別に選定/改良したリグニンを適用しています．これにより満充電されない使用方法（PSOC：Partial State Of Charge）で，劣化の抑制効果が大幅に向上しました（図16）．

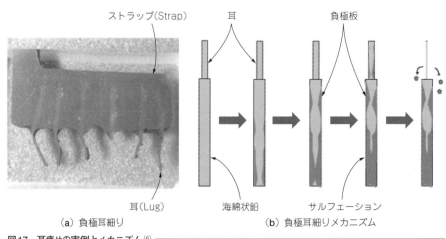

(a) 負極耳細り　　(b) 負極耳細りメカニズム

図17 耳痩せの実例とメカニズム[6]

特集　EVと電池の充電・放電・給電

同様に，負極に添加するカーボン（いわゆる"すす"の仲間）についても検討が行われ[5]，その形状や表面状態などを改良した特殊カーボンが採用されています．

なお，リチウム・イオン電池の世界でも負極活物質カーボンの改良が進んでいますが，前者は導電性添加剤，後者はLi吸蔵体であり，異なる特性を有するカーボンです．

● 正極および負極用の特殊合金の研究も進む

また，正極格子体合金の改良についても解説しましたが，負極格子体合金の改良として「耳痩せ」と呼ばれる問題があります．アイドリング・ストップ車用電池の格子体の電解液面より上部（ここを耳部という）にある集電部分が集中的に腐食するという問題です．

負極板のサルフェーションが進行すると耳部も一部硫酸鉛化し，これが十分には還元（充電）されず金属鉛に戻ることができないことが要因でした[6][7]．

アイドリング・ストップの充放電による電圧変化が，これを促進することも明らかになりました[7]．そこで，Snの量の増大など合金の耐食性改良が図られ，現在は解決しています．

また，正極格子体もAg（銀）の添加で耐食性向上が図られたのですが，リサイクルの問題が生じ，現在ではBa（バリウム）の添加により耐食性が得られています[8]．

● 電解液の添加剤の研究

一方，電解液の検討も進みました．サルフェーションを生じる硫酸鉛の還元反応性について詳細な検討が行われ，電解液中にLi（リチウム）を添加するなどの改良が行われています[9]．

■ 8.2　そこからの展開

● ソーラー発電との相性も改善できる

このように，さまざまな点で格段の進歩が短期間に行われたため，アイドリング・ストップ車用電池の開発は，鉛電池の歴史においてとても重要な転機となりました．

同時に，これらの改良技術はアイドリング・ストップ車以外の用途でも展開され，特に鉛電池が苦手なソーラー発電との組み合わせにおいて大幅な寿命改善が可能となりました．

● 鉛電池の性能はまだまだ進化する！

現在，最高水準の鉛電池は放電深度70%で5,000サイクルを達成しており，1日1サイクルなら寿命は実に13年以上となります（図18）．

これでも鉛電池は性能が低いとあなたは判断しますか？

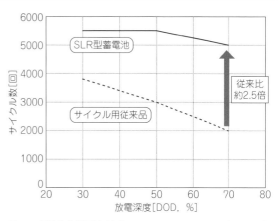

図18　超長寿命鉛電池（出典：GSユアサSLRシリーズカタログ）

■ 8.3　電池の充電制御技術 ──BMUの提案

● 鉛電池の性能を120%引き出す技術

最近大きく進化した鉛電池の技術はまだあります．それは電池を上手に使う技術です．鉛電池の性能が低いとみられていたのは，実はこの技術が不足していたためと筆者は考えています．

● 鉛電池は安全/運用制御が必要ないの？

リチウム・イオン電池を専用のマネージメント回路で制御しないと，発熱や発火など危険事象の可能性があることが広く認知されています．ところが，鉛電池では制御はおろか過充電防止装置なども組み込まれていないシステムが多く見られます．いいのでしょうか？

逆に言えば，それほど鉛電池が安全であるということでもあります．しかし，電池の制御に対してあまり注意が払われていなかったともいえます．

なぜなら，制御は使用上の安全を確保するためのものであり，性能向上とつなげる思想がなかったからなのでしょう．

もう一度，鉛電池が安全な理由を整理してみましょう．

● 鉛電池はなぜ安全なのか──過電圧が大きいから

前述のように，鉛電池は「酸素過電圧」や「水素過電圧」が大きいため，定電流充電すると満充電近くで大きな電圧変化を示します．

したがって，この電圧よりわずかに低い電圧に定電圧制御してやると，満充電になれば自動的に電流が垂下し，過充電になることなく満充電にすることができます．

● 満充電の維持ができるのは──フロート充電が可能

また，わずかに自己放電があるので，定電流で維持しても自己放電分の小さな電流が流れるだけで，常に

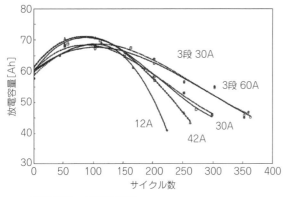

段 数	充電パターン	電圧規制値
従来2段	12A + 3A	最終段以外は格段とも172.8V（144V/モジュール）の電圧制御とした．放電容量の115％の充電容量規制とした
2段	30A + 3A	
3段	30A + 12A + 3A	
4段	30A + 12A + 6A + 3A	
6段	30A + 18A + 12A + 9A + 6A + 3A	

12V60Ah×12個(144V)
サイクル試験：48Ah(SFUDS)，50サイクルごとに容量試験
容量試験：SFUDS to 84V

図19　多段定電流充電の効果［出典：電力中央研究所報告 T97011 (1998)］

満タン状態を保つことができます．これを"フロート充電"と呼び，UPSなどの非常用電源での標準的な充電方法となっています．

つまり，簡易な充電器でも，過充電の起こらないシステムが構築できるわけです．この定電圧充電→フロート充電が，鉛電池の長い歴史の中でも早い段階で確立され，シンプルな故に信頼性が高く，他の充電方法が検討されることが少なかったと考えられます．

● 劣化防止を考えると急速充電の方がいい！？

ところが，1990年頃から鉛電池を用いたEVが検討されるようになると，劣化の抑制と充電時間の短縮が望まれるようになり，鉛電池の制御についても検討される(10)ようになりました．

その結果，図19に示したように，「大きな電流で充電した方が寿命は長く，充電時間も少なく済む」という，従来の常識であった「小さな電流で長時間かけて充電した方が電池に優しい」という考え方とは逆の結論が得られています．

● 急速充電が推奨されてない不思議

電池メーカは，今でも充電に関してはあくまで標準的方法しか提示していません．使用環境によって充電条件が制限される場合が多く，現場に合わせた微調整が必要になるためです．

これを考慮せず，電池メーカ推奨方法をそのまま適用すると，電池の能力を十分発揮できず短寿命になってしまう例が散見されているのが実情です．

● 鉛電池用制御ユニット（BMU）の提案

筆者らは，鉛電池用の電池制御ユニット（BMU：Battery Management Unit）を開発中(11)です．これは電池に対して最適な充電制御を自動的に行い，専門的な知識がなくても鉛電池のポテンシャルを十分に引き出してくれるものです（図20）．

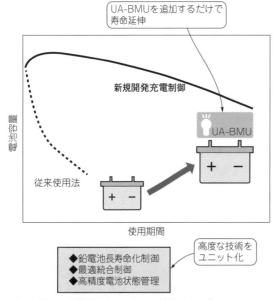

図20　筆者らが開発中のBMUによる効果イメージ

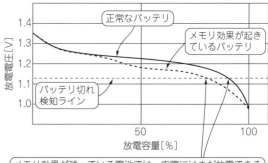

図21　ニッケル水素電池のメモリ効果による容量低下作用
（出典：TDK Techno Magazine 第127回）

特集　EVと電池の充電・放電・給電

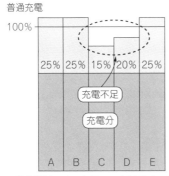
普通充電

日常作業終了時の充電. 75%放電時の充電が理想.
（75%を超える放電はさせない）
普通充電を繰り返すとセル間のバラツキが発生.

（a）充電後イメージ

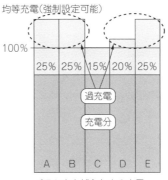
均等充電（強制設定可能）

バラツキを補うための充電.
（月1～2回が理想）

（b）充電後イメージ

図22　フォークリフトでの均等充電のイメージ（出典：トヨタL&F近畿HP）

● BMUでリチウム・イオン電池とハイブリッド化も

また，積極的な制御を行った鉛電池とリチウム・イオン電池のハイブリッド化も想定しています．

今後は，このような鉛電池の制御ユニットや鉛電池専用制御ICの開発も活発化するのではないかと期待されます．

■ 8.4　鉛電池もリフレッシュする

● リフレッシュ化はニッケル水素電池だけでない！？

電池制御の1つに"リフレッシュ操作"というものがあります．充電式電池として最も身近で利用されていたニッケル水素電池やニカド電池の充電器には，このリフレッシュ・スイッチが付いていました．時々このスイッチを押してリフレッシュすると，電池の容量が回復するというものです．

それは，ニッケルを正極に用いた電池で放電途中に再充電を行うと，前回の出し残り部分に高抵抗の部分（おそらくニッケルの高次水酸化物と考えられているが，詳細は不明）が形成され，この部分で，

- 放電が段付き（要説明）になる
- 急激に電圧が低下する

などして，容量が低下する「メモリ効果」現象（図21）から回復させる機能です．

● 鉛電池では均等充電/ブースト充電をしたい

鉛電池ではメモリ効果は生じません．つまり，リフレッシュ操作は不要とされていますが，これに相当する別のメンテナンス操作が行われます．これは"ブースト充電"や"均等充電"と呼ばれています．

鉛電池の標準充放方法は"定電圧充電"です．電池の劣化が進行して内部に硫酸鉛が蓄積しはじめると，内部抵抗が上昇し定電圧時の電流が減少してしまいます．すると，放電生成物の硫酸鉛が残存しているにもかかわらず，電流が小さく充電が進まなくなります

（これが繰り返されるとサルフェーションに至る）．

そこで，あえて過充電気味に充電を行うことで，残存する硫酸鉛を還元する操作が均等充電です（図22）．これは，過充電に対して許容性が大きい鉛電池だからこそ可能となる方法です．

● 充電電圧を0.1～0.2V/セル上げるだけ

方法としては，通常の充電電圧よりも0.1～0.2V/セル程度高く設定し，数時間～半日程度充電するのが一般的です．

なお，均等充電・ブースト充電をあまり頻繁に行うと過充電の悪影響が出るので注意が必要です．しかし，現実には充電不足気味で使用されることが多いので，遠慮せずに均等充電の操作を行う方が寿命には良いでしょう．

特に直列数が多い場合，劣化の大きいセルによる内部抵抗増大が全体の充電電流を減少させるので，このメンテナンスは有効です．

■ 8.5　ゾンビ電池は本当に有効なのか？

● 劣化電池を復活させて使用する方法

最近，劣化した鉛電池を復活させて利用することが提案されています．これまで説明したように，鉛電池の劣化はサルフェーションが大きな要因です．サルフェーションは硫酸鉛の蓄積によるものですが，この硫酸鉛は放電で生成したものですから原理的には還元（充電）可能です．

サルフェーションした電池を復活させるには，この充電しにくくなった硫酸鉛を何らかの手法で充電してやればよいわけです．

本来なら充電できるはずの硫酸鉛が不活性な充電できないものとなる理由は，次のようなことです．

（1）硫酸鉛へ電子を運んでやる導通経路が劣化により消失した場合

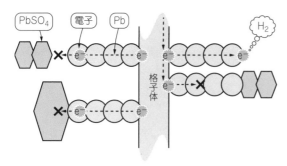

図23 さまざまなサルフェーション・モードがあり簡単には解消できない

　(2) 硫酸鉛の結晶が大きくなり還元しきれない場合
　(3) 極板の中で充電しやすい部分としにくい部分に分かれてしまい，充電しにくい部分では充電電流が副反応（水分解）にばかり消費されている場合

通常はこれらが複合しており，また，不活性な状態に至るまでの使用状況や温度環境にも依存します（図23）．

つまり同じサルフェーションといっても，電池によってさまざまな劣化状態になっているということです．

● 実際に復活するかどうか？！

電池の復活サービスを提供する企業は幾つもあり，それぞれが「企業秘密」とする独自手法を提案しているため，復活の状況について判断することは避けます．

しかし，前記のように復活する場合とできない場合があり，仮に復活しても新品に対してどの程度の性能が得られるかはケースバイケースとなります．

最近は復活操作の前に電池の復活の可否を判定する場合が増えています．サルフェーション以外の劣化モード（格子腐食や短絡など）は復活できないので，最低限でもこれらの電池は排除可能でしょう．

いずれにしても，もともとの設計寿命を超えた使用は困難です．以上の内容を考慮したうえでこれらのサービスを検討されるとよいでしょう．

まとめ

古くて新しい電池「鉛電池」について紹介しました．確かに重くて大きい電池ではあるのですが，そのポテンシャルは今でもとても魅力的であることを信じています．

今後電池を利用したい，応用したいと検討される場合は，「鉛電池が使えないか？」ということも考慮されてはいかがでしょうか．きっとより深く電池を知る必要が出てきて，結果としてより上手かつ有効に電池を使うことができるだろうと思います．

◆参考文献◆

(1) 島津製作所HP
(2) JIS D5301
(3) 新神戸テクニカルレポート，17 (2)，p.3 (2007) 他
(4) NEDOプレスリリース 2008年10月30日他
(5) FBテクニカルニュース，70，p.14 (2014) 他
(6) FBテクニカルニュース，62，p.15 (2006)
(7) GSユアサテクニカルレポート，6 (1)，p.7 (2009)
(8) 古河電工時報，120，p56 (2007)
(9) GSユアサテクニカルレポート，8 (2)，p.22 (2011)
(10) FBテクニカルニュース，57，p.13 (2001)
(11) （公財）京都産業21「H29年地域産業育成産学連携事業」の採択テーマ

筆者紹介　長谷川　圭一（はせがわ けいいち）
(株)Plan Be　代表取締役

第3章

～エネルギー密度より充放電性能と
長寿命化を優先した～

負極がLTOのリチウム・イオン電池 "SCiB"

澁谷 信男

リチウム・イオン電池は安全性に問題があると言われながらも，その普及速度は著しく急激だ．リチウム・イオン電池といっても，採用する電極材・電解液の違いにより多くの種類がある．ここで紹介するSCiBは10年ほど前に発表されたもので，負極材にLTO（チタン酸リチウム）を使用していて，セル電圧は2.4Vと他のリチウム・イオン電池と比べて1.4V程度低い．つまり，エネルギー密度が低いのだが，高速充電が可能，安全性が高いなどの特徴があったが，このタイプの電池の普及は進んでいなかったように見える．しかし，ここにきて再評価されている．ここでは，その理由を探ってみる．　　　　　　　　　　　　（編集部）

はじめに
——リチウム・イオン電池とSCiB

● EV普及とリチウム・イオン電池

世界的にEV化が急激に進んでいます．EV化を加速するための重要なキーワードに「二次電池（蓄電池）」技術があります．現状の二次電池（以後，単に「電池」ということもある）の高容量化や長寿命化に加え，急速充電性能の向上が必須となります．リチウム・イオン電池（以後「LIB」と略す）は，他の電池に比べ体積や重量当たりの電気容量が大きいので，現在のEV用電池の主流です．

しかし，現状のLIBには課題が山積みです．つまり，高価で充電時間がかかり，寿命も短いことです．逆に言えば電池技術の革新がEV普及の鍵なのです．

図1　電動化にシフト

● LIBの中での"SCiB"は起電圧が低いが…

LIBにはいろいろな種類があり，その特性も大きく異なります．その中に，東芝が開発した"SCiB"（2007年発表）があります．ほとんどのLIBでは，負極にグラファイト（黒鉛＝炭素）を採用していますが，SCiBではチタン酸リチウム（LTO）を採用しています．

そのため，SCiBの1セル当たりの電圧が2.4Vと，グラファイトを負極にするLIBが3.2～3.8Vあるのに比してかなり低く，エネルギー密度も低い（三菱自動車「i-MiEV」には採用されたが）ので，EVやHEV（ハイブリッド車）にはあまり採用されていません．

● SCiBには長寿命，急速充電，低温特性の特徴が…

しかし，SCiBの特徴のもう一面の「長寿命」や「急速充電性能」，「低温特性」が注目されています．

例えば，公表されているものでは東北電力のメガ・バッテリ，スズキ自動車の「エネチャージ」用二次電池があります．

また，東京地下鉄 銀座線「1000系」，さらには，JR東海の次期新幹線車両「N700S」でも採用される予定です．いずれも，停電などの非常時にトンネル内や鉄

写真1　非常用電源にSCiBを搭載する東京地下鉄 銀座線 1000系——停電時に最寄り駅まで移動できる容量の電池を搭載

(a) N700Sの確認試験車

(b) 台車に搭載するSCiB電池

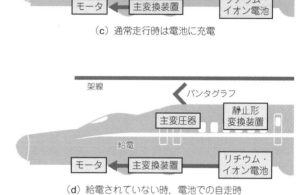

(c) 通常走行時は電池に充電

(d) 給電されていない時，電池での自走時

写真2　SCiBを搭載する東海道新幹線N700S系（いずれも，提供 JR東海）

橋上で停止した時に，そこを脱出し最寄りの駅まで自走する電源とします．ここでは，エネルギー密度よりも長寿命性・安全性が評価されたようです．

本稿では，このSCiB（Super Charge ion Batteryの略）の特徴と使用方法について，従来のLIBとの比較をしながら解説します．

図2　電動化用蓄電池の応用と要求性能

1. LIBの多様な応用に対する要求性能

● EVで要求されるリチウム・イオン電池の仕様

LIBへの要求性能は用途により異なります（図2）．

例えばEV用途では，内燃機関と比べ，現在でも十分なエネルギー（電気）容量が実現できません．PHEV（プラグイン・ハイブリッド車）では，ハイブリッド車用電池に外部充電プラグを追加するため，EVとハイブリッドの両方の機能を実現することが必要です．EVに比べ搭載する電池容量が少ないぶん，充電が頻繁に発生し，EV以上に長寿命な電池が必要になります．

● HEVで要求されるリチウム・イオン電池の仕様

トヨタのプリウスに代表されるハイブリッド自動車（HEV）に要求されるのは，電池容量よりも高入出力を頻繁に行う性能です．電池劣化が少ないSOC 50 %[注1]近辺での充放電になるように制御しています．

欧州ではxEVという48Vマイルド・ハイブリッド

注1：SOCはState of Chargeの略で「充電率」のこと．満充電時をSOC 100 %とし，完全放電時をSOC 0 %と表現する．なお，電池が劣化しても，その状態での満充電時はSOC 100 %と表現する．

注2：自動車の電源電圧というと12Vであった．自動車の電装品の多くも12V駆動をベースにしている．欧州では，次世代でこれを48Vで統一しようという動きがある．電流を減らすことにより，電装品での動作効率が上げられる．そうなると，クルマ用電子部品も全て48V仕様にしなければならない．マイルド・ハイブリッド48V化の動きはその一環．
「マイルド・ハイブリッド車」とは，ハイブリッド車の1形態で，主動力はエンジン，モータはエンジンの補助をする役割となる．モータは小さく，それだけでは自走できないが，エネルギー回生には使える．この場合，低電圧駆動モータを利用することが多い．一方，「ストロング・ハイブリッド車」があり，こちらはエンジンとモータが対等で，走行条件によってエンジン駆動で走行するか，モータ駆動で走行するかを使い分ける．トヨタのプリウスは，ストロング・ハイブリッド車の代表格．

特集　EVと電池の充電・放電・給電

が主流になりそうです注2．日本国内ではマイルド・ハイブリッドやアイドリング・ストップ用は12V系鉛蓄電池互換であることが必要です．

● リチウム・イオン電池に求められるのは…

一般にEVでLIBに求める特性は，①安全性が絶対条件ですが，次に②高容量で高入出力のうえ，③長寿命であることです．2つを満足するのは難しいのです．

一般に高容量化すると安全性が低下し，寿命も短くなる傾向があります．

2. リチウム・イオン二次電池の技術

● 動作原理と構造

LIBは，電池内部で「リチウム・イオン」が電解液を介して「正極と負極間を行き来する」ことで充放電が行われます（図3）．

正極材料には，コバルトやニッケル，マンガンを主とした，複合の金属酸化物やリン酸鉄系の材料が使われます．

一般的に，負極材料には炭素系材料が使用されます．

● 電極材と電位の関係

電池の電極材から，電子が入るか出るかします．電極の電子e^-の出たり入ったりは，電極の材料によって一意に決まります．つまり，正極材では電子が入りやすい電位を持ち，負極材では電子が出やすい電位を持つと考えられます．それを「電極電位」注3といいます．

電解液は，電池の電圧を決める要素ではないのです

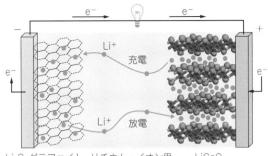

図3　普及しているリチウム・イオン二次電池の材料と動作原理の例(13)

が，その中を，電子だけでなく正/負イオンが移動しやすいこと，余分な化学反応が起きないことが重要となります．

まとめると電池の各主要材料は次の特徴があります．
①電圧差が大きい正・負極材を組み合わせる
②酸化還元分解しない電解液
③容量はLi吸蔵サイトの多い正・負極材料
④サイクル寿命は正・負極の体積変化が少なく，副反応が少ない材料

● リチウム・イオン電池内部での化学現象

正極材にコバルト酸リチウム（$LiCoO_2$）を，負極材に黒鉛（C）を用いたLIBでは，化学現象が次のように起こっています．

(1) 正極

充電時：　$LiCoO_2 \rightarrow CoO_2 + Li^+ + e^-$

コラムA　LIB寿命を延ばす使い方

次の点に気を付けるとLIBは長持ちできるでしょう．

◆満充電の電圧を下げる

LIBは，満充電の電圧を0.1V下げることにより（約10％の容量分），充放電サイクル寿命が1.5～2倍程度になります．または，必要なとき以外，満充電まで充電しないようにします．

◆高温にしない

LIBの使用可能な温度はだいたい45℃程度までです．これ以上の温度で使用すると劣化が加速します．LIBは化学反応を使うため，アレニウス則に従うからです．しかもLIBは良い蓄熱材でもあるため，大電流により一度内部発熱すると数時間温度が低下

しません．つまり，大電流による充放電を極力行わない方が寿命は長くなります．

◆放電終止電圧を上げる

LIBを正常に使うための最低電圧を放電終止電圧といいます．LIBが空の状態の電圧は0Vではないのです．その放電終止電圧まで放電せず，電池残量を10～20％程度残した電圧で放電を止めるようにします．

◆低温で急速充電しない

低温で急速充電すると，特に負極材に金属リチウムが析出しやすくなり，内部インピーダンスの変化も大きくなります．さらに劣化も加速します．

注3：標準電極電位（standard electrode potential）では，標準水素電極を0Vとしている．電極材としての単体での電極電位は，Li：-3.045V，Mg：-2.356V，Al：-1.676V，H：0V，Cu：+0.340V，Pt：+1.188V，Au：+1.520Vというように決まっている．化合物でも決まった電極電位がある．正極と負極の材料の組み合わせによって電池の起電圧が決まる．

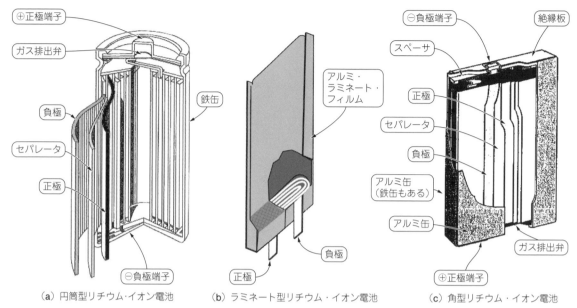

(a) 円筒型リチウム・イオン電池　　(b) ラミネート型リチウム・イオン電池　　(c) 角型リチウム・イオン電池

図4　リチウム・イオン電池の外装形態と構造[5][13]

表1　電池セル構造のトレードオフ

外装	メリット	デメリット
角型缶	・スペース効率と冷却効率が高い ・封止構造の長期信頼性が高い	・ラミネート・フィルムより重い ・ガス排出弁が必要
円筒缶	・一般的な形状と構造 ・内圧に強い ・かしめ封止構造が可能	・スペース効率と冷却効率が低い ・ラミネート・フィルムより重い ・ガス排出弁が必要
ラミネート・フィルム	・シンプルな構造 ・セルが組み立てやすい ・軽量	・封止構造の長期信頼性が低い ・膨張や破裂がしやすい ・セルの支持構造が必要

充電時は，正極でLiイオンと電子が生成され負極に移動する．

放電時：　$CoO_2 + Li^+ + e^- \rightarrow LiCoO_2$

(2) 負極

充電時：　$Li^+ + e^- \rightarrow Li$

正極から電解液を通って

放電時：　$Li \rightarrow Li^+ + e^-$

(3) 電池全体としては，

$Li(1-x)MO_2 + LixC \longleftrightarrow LiMO_2 + C$

となります．

● リチウム・イオン電池の外装形態と構造

LIBの外装形態と内部構造は図4のようになっています．ノートPCや電動アシスト自転車，コードレス掃除機，電動工具等に多く使用されている円筒缶型と，最近のスマートフォンや小型PDAのような薄型の携帯機器に多く使われるラミネート・フィルム型，1世代前の携帯電話等に多く使用され，現在は産業向け大型電池に使用されている角形缶型の3種類があります．各々の特徴を表1にまとめました．

3. SCiBはLTO負極系のLIB

● SCiBの特徴は負極にLTOを採用したこと

(1) LIBであるが爆発・燃焼の危険性が低い

SCiBは，製品発表当初から安全性に優れていることを謳っていました．その理由は，負極材に酸化物系材料（チタン酸リチウム：LTO）を採用しており，外力などで内部短絡が生じても熱暴走を起こしにくくなっていることによります．釘を刺して短絡させても，爆発や燃焼はほぼ起こらないのです．

(2) 充放電が2万回以上の長寿命

また，60Aでの充放電2万回以上の長寿命という大きな特徴もあります．鉛電池に比べてLIBは長寿命ですが，その中でもSCiBはさらに長寿命なのです．

(3) 一般のLIBより大電流で充電・放電が可能

6分間での急速充電，キャパシタ並みの入出力密度，

特集　EVと電池の充電・放電・給電

■ 電池性能の二律背反
・高入出力性能　　vs　エネルギー密度
・安全性　　　　　vs　エネルギー密度
・サイクル寿命性能　vs　エネルギー密度
・急速充電性能　　vs　寿命，エネルギー密度
・耐高温性能　　　vs　低温性能，エネルギー密度
・コスト低減　　　vs　寿命，入出力性能，品質，安全

理論エネルギー密度と有効エネルギー密度の乖離が拡大
・正極材料，負極材料，電解液，セパレータの開発
・電池，電池パックの最適設計

体積変化の小さいチタン酸リチウム（LTO）に着目
・黒鉛負極に比べ理論エネルギー密度低下
・有効エネルギー密度UP，高入出力，長寿命，
　安全の両立の可能性

図5　LTO負極系二次電池

表2　負極材の特性（黒鉛とチタン酸リチウムの電位と体積変化）

負極材	ソース/HTT	粒径(μm)	構造	電位(V vs Li)	容量(mAh/g)	容量(mAh/cc)	体積変化率(%)
グラファイト(LiC_6)	Pitch/3000℃	10〜20	六角状	0.1〜0.2	372	837	10
LTO	$Li_2CO_3 + TiO_2$/800−1000℃	<1	スピネル（トゲ状）	1.55	175	610	0〜

−30℃の低温での動作等，優れた諸特性があります．

● エネルギー密度より他の性能を優先し電極材を選択

エネルギー密度も重要ですが，電池に求められている性能には多様性があります．

電池性能の高入出力性能や安全性やサイクル寿命および急速充電性能等を現状より飛躍的に改善するには，エネルギー容量との二律背反となり，エネルギー容量のみを追求するだけでは実現が困難でした．

多くのLIBでは負極材の体積変化が大きいという問題があり，それによる電池性能に制約がありました．そこで，体積変化の少ない電極材としてチタン酸リチウムに着目して開発したのが「SCiB」です．

● 電池の電位は電極材で決まる

チタン酸リチウム（LTO）の負極の充放電に伴う電位の変化と従来のLIBに使用されている黒鉛の電位の変化を，表2と図6に示します．LTO負極の方が約1.55Vととても安定しています．

電池を構成する場合は正極材の電池と負極材の電位の差が電池電圧になるため，負極に黒鉛を使用している従来のLIBに比べると1.35〜1.45V程度電池電圧が低下してしまいます．

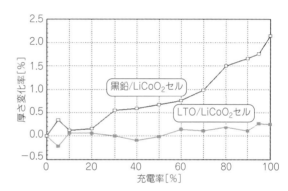

図6　充電中のセルの厚さの変化

負極材の単位質量当たりの容量は低いのですが，体積容量はそれほど低下しません．表2のように一番大きい効果は，充放電に伴う体積変化が黒鉛に比べとても小さいことです．実際に充放電した結果のセル厚さの変化は図6を参照してください．このことから，LTOはLi吸蔵・放出に伴う体積変化が黒鉛に比べて小さいので，長いサイクル寿命であることが分かります．

表3　LIBとSCiBの長所・短所

	長所	短所
LIB	・エネルギー密度が高い ・メモリ効果がない ・自己放電がニカド電池やニッケル水素電池の1/10程度と少ない ・充電状態が無視しやすい	・過放電，過充電の双方共に異常発熱の危険性がある ・大電流放電に適さない ・外力などで内部短絡を生じた場合，暴走する ・充放電制御回路搭載が必須 ・レアメタルであるリチウムを使用している
SCiB	・充放電2万回以上の長寿命 ・急速充電が可能（通常のLIBの約半分の時間で充電可能） ・キャパシタ並みの入出力密度 ・低温（−30℃）での充放電が可能 ・外力などで内部短絡が生じても熱暴走を起こさない	・通常のLIBに比べ容量密度が低い ・充放電制御回路搭載が必須 ・レアメタルであるリチウムを使用している

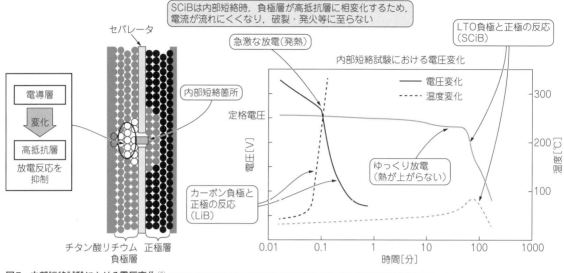

図7　内部短絡試験における電圧変化[6]

4. SCiBの特徴を生む理由

通常，LIBは負極材に黒鉛を使用します．前述のように，SCiBはLIBと比較して電圧が低く，容量密度も低いという短所がありますが，一方で表3のような優れた特徴を持っています．

■ 4.1　LTOの採用で安全性が高い

● 電池内で短絡しても

内部での短絡時，SCiBは負極層のチタン酸リチウムの短絡接触面ですぐに高抵抗へ相変化するため，電流が流れにくくなります．つまり，LIB内で短絡しても，ゆっくり放電して熱が上がりません（図7）．このため，破裂・発火を起こしにくいのです．

電池が事故や落下による損傷を受けたり釘などが刺さったりしても，燃焼・爆発する危険性がありません．

● 電解液の反応性が低く電極材は導電性がない

LIBは，電極にLiイオンが吸蔵されていくと電流による発熱等で温度が高まり，有機系電解液との反応（発火など）が懸念されます．

SCiBは電解液での反応性も低く，これも安全性に貢献しています．SCiBの負極材とカーボン系負極材（黒鉛）について，Liイオン吸蔵時の電解液との反応性を比較した示差熱分析結果を図8に示します．

カーボン系負極材の場合，150℃付近から電解液との反応による発熱が始まり，240℃が発熱反応のピークとなります．この反応熱で電池が加熱されます．

一方，SCiBは温度が上昇したとしても熱暴走が生じる可能性は低いのです．さらに負極のLTOは金属

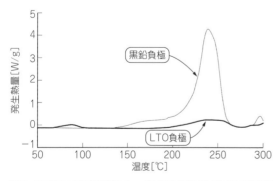

図8　SCiBのLTO負極材とカーボン系負極材（黒鉛）のLi吸蔵時における電解液との示差熱分析結果[5]

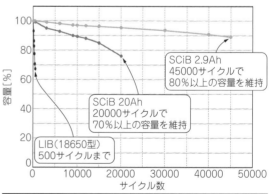

図9　LIBのサイクル寿命比較（国産18650系とSCiB系2種）[3]

特集　EVと電池の充電・放電・給電

> **コラムB　電池の容量について正しく理解する**
>
> 電池の容量を表す場合の単位は[mAh]や[Ah]で表示されます．しかし，本当に必要なのは電力量なので，単位は[mWh]または[Wh]であることに注意してください．
>
> 同じ電池容量なら作動電圧が高いほど大きな電力量が得られます．
>
> また，鉛電池は6Vや12Vの平均電圧で知られていますが，単セル当たり2Vのセルが3直列や6直列された電池モジュールとして入手できます．これに電池の容量を乗じれば，最大の放電電力量が分かります．
>
> EV等に利用する電池は，一般に使用している電池の中でも比較的大きな電力量が必要なので，作動電圧も電池容量も大きなものほどモータの出力を大きくできて長い駆動が可能になります．

酸化物であり，それ自体には導電性がありません．したがって，内部短絡が発生した場合でも，局所的な温度上昇による発熱が抑制されます．

なお，SCiBで使用する電解液は他のLIBの電解液と同等の有機電解液です．

■ 4.2　長寿命とフロート充電に対応

● サイクル特性は40倍以上

ノートPC等で使われている18650系のLIBとSCiBの充放電サイクル寿命の比較を図9に示します．

この試験で18650系のLIBの充放電条件は，0.5C（規格容量の1/2の電流）でCC-CV（定電流定電圧）充電し，充放電を繰り返すというもので，500回程度の充放電で初期容量から70%未満まで劣化します．

一方のSCiBは，6倍の3Cで充放電しても2万回以上というサイクル特性です．単純に，4回/日で充電するとしても10年以上の寿命となります．

● 負極材の体積変化が小さいことが長寿命化に貢献

LIBの寿命には，負極材の体積変化が重要な要因といわれています．SCiBの負極に使用しているチタン

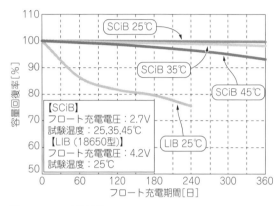

図10　フロート特性[3]

酸リチウムは，充放電による負極の体積変化が黒鉛に比べ1/12以下と，とても小さいことが分かっています（表2と図6）．

● フロート充電しても寿命が長い

LIBが苦手なフロート充電をしても，常温であればSCiBは1年以上ほとんど劣化がありません（図10）．

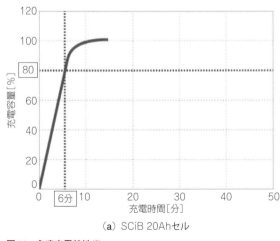

(a) SCiB 20Ahセル

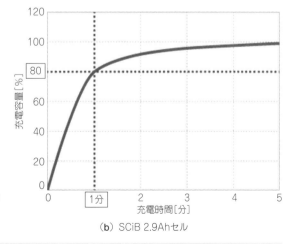

(b) SCiB 2.9Ahセル

図11　急速充電特性[3]

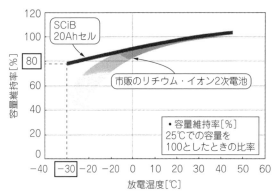

図12 低温性能（LIBとの比較）[3]

表4 セルのインピーダンス

セル	ACインピーダンス [mΩ]	DCインピーダンス [mΩ]
SCiB 2.9Ah	0.946	1.372
SCiB 23Ah	0.517	0.776
18650型（3Ah）	35	80

つまり，フロート充電での劣化が少ないということは，バックアップ電源などの一定電圧が掛かり続ける用途でも適応できます．

フロート充電は，他のLIBでは劣化が加速する原因となるため，特に満充電状態で長期間の保存は困難です．したがって，鉛蓄電池のようなフロート充電の代替としても使用可能です．

■ 4.3 急速充電

● 大電流充電が可能 — 6分で80％充電

急速充電できるためには，電解液や電極の低抵抗化や負極のリチウム・イオンの受け入れ性が高く，特に負極の結晶構造が強固で安定していることが重要です．

通常のLIBの0.5C充電に比べ，LTOを負極材としているSCiBは大電流充電が可能です．

SCiBセルには容量の大小による種類があり，例えば，

① 20Ahセル：6分で80％まで充電が可能
② 2.9Ahセル：1分で80％まで充電が可能

となります．ただし，そのためには150A近い電流で充電する必要があるので，実現には難しいものがあります．

■ 4.4 Liが析出しないので低温動作が可能

● 寒冷地ですぐに電池切れを起こす理由

スキー場などの寒冷地で，LIBがすぐに電気切れになる経験をした方も少なくないでしょう．

LIBの負極が炭素系である場合，充電するとLiイオンがたまりますが，低温時にLiイオンから金属イオンとして析出しやすくなり，負極の能力が落ちてしまうのです．

● 低温時でも金属リチウムが析出しないSCiB

SCiBの負極はLTOなので，低温で充電しても金属リチウムが析出しないのです（図12）．

そのため，−30℃の低温環境下で80％以上の容量を放電可能です．また充電も可能です．

■ 4.5 内部抵抗が低いので高入出力が可能

● 効率良く回生エネルギーを回収できる

前述のように，SCiBは大電流での充放電が可能なので，減速時に発生する大きな回生電力を充電しやすくなります．また，モータの始動時に必要な大電流を供給することも可能です．

● 他のLIBに比べて内部インピーダンスが低い

SCiBの2.9Ahと23AhのセルのDCインピーダンスとACインピーダンスを測定したところ，表4に示すような抵抗でした．通常の18650のLIBとも比較してみました．

セルの内部インピーダンスにこれほどの差があると，大電流で充放電しても電圧の低下が少ないことが分かります．

LIBとSCiBの電位と入出力インピーダンスの関係および負極の体積変化が少ないことによる寿命の長さをイメージすると，まるで頑丈で水の入り口が広く大きな蛇口の付いている水タンクのようです（図13）．

■ 4.6 広い実行SOCレンジ

● 多くのLIBは充電率が高いままでは劣化する

一般に，LIBを満充電（充電率＝SOC 100％）のまま放置すると，劣化しやすくなります．

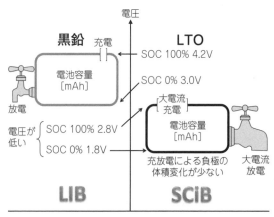

図13 LIBとSCiBの電位と内部抵抗の差による高入出力のイメージ

表5 SCiBセルの種類

公称容量	2.9Ah	10Ah	20Ah	23Ah
公称電圧(V)	2.4	2.4	2.3	2.3
エネルギー密度(Wh/L)	84	91	176	202
出力性能(W)	420*	1800*	—	—
入力性能(W)	480*	1500*	—	—
外形寸法(mm)	W63 × D14 × H97	W116 × D22 × H106		
質量(g)	約150	約510	約515	約550
導入事例	・スズキ自動車： 　エネチャージ， 　S-エネチャージ	・スズキ自動車： 　マイルドハイブリッド	・三菱自動車：i-MiEV (M)，MINICAB-MiEV ・渦潮電機：E-Trikes ・各種電動バス：欧州Solaris，Van Hool，Proterra ・東北電力：20MWh，40MWh ・米国Willey Battery Utility ・LLC：2MWh ・イタリア テルナ：1MWh × 2 ・JR西日本：TWILIGHT EXPRESS 瑞風 ・東京地下鉄：銀座線1000系 ・東武鉄道：改正電力貯蔵 ・VIBE　：電気推進式遊覧船 ・JR東海：次期新幹線車両「N700S」確認試験車	

＊：SOC 50%，10sec，25℃

ハイブリッド車に搭載している一般のLIBは，実行SOCレンジを20〜80%以内に制限することで，車両での長年の使用における性能劣化を最小に抑えています．

広い実行SOC領域でSCiBを長年使用しても容量劣化はわずかであり，一般のLIBよりも実行SOC領域を広く使用できます．

5. SCiBセルの種類

表5に示すように，SCiBには①2.9Ah，②10Ah，③20Ah，④23Ahの4種類のセルがあります．

主な特徴，性能，導入事例は以下のとおりです．

(1) 高入出力タイプ　2.9Ahセル

小型で高入出力の2.9Ahセルは，短時間に大きなパワーを必要として短時間に充電したい場合，電池を小型軽量化したい場合などに有効です．

本製品はスズキ自動車の「エネチャージ」に採用されています．セルの平均電圧は2.4Vで，5直列で鉛電池と同じ電圧になります．つまり，鉛電池互換システムが容易に実現できます．

比較的小型で小容量ですが，大入出力が可能です．特に充電性能で200Aの充電電流を受け入れられます．正極材はマンガン酸系を使用しています．

(2) 高入出力タイプ　10Ahセル

(1)と同じ電極材料を使いながら，10Ahと高容量化したセルがあります．これはマイルド・ハイブリッド車に採用されています．

10Ahセルは，短時間に大電流の充放電が必要な用途に適します．例えば，車両のアイドリング・ストップ・システムや鉄道・産業機器の回生電力に利用されています．

(3) 大容量タイプ　20Ahセル

正極材にニッケル酸系を使って20Ahという大容量化を実現したセルです．ただし，10A系と比べて平均電圧は2.3Vと若干低めです．

三菱自動車のi-MiEVのMグレードに同様の特性の20Ah品が使われています．

(4) 大容量タイプ　23Ahセル

23Ah品は20Ah品を容量UPした製品で，正極材などの構成は20A系と同じです．

6. SCiBを安全に使うには

満充電されたSCiBは大きなエネルギーの塊です．SCiBは安全と述べてきましたが，これは，一般のLIBよりも大電流で充放電できるので，これ自体は大丈夫でも，周囲がダメージを受けることもあります．そこで安全な使い方について述べます．

小型高入出力タイプの2.9Ahと大容量の23AhのSCiBセルの使い方や電池システムの構築方法を他のLIBと対比して説明します．

■ 6.1　各セルの異常がないか監視する

● 異常な電圧のセルがないか

LIBのセルの電圧は2.3〜3.8V程度，電流は数十〜百数十A程度です．実際にそれ以上の電圧・電流が必要なときは，希望の電圧・電流が得られるようにセルを直列・並列に接続し，「電池ブロック（電池パック）」の状態で使用します．

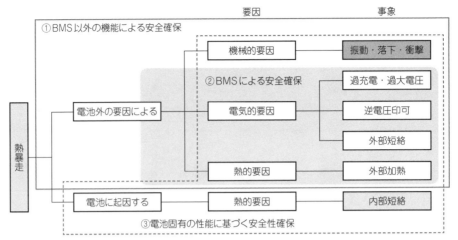

図14 不安全に至る要因[13]

直列・並列に接続されているセルを使うには，各セルが均等な特性を持っていることが前提です．もし，直列接続された中に1つでも特性の異なるセルや異常なセルがあると，充電時や放電時にそのセルで異常にエネルギーを消耗し発熱する可能性があるからです．

LIBを安全に使うには直列に接続されているセル個々の電圧を精度良く監視する必要があります．
● 異常な温度になっているセルがないか
また，セルの温度も測定します．なぜなら，LIBは通常の電子部品に比べ狭い温度範囲内でしか使えないからです．

いずれにせよ，1つのセルであっても過充電や過放電にすることはできません．特に過充電はセルの発火・破裂・漏液等が発生する危険性が高まります．

LIBの電池パックには，セル単位で監視し，安全に制御するBMS（Battery Management System）が必要です（図14）．

■ 6.2 過充電による劣化

● 満充電になっても充電を続けたら…

セルを充電していくと，少しずつですがその電圧は上がっていきます．LIBの種類によって，セルが「満充電」状態を示す電圧が決まっています．もし，セルの満充電電圧を超えて充電（つまり「過充電」）を続けると，セルの正極の構造変化等により内部抵抗が上昇し，異常なジュール熱が発生します．

さらに4.5V以上になると，SCiBも他のLIBも電解液の酸化・結晶構造の破壊（電気分解）が起こり大きく発熱します．負極では金属リチウムが析出し，負極としての性能が落ちます．
● セルの電圧検出精度には数10mVが必要

このように，過充電状態になるとセルの劣化が加速します．特に，LIBの満充電電圧（約4.2V）と危険になる領域の電圧（約4.5V以上）が近いため，セル電圧の検出精度も重要です．BMSが行うセル電圧の検出精度も数十mVの精度が必要です．

SCiBは通常のLIBと同じような電解液や正極材を使用しますが，満充電電圧（2.8V）が低く，LIBに比べて危険領域の電圧までに電位差があります．

この領域でのSCiBはインピーダンスの上昇等による劣化はありますが，負極でのリチウム金属の析出がなく比較的安全です（図15）．

■ 6.3 満充電を維持する補充電による劣化

● 微電流による補充電でも電池は劣化する

満充電電圧を維持するため，電池が自然放電などにより容量が微減したぶん，微少電流で充電し続ける「フロート充電」または「トリクル充電」を長時間続けるのも電池にダメージを与えます．内部インピーダンスが高くなり，容量劣化が加速するのです．

鉛蓄電池では当たり前に使える手法ですが，LIBで満充電電圧の状態で使う用途には向いていません．
● 急速充電ではSOC 80%を上限にする

現在のEVの急速充電では，SOC 80%までで充電を終了するように推奨されています．

80%以上の急速充電をするとLIBの劣化が加速します．急速充電中でも80%程度までなら定電流充電状態で徐々に電圧が上昇しますが，それ以上になると満充電電圧に達し，CV（定電圧）充電になります．そのため，高電圧状態での充電時間と温度の積分値に比例して劣化するのです．

しかし，SCiBでは100%まで急速充電が可能で，満充電状態での長期保存でも劣化はわずかです（図10）．

特集 EVと電池の充電・放電・給電

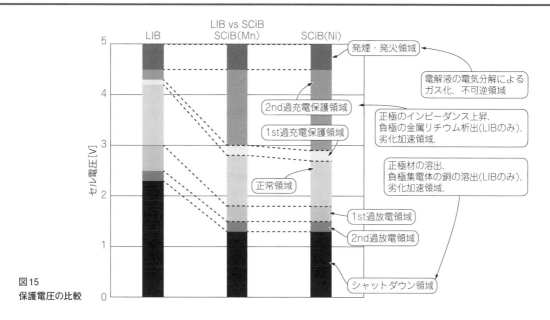

図15 保護電圧の比較

■ 6.4 過放電による劣化

● 電池容量を規定以上に使いすぎることによる劣化

負極が炭素系のLIBは多いのですが，その場合，負極の活物質のグラファイトの中にある銅箔が集電体として存在します．SOC 0％となる電圧以下で，特に1.5V／セル未満の状態が長く継続すると，負極の集電体の銅[注4]が溶出し，正極でもコバルトが溶出するので，二次電池として機能しなくなります．電極の活物質は大量のリチウム・イオンを吸蔵するために，いわゆる発泡状になっており，電解液が浸透しやすくなっています．集電体にも電解液は接触しやすくなっています．

この場合も異常発熱につながります．

● 長期放置された電池が使えるかどうかの判定

長期間過放電状態に置かれた場合，電池として機能するかは，トリクル充電のような微小電流を流して，SOC 0％としている電圧より上昇するかを確認し，SOC 0％まで電圧が回復したら，通常の充電電流で充電することが可能です．

このような状態で長期保存すべきではありません．SCiBは負極に銅を使用していませんが，長期間の過放電により，内部インピーダンスの上昇等，特性の劣化が進む場合があります．

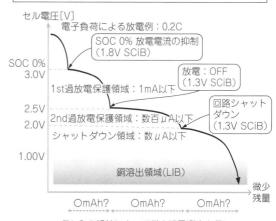

図16 過放電時の制御パラメータの決め方

過放電時の各制御パラメータの決め方を図16に示します．過放電の状態により，BMSの消費電流も可能な限り少なくなるように考慮します．

注4：リチウム・イオン電池の正極材や負極材の活物質（電極材）は，大量のリチウム・イオンを吸蔵する役割を持つ．そこで両極の活物質は表面積が多くなるような薄い板状になっているが，導電性のよくない物質である．しかし，電池の電極としては吸蔵された電気を集める必要があるので，導体からなる「集電体」を箔状にして，薄い板状の電極の芯としている．その集電体に電池の正極・負極の端子が接続されている構造だ．リチウム・イオン電池の正極の集電体は一般にアルミニウム箔で，負極集電体は銅箔がほとんどである．電池製造上は，集電体を芯に表面に活物質（電極材）を塗布する方式となる．なお，集電体には電極材や電解液とも化学反応しないものが選ばれる．

■ 6.5 高温と低温には注意が必要

● SCiBも高温では劣化が進む

LIB(SCiBを含む)は、電解液(電解質)に炭酸エチレンや炭酸ジエチルなどの「有機溶媒」と、ヘキサフル・オロリン酸リチウム($LiPF_6$)といった「リチウム塩」を使っていて、高温には弱くなっています。高温での充放電や保存は劣化が進みます。

特に、充電時は40～60℃までと、放電時より温度上限が低くなります。

SCiBの高温特性もLIBと差がありません。

● 低温時の注意

炭素系LIBを0℃以下での充電する場合、負極材である黒鉛が不活性になっています。充電により、負極電位(黒鉛の場合、0.1～0.2V)を超えると、負極に移動したリチウムの析出が発生します。ウィスカーといううひげや針のようなリチウム金属が成長してセルのセパレータを突き破り、内部短絡の原因にもなりかねません。

炭素系LIBには、放電時に－20℃まで使用できるものもあります。ただし、低温時では大電流での充放電はできません。

一方、SCiBは－30℃での充電・放電も可能です。負極のLTOの電位は1.55Vなので、リチウムの析出は起きません。

● SCiBのセル間接続では「レーザ溶接」が必要

SCiBを含んだリチウム・イオン系の電池では、セル間接続の際にセルが高温になると電解液を封止している樹脂や内部絶縁材を劣化させます。

また、LIBのセル間接続は通常スポット溶接で行います。しかしSCiBの場合、負極材はチタン酸リチウムを使用しているため、正極だけではなく負極もアルミの端子が出ているので、そのままでは配線することができません。

SCiBは、大入出力特性を生かすために1mΩ未満という極めて低い内部インピーダンスを持っています。つまり、SCiBの長所を生かすためには、スポット溶接よりも接触抵抗が低くなるレーザ溶接が必要となります。もし、SCiBのセル間接続をする場合には、認定された専門の業者へ依頼する必要があります。

■ 6.6 セルの接続について

● セルの接続時には特性がそろったセルを使う

LIBではセルを直並列接続し、希望とする電圧や容

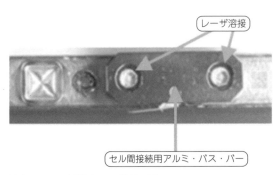

写真3 レーザ溶接(セル間接続の例)

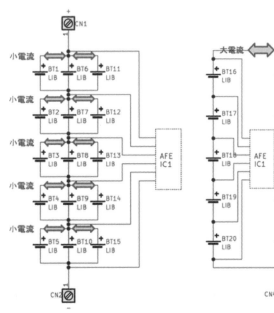

(a) 3セル並列ブロックを5直列する3P-5S

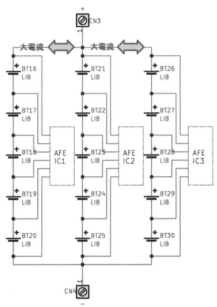

(b) 5セル直列ブロックを3並列する5S-3P

図17 セルの直並列

特集　EVと電池の充電・放電・給電

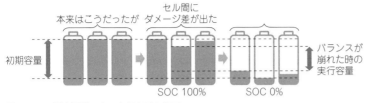

図18　セル間容量差による実行容量の低下

量のセル・ブロックにしますが，そのためには守るべき一定のルールがあります．

(1) セルを並列接続して各セルの特性をそろえる

まず，組み合わせるセルは，特性がそろったLIBを必要な容量になるように並列化します．

(2) そのセルを使って直列接続する

その後，必要な電圧になるように，先に並列化したセルを直列に接続します．このように並列化したセルを直列接続する組セルは○P-□Sと表現します（○：並列数，□：直列数）．

最初に並列化したセルを直列接続します．例えば，図17(a)のように3並列したセルを5直列した場合，3P-5Sと表現します．最初に3並列(Parallel)したブロックを5直列(Series)ということです．

● 直列接続後にそのセルを並列接続すると危険

反対に，直列接続後に並列接続するといろいろ問題が発生します［図17(b)］．特性がそろったセル同士を直列に接続すると，接続した列間での電位差が発生し，並列化した際に大きくなった電位差のため大電流が列間で流れ，とても危険となるからです．

さらに充放電を繰り返すことによって直列間の電位差が常に発生し，異常な直列間電流（横流）が流れます．

直列接続後に並列接続する場合，図17(b)のように，セル電圧を監視する回路はその並列数まで増やします．

● セルを組み合わせるときは同じロットにする

また，特性のそろったセルとは同じロットであることが必要です．組みセルにする場合は，単電池間の容量差や内部インピーダンス差がとても少ないセルをランク分けし，同じランクのセルを使います．

したがって，ロットの異なるセルや特性ランクの異なるセルで組みセルを構成すると，結果的に電池パックやセル・ブロックの利用可能な容量が減ります．また，セルの特性差が拡大する方向になるので，寿命も短くなります．

特に，内部抵抗が小さい大入出力タイプのセルを直並列する場合は大電流が流れるので注意が必要です．

● セル・バランス制御

多数直並列接続した組みセル（パック）間の特性差は，充放電を繰り返すたびに拡大します．特にセル間の温度差が5℃以上ある状態，つまり特定セルが大き

> **コラムC　充放電効率とは**
>
> LIBの充電効率は電気量（クーロン量）で計算します．使用する立場での「エネルギー効率」ではありません．
>
> 充放電電力効率とは，SOC 0％からSOC 100％になるまで充電した電力量(Wh)を分母にし，SOC 100％からSOC 0％になるまで放電できた電力量(Wh)を分子にした場合の比です．
>
> 充電するための電圧はセルの電圧より高くなければならないので，電池の内部抵抗が低ければ低いほど充放電電力効率は高くなります．
>
> ということで，各電池の充放電効率に差が生じます．
>
>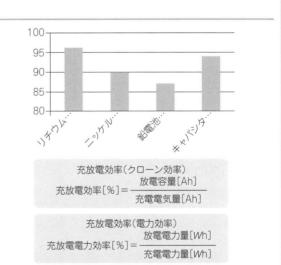
>
> 充放電効率（クーロン効率）
> $$充放電効率[\%] = \frac{放電容量[Ah]}{充電電気量[Ah]}$$
>
> 充放電効率（電力効率）
> $$充放電電力効率[\%] = \frac{放電電力量[Wh]}{充電電力量[Wh]}$$
>
> 図C　各種二次電池の充放電効率[％]

なダメージを受けている状態で継続して充放電するとセル間容量差が拡大し，結果としてパックとしての容量が大きく減少します（図18）．

セル間の容量差をセル・バランス制御によって解消します．これは充電時と充電完了した時のセル間の電圧差を測定し，最も電圧が低いセル電圧に合わせる制御をすることです．

■ 6.7 SCiBの過電流からの保護

● 過電流保護

SCiBが流せる電流は大変大きいので，接点のあるコネクタ等は使えません．通常のコネクタの接触抵抗は数十mΩもありますが，SCiBは単セルで1mΩ前後（交流インピーダンス）と極めて小さいので，短絡したら，外部の充放電遮断に介在しているFET素子のON抵抗による発熱が問題になります．

つまり最大電流は，SCiBセルの制限と電流経路に入っている回路素子の定格，基板の許容電流による温度上昇等の最も厳しい値で制限する必要があります．

● 充電は独立した二重保護回路が必要

エネルギーが蓄積される充電時の過充電保護には，必ず独立した二重保護を行います．例えば，充電禁止用FETスイッチ回路のFET素子が故障した場合，充電保護が動作せずに充電が継続されると，どのようなLIBでも破裂・発火を防ぐことはできません．

保護回路の電圧監視回路や制御用マイコンおよび充電禁止用FETの故障をも考慮し，独立した二重の過充電電圧検出回路と，充電を強制的に遮断するSCP（Self Control Protector）素子が必要です（図19）．

● セル・ブロックと保護回路の接続

セル・ブロックと保護回路を接続する時は特別な注意が必要です．注意する項目は

①電池の配線は活線作業
②回路のラッチアップ対策

です．それぞれについて述べます．

(1) 電池の配線は活線作業

電池システムの製作は，徹頭徹尾，活線作業となります．つまり，一般の電子回路の配線（はんだ付け）作業ではそこに電流は流れていませんが，セルの接続作業では電源（電池セル）と終始接続しているのです．

そこで，作業環境を整え，作業場周囲の整理整頓や絶縁対策，他の作業者への活線作業をしていることの明示が重要です．

通常の電子回路の組み立て配線では活線作業は厳禁ですので，慣れていない作業者が近づかないようにします．

配線中に低インピーダンス部間で短絡が発生すると，SCiBのような低インピーダンス・セルには過大な短絡電流が流れます．電線の溶断や工具の溶着，発熱部への接触による火傷等も発生します．危険作業をしていることを示す標識を表示するのもいいでしょう．

(2) 回路のラッチアップ対策

保護回路基板と電池を接続する際，接続中も活線状態です．したがって，十分な「ラッチアップ対策」を講じておく必要があります．ラッチアップとは，本来は起こってはいけない時にパワー系ICの回路中に生じていた寄生ダイオードや寄生トランジスタによって，突然大電流が流れはじめて元に戻らなくなる現象です．回路素子が壊れ，異常動作で事故を起こします．

電池の保護回路には，電池電圧監視用ICの端子か

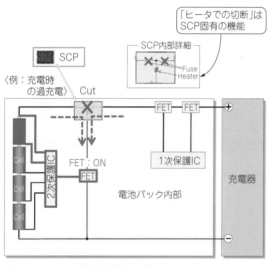

図19　SCPによる過充電保護の一例

コラムD　LIBの入手性

一般の方が入手できるLIBで国産品は少なくなってきています．さらに国内の電池メーカは高容量のLIBを一般に市販していません．

理由は，専門の業者でない方に十分に安全に使用してもらうことが難しく，個々への対応は困難なためです．ゆえに，B to Bのような産業向けのビジネス・モデルとなっています．

したがって，現在入手が容易なLIBにはいろいろなレベルの製品があるので，信頼が置ける業者から保護回路付きで入手することが重要です．

特集　EVと電池の充電・放電・給電

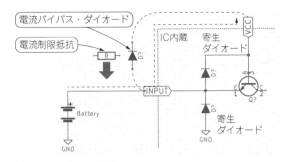

図20　ラッチアップ対策

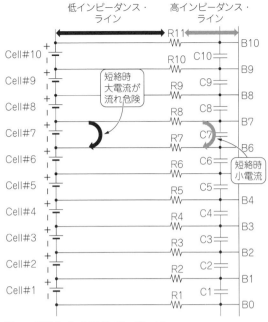

図21　配線ラインの高インピーダンス化

らIC内部の保護用ダイオード，寄生ダイオードなどがあります．そして，電源電圧が不確定な時や電源入力端子電圧より入出力端子電圧が高くなった時に過大な電流が流れる場合があります．この電流がICの許容値を超えると，その部品が元に戻らないラッチアップ状態となり，過大な電流が流れ続け，素子の破壊につながります．

対策として図20のように電流制限抵抗を挿入します．さらに，入出力端子から電源へダイオードを追加し，IC内部に過大電流が流れないようにします．

どのような抵抗値にするか，どのようなダイオードにするかはICベンダに相談する必要があります．

■ 6.8　SCiBの配線は短くし短絡事故を減らす

● 低インピーダンス部の配線作業は極力なくす

各セルの電圧を監視する配線は低インピーダンスのまま配線しますが，その際に隣接する低インピーダンス部へ接触させると電線に大電流が流れます．配線が瞬時に溶けてしまうくらいの大電流です．

それによって短絡電流が流れたセルの容量が減り，組みセル間に容量差ができてしまいます．また，短絡により二次災害が発生する危険性もあります．

● セル交換はできない

一時的なセル間短絡により短絡電流が流れた場合のセル間電位差は，時間の経過とともになくなります．

例えば，SOC 1%ぶんの短絡電流が流れた場合の電位差は数mV程度のため，このようなセルが混入すると図21のようなセル・バランスが崩れた状態になり，そのぶん，モジュールやパックの容量が少なくなります．

● 静電気対策も十分に

セルに接続する保護回路は，低消費化のために高インピーダンス化されています．そのため，保護回路基板内の半導体だけではなく，受動部品である抵抗等の値も静電気による影響を受けやすくなっています．作業環境の静電気対策は十分に行ってください．

高抵抗部品を多用する場合は，外部誘導による誤動作に十分な注意が必要です．特に，外部端子や静電気誘導を受けやすい箇所への薄膜抵抗等の耐静電気に弱い部品の使用は避けましょう．

● 接続する回路基板は全動作を事前に確認すること

セルと接続する回路基板の保護動作は，その全数を動作確認する必要があります．

電池の保護回路は，セルと接続された時から廃棄されるまで何時でも絶えずに動作しています．二次電池保護回路は，電池パックや電池システムが廃棄されるまで電源が通電された状態であることが多く，保護回路を構成する部品には高信頼性が要求されるので，全ての定格に対して十分な余裕を持たせます．

■ 6.9　SCiBの充電方法

● CC-CVでは急速充電にはならない

SCiBの充電方法は，炭素系LIBの充電方法と基本は同じCC-CV（定電流-定電圧）充電です．この方法では，定電流（CC）充電レートが大きいSCiBを使用しても満充電への時間短縮にはなりません．

満充電電圧に到達後の定電圧（CV）充電時間の短縮ができないからです．

● CC充電を段階的に繰り返すステップダウン充電

そこでお勧めするのが「ステップダウン充電」です．これは，大電流によるCC充電をし，満充電電圧に到達したら電流値を最初の半分以下にステップダウンして，再度CC充電する方法です．

> **コラムE　EVの電池の残量計**
>
> 　EVやハイブリッド車のダッシュボード上に表示される電池残量計は，どのような方法で測定して表示しているのでしょうか．
>
> ◆**ノートPCではシャント抵抗を使うが…**
>
> 　ノートPC等の残量計では，微小な電流測定用抵抗（シャント抵抗）を流れる充放電電流を積算し，残量を測定しています．
>
> 　二次電池では充放電電流の積分値が重要です．電圧情報は満充電電圧でSOC 100％となり，放電終止電圧でSOC 0％となるように決めています．
>
> 　充放電電流の積分値となると積分誤差が累積するので，SOC 100％やSOC 0％となるところまで充放電することにより，積分誤差を解消しています．
>
> ◆**EVの場合はホール素子を使う**
>
> 　車の場合は，ノートPCの残量計とは異なります．充放電電流値に加え外来ノイズも大きいので，シャント抵抗によるクーロン・カウンタではなく，ホール素子による非接触方式の電流センサを使用したクーロン・カウンタになっています．
>
> 　ホール素子による電流計測は，充放電に伴うオフセット誤差がシャント抵抗に比較して大きいので，積分誤差が大きく精度も落ちます．
>
> ◆**EVでは100％まで充電しないし！ 0％まで放電しない！**
>
> 　ハイブリッド車はSOC 50％近辺での充放電電流になるように制御しているので，SOC 100％や0％になるまで使用しません．したがって，走行中はホール素子によるクーロン・カウンタの積分誤差を解消することは困難です．
>
> 　通常は長時間（数時間以上）駐停車した時のOCV（負荷を掛けない時の電池端子の電圧）を測定し，OCV-SOCテーブルから大まかな補正をします．
>
> 　EVでは急速充電器によるSOC 80％充電電圧や低速充電によるSOC 100％充電電圧が決められているので，その電圧に到達したときにホール素子によるクーロン・カウンタの誤差を補正しています．
>
> 　長時間の駐停車による補正もハイブリッド車と同様に実施しています．
>
> 　今後EVでもシャント抵抗による高精度なクーロン・カウンタを導入し，残量精度が向上することにより限られた電池容量を余すことなく利用できるようになると思われます．

　SCiBは特に低インピーダンスのセルなので，1Cで充電しても23Ahセルで95％，2.9Ahセルでは99％も充電できてしまいます．

　CV充電を止めれば，とても短時間での急速充電が実現します．図11で示したように，12C充電なら約6分でSOC 80％までの充電が可能です．

● **急速充電の問題点**

　SCiBの急速充電性能を実現するためには，極めて大電力の充電器や電源が必要となります．家庭の商用電源で1つのコンセントからは1.5kW程度が限界と考えていいので，例えば，5直列の23Ahの電池システム（1P-5S，23Ah）には5～6C程度の充電電流しか流せません．

　完全放電した電池を満充電にするまでは10～20分程度必要です．これ以上短縮すると家庭ではブレーカーが落ちてしまいます．

　しかし，2.9Ahの小さい容量の5直列電池システム（1P-5S，2.9Ah）なら，数分で満充電になる急速充電が可能です．また，大電流を流すには経路のインピーダンスを小さくする必要があります．例えば100Aで接触抵抗10mΩのコネクタ（一般のコネクタの接触抵抗は数十mΩ）には100Wの発熱が発生します．つまり，大電流を流すことは配線材も含めて実現が困難になります．

● **BMSの暗電流は常に流れている**

　一般に二次電池の組みセルの保護回路であるBMS自身の電源は，監視する対象の電池から供給されています．BMSを駆動するために電池から流れている電流のことを「暗電流」と言います．

　BMS付きの電池パックやモジュールは，長期間充放電動作をしなくても電池から暗電流分が放電され，BMSを駆動する電圧以下になった時にシャットダウンする構造となっています．

　したがって，BMSは低消費電流が望ましいことが分かります．例えば，電池容量3000mAhのBMSの暗電流が単純に10mAであれば，満充電で保存したとしても，300時間で残容量（SOC）がなくなってしまいます．つまり，2週間足らずで電池容量が空になるのです．

　通常，BMSの設計では，残量がなくなるまで電池電圧が低下するとその消費電流を一段と低下させるようになっています．このため，電池残量がなくなってしばらくの間は，充電により回復するように設計されています．

特集　EVと電池の充電・放電・給電

おわりに

　大容量のLIBですが，多直列で保護回路が付いていないセル・ブロックまでなら入手は可能です．しかし，安全に取り扱うにはハードルが高すぎます．そこで，CQ EVミニカート用として，鉛蓄電池互換のSCiBをCQ出版社から発売します．また，アマチュア無線用の電源（非常通信用，移動通信用）も発売予定です．

　鉛蓄電池と同じ充電方法（市販鉛蓄電池用充電器）で使用でき，瞬時の大電流にも耐えられるような仕様を考えています．容量は23Ahの1P5S（5直列）です．早い時期に発表できるようにします．

◆参考文献◆

(1) NEDO二次電池技術開発ロードマップ2013 (Battery RM2013) 平成25年8月, 独立行政法人 新エネルギー・産業技術総合開発機構（NEDO）

(2) 「蓄電池技術の現状と取組について」平成21年2月資源エネルギー庁

(3) 東芝インフラシステムズ株式会社カタログ, SBT-002c17-07

(4) 2016年の成果, 東芝レビュー, 2017 Vol.72 3月号

(5) 小杉伸一郎, 稲垣浩貴, 高見則雄：「安全性に優れた新型二次電池SCiBTM」,東芝レビュー，Vol.63 No.2 (2008)

(6) 高見則雄, 小杉伸一郎, 本多啓三：「耐久性と安全性に優れたハイブリッド自動車用新型二次電池SCiBTM」, 東芝レビュー, Vol.63 No.12 (2008)

(7) ハイブリッド自動車用リチウム・イオン電池 EH5
High Power and Long Life Lithium-ion Battery EH5 for HEVs
（株）ブルーエナジー　Technical Report

(8) Panasonic ニッケル水素電池カタログ

(9) 経済産業省　蓄電池戦略プロジェクトチーム, 「蓄電池戦略」 平成24年7月

(10) デクセリアルズ株式会社 表面実装型ヒューズ, 技術資料およびカタログ

(11) 電力中央研究所　研究報告書（電力中央研究所報告） T01033「リチウム・イオン電池の劣化メカニズムの解明－劣化機構とその診断法－」

(12) Panasonic 円筒形リチウムイオン UR18650ZTA カタログ

(13) 高見則雄,「蓄電池システム（ESS）向け二次電池の技術と応用」（株）東芝

筆者紹介　　澁谷 信男（しぶや のぶお）

1997年～2000年：東芝電池（株）にてノートPC向けBMSの開発および保護（AFE）ICの開発に従事

2001年～2003年：（株）東芝　研究開発センターにて小型燃料電池（DMFC）システム開発に従事

2003年～2009年：（株）東芝　研究開発センターにてSCiBのBMS開発や保護（AFE）IC開発に従事

2010年～2015年：（株）東芝　研究開発センターにて二次電池動的インピーダンス測定系の開発と保護（AFE）IC開発に従事

2015年：（株）東芝　研究開発センター　退社

2016年～現在：（株）クリオテックにてSCiB電池システムの営業技術・BMS技術を担当

「CQリチウム・イオン電池パック」シリーズに "SCiB" 搭載製品が新登場!

　CQ出版社では，これまで『CQリチウム・イオン電池パック/EVミニカート』を発売してきましたが，新たに東芝製リチウム・イオン電池"SCiB"を採用した電池パック4種類を追加発売いたします．

◎東芝のSCiBは，負極にチタン酸リチウム（LTO）を使用した二次電池（繰り返し充放電可能電池）です．現在，広く（安価に）普及しているリチウム・イオン電池（コバルト酸系，リン酸鉄系，マンガン酸系）と比べて，セル当たりの電圧が低く，エネルギー密度も低い，価格が高い，という短所が指摘されていました．一方，安全性で優れている，寿命が数倍長い，充電が速い，などの特徴から，最近になって地下鉄や新幹線，AGVなどで利用されつつあります．

◎新たに「CQリチウム・イオン電池パック」シリーズに加わるのは，<<SCシリーズ>>という名称の次の4種類です．いずれも弊社の直接予約販売商品です．ご注文いただいた後，お手元に届くまで最大2ヵ月程度の日数がかかることがあります．

- SCタイプA：　価格　95,000円＋消費税＋送料
- SCタイプB：　価格150,000円＋消費税＋送料
- SCタイプC：　価格236,000円＋消費税＋送料
- SCタイプE：　価格132,000円＋消費税＋送料

　いずれも，公称電圧は12V/ 11.5Vです．充電には専用充電器を必要とせず，市販されている12V鉛電池用の充電器を使用します．

　＜SCタイプA～C＞は，アマチュア無線の移動運用用電源/固定局非常時用電源などを想定しており（USB電源端子も標準装備），広くホビー用途仕様になっています．

　＜SCタイプE＞は，CQ EVミニカート用/実験研究用電源等を想定したもので，最大連続放電電流125Aとなっていて，扱いには特に注意が必要です．

- 注意：既発売の「CQリチウム・イオン電池パック/EVミニカート用」には内部状態を監視するポート（SMBus準拠）が外部端子として用意されていましたが，SCタイプには外部端子として出ていません．
- 注意：エネルギーを蓄積する危険性を伴う製品のため，当該製品の使用者/用途が明確でないと判断される場合は販売を控えさせていただくことがあります．

◎発売記念の期間限定特別価格で予約注文を受け付けます．価格等については弊社ホームページ（https://shop.cqpub.co.jp/）をご覧ください．

SCタイプA～Cの主な仕様

CQリチウム・イオン電池パック	SCタイプA	SCタイプB	SCタイプC
公称電圧	12.0V	11.5V	
公称容量	2.9Ah	23Ah	46Ah
最大許容電流	最大連続電流25A（充/放電時）　瞬間最大許容電流100A/100ms		
電池電圧範囲	9.0～14.0V	7.5～13.5V	
セル構成	1並列×5直列	1並列×5直列	2並列×5直列
機能	セル電圧/温度測定/満充電停止（過充電保護）/過放電保護/2nd保護		
入出力端子	陸軍端子		
外形寸法(mm)（下段：突起物を含む）	200×200×40（200×220×45）	150×150×154（150×150×190）	150×250×154（150×250×190）
質量(kg)	約1.5	約4.3	約7.3
動作周囲温度	－30～＋45℃		
保管周囲温度	－30～＋55℃		
ヒューズ	25A		
USB電源出力	2個口合計1.0A出力		
電池残量表示	LED　5段階表示		
Shipモード	移動/保管時のための充放電禁止モード機能		

SCタイプEの主な仕様

CQリチウム・イオン電池パック	SCタイプE
公称電圧	11.5V
公称容量	23Ah
最大許容電流	最大連続放電電流　125A　最大連続充電電流　25A　瞬間最大許容放電電流300A/1秒
電池電圧範囲	7.5～13.5V
セル構成	1並列×5直列
機能	セル電圧/温度測定/満充電停止（過充電保護）/過放電保護/2nd保護
入出力端子	充電専用：陸軍端子　放電専用：M5ネジ
外形寸法(mm)（下段：突起物を含む）	150×150×154（150×150×190）
質量(kg)	約4.3
動作周囲温度	－30～＋45℃
保管周囲温度	－30～＋55℃
ヒューズ	125A

SCタイプA

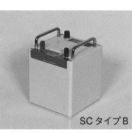
SCタイプB

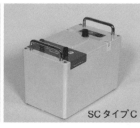
SCタイプC

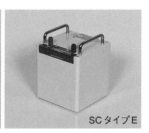
SCタイプE

第4章

～BMSと電池残量計測を担うガス・ゲージIC～

SBS1.1規格とSMBusプロトコルを使ってみよう

大熊 均

多直列，多並列となる複数の電池セルで構成される電池パックを製造する際，BMS（Battery Management System）を用意する場合がある．BMSについて厳密な定義，規格はないが，主に保護機能，残量計測機能，セル・バランス機能の集合であり，これらを使い，安全，高効率，長寿命を図るものである．この中の残量計測は，「ガス・ゲージIC」や「残量計IC」と呼ばれる専用のICを使うのが一般的である．ある規模以上向けの電池向けICでは，I²Cの拡張ともいえる通信規格SMBusの上で定義されるSBSで通信を行える場合がある．ここでは，SBSに準拠したガス・ゲージICを使って，電池の残量や劣化を測定する方法を示している．

1. リチウム・イオン電池パックの回路基板とガス・ゲージIC

● 回路基板に必須の保護機能

リチウム・イオン電池パックには，保護機能を持たせることが必須となっています．一般的には，専用の保護ICで対応します．主な保護は，過充電，過放電，過電流，温度などです．

■ 1.1 ガス・ゲージICとは

● 回路基板には残量計ICが搭載されている場合もある

必須の保護機能以外に，残量計測機能を備えているものもあります．今日のモバイル機器，スマートフォン，タブレット，携帯型ゲーム，BluetoothイヤホンなどではIC，ほぼ全ての機器で電池残量を知ることができます．

今日においては残量計測機能も事実上必須であると考えることができます．簡素に電圧と残量のテーブルを持つだけのものから，残量計専用のICを使うものまであります．**残量計IC**は多くのメーカから提供されており，このICを使うのが一般的となっています．残量計ICはガソリンの残量メーターに倣い，**Fuel gauge**とか，**ガス・ゲージ**（Gas gauge）と呼ばれているようです．以降は簡単のため，ガス・ゲージで統一します．

● ガス・ゲージICの役割

ガス・ゲージICの主な機能は，「残量と劣化の計測」となります．2018年現在，高度なものでは保護機能・多直列電池のための，セルごとの電圧をコントロールするセル・バランス機能・残量計機能を兼ね備えるICもあるようです［例：Texas Instruments社（以下TI社）製bq40z50］．しかし，本文では簡単のため，こういった高機能・多機能なICの全機能の紹介をするということはせず残量計測機能に絞って解説をします．

劣化とは，さまざまな環境での使用履歴，自然な経年劣化により，出荷時点からどれほど容量が落ちたかを表します．

残量とは現時点の劣化状態で，満充電に対してどれくらい容量が残っているかを表します．

残量や劣化に関する化学的な情報は，『トランジスタ技術』2018年11月号の別冊付録『アナログウェア』No.7を参照ください．

● ガス・ゲージICの残量，劣化の測定の概要

以下の単純な測定値
- 電池電圧
- クーロン・カウント
- 内部抵抗
- 電池セル温度

に加え，各社独自のアルゴリズムで推測を行います．しかし，その対象は同じリチウム・イオン電池であるため，各社のアプローチもほぼ同じであると考えられます（特定の一社のみが飛び抜けて良い精度であるということは考えにくい）．リチウム・イオン電池の劣化の仕組み（前述『アナログウェア』，No.7など参照）を前提とし，膨大な量の電池セルを実際に充放電や環境試験を行った記録に基づいて，アルゴリズムを組み立てていると考えられます．

実際，TI社のbq2060aとbq40z50を比較すると，後者の方が持っているパラメータも膨大で内部ロジッ

> **コラム** 電池残量アルゴリズムについて

　電池残量推定のアルゴリズムは，SBS1.1では規定されておらず，ガス・ゲージICメーカがそれぞれのアルゴリズムを持っているようです．ただし，そのアルゴリズムを公開しているICメーカはあまりないように思います．

　その中でも米国Texas Instruments（以下，TI）社のCEDVやインピーダンス・トラック，米国Maxim社のモデル・ゲージといった残量精度・寿命推測のためのアルゴリズムについては，それぞれWeb上でも概要が公開されており説明もあります．

　ここでは2社のアルゴリズムについて簡単にまとめておきます．

■ TI社のインピーダンス・トラック方式

◆電池セルの内部抵抗を追う

　TI社のアルゴリズム，インピーダンス・トラックは，その名のとおり電池の内部抵抗を追うものです．

　概要は次のとおりです．

　内部抵抗の上昇について一時的なもの（温度，放電電流の大きさなど）と恒久的なもの（経年劣化，繰り返しによる劣化など）を区別し，測定データを蓄積，活用することで精度の高い情報を返します．

　TI社製のガス・ゲージは，EEPROMまたはDataFlashに膨大な量のデータを保持しているものが多く，内部のアルゴリズムはこれらを適宜更新，あるいは読み取りをしてICが稼働しています．

■ Maxim社のモデル・ゲージ方式

◆model gauge 概要とバージョンアップの推移

　Maxim社のモデル・ゲージ（model gauge）には，以下のバージョンがあります．

(1) model gauge
　開放電圧のみで残量を推測．シャント抵抗不要で無駄な消費がない．
(2) model gauge m3
　解放電圧＆＆シャント抵抗によるクーロン・カウントで残量を推測．
(3) model gauge m5
　m3に加えて，
＊経年予測アルゴリズムのcycle+
＊残量ゼロ付近での計算誤差を除去するエンプティ収束アルゴリズム
＊その他多数のバッテリ容量学習のための機能
が追加されているようです．

　TI社のガス・ゲージICに比べ，内部情報は詳細には公開されておらず，同社製ガス・ゲージのような巨大なデータテーブル（EEPROM，DataFlash）もありません．データシートの情報量からして，とても少なく感じられます．

　Maxim社のmodel gaugeのページで動画が公開されていますが，この「開放電圧とクーロン・カウント」というシンプルなアプローチは，膨大な量の電池セルを実際に測定し，データを記録してきた自社の実績への信頼と自信があってこそと考えられます．
https://www.maximintegrated.com/jp/products/power/battery-management/battery-fuel-gauges.html

---

クもとても複雑です（データシートから分かる範囲なので，誰が確認しても分かるほどの大きな違いである）．充放電時のセル温度や，充電も放電もしていない状態の監視および残量や劣化データへの反映など，古いbq2060aにはない作業が行われています．

2. リチウム・イオン電池向けの通信規格

● ガス・ゲージICの一般的な通信規格

　絶対標準のものはありません．筆者がこれまでに市場に流通しているガス・ゲージICを見た経験では，1-wire，I²C（smbus），SPIのものがありました．その中で圧倒的に多いのがI²C（SMBus）です．

　ここではSMBusとSBSについて説明します．

■ 2.1　SBS1.1とは何か

● SMBusとは

　おおむねI²Cと同じです（図1）．電気的仕様が若干異なっているので，採用を検討しているICのデータシートや，NXP Semiconductor社のI²C規格書にて確認してください．

　I²Cに幾つかのトランザクション（1byte r/w，2byte r/w，マルチバイト r/w など）と，誤り訂正のPEC（Packet Error Check）が追加されているのが主な違

特集　EVと電池の充電・放電・給電

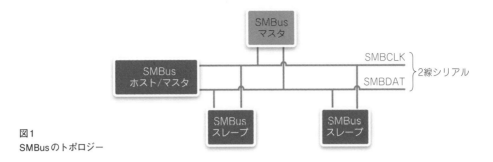

図1
SMBusのトポロジー

いです.

　IC選定時の注意としては，I²Cにのみ対応しているもの，SMBusに対応しているものがあるということです.

　前者の場合は，誤り訂正のためのPECを使いたいと考えても，使うことはできません．また，I²Cと記載されているが詳しく調べてみると実際はsmbus，pecに対応しているICもあるようです.

　この辺りの情報が曖昧なものが結構ある印象です.そのため，複数のドキュメントやメーカ・サポート，フォーラムなど全ての情報源をあたり，確実な情報を得たいところです.

　I²Cやsmbusの具体的な仕様については
　〇 I²C
「I²Cバス仕様およびユーザ・マニュアル」
https://www.nxp.com/docs/ja/user-guide/UM10204.pdf
　〇 SMBus
「SMBusウェブサイト」：http://smbus.org/
「SMBusドキュメント」：http://smbus.org/specs/
を参照してください.

● SMBus上での電池情報の定義であるSBS
　SBSとは"Smart Battery System"の略です.
　ここでいうSBSは，電池(smart battery)や充電器(smart charger)などのスレーブ・アドレスや，残量情報などのコマンド(スレーブのレジスタ値)が規定されている規格(仕様)のことをいいます．最新のバージョンは1.1で，正式な名称は"Smart Battery Data Specification"となります.

　SBSは，実際にこの規格を定めた団体の名前になります．この標準規格のような仕様に多くのICが準拠していれば，ユーザとしては，とてもありがたいところですが，実際は非準拠，または一部準拠のものがほとんどです(Maxim社，Intersil社，ON Semiconductor社など).

　その中でTI社製ガス・ゲージは，「SBS完全準拠＋拡張機能」のICが多い印象です.

　ただし，非準拠，一部準拠の製品でも，機能名がSBSの規格と似通っていたりもします.

　例えば，Maxim社のMAX1726Xは，SBS非準拠と思われますが，
　0x05 RepCap
　0x06 RepSOC
　0x10 FullCapRep
といった機能があります．これはSBSでは
　0x0f RemainingCapacity
　0x0d RelativeStateOfCharge
　0x10 FullChargeCapacity
と同等です．上から「残量(mAh)」，「残量(%)」，「満充電時の容量(mAh)」です．結局残量計のアウトプットとして欲しいものは規格準拠に関わらず同じなので，このようになるのだと考えられます.

　つまり，ユーザとしては ガス・ゲージICを知っていくきっかけとしてSBS規格を知ることは悪くない初手であると考えられます(事前情報なしにガス・ゲージICの膨大なマニュアルにいきなり挑むよりは！).

　SBS Webサイト：http://sbs-forum.org/
　SBS1.1: http://sbs-forum.org/specs/sbdat110.pdf

3. SBS1.1コマンドを使う

● SBS1.1準拠ガス・ゲージIC を使うメリット
　電池パック側のガス・ゲージICがSBSに準拠している場合，電池を使用する機器側のファーム担当は仕事がスムーズに進むと考えます.

　通信し，リード要求をかければ所望のデータが取得できるためです．注意するのは通信エラーや通信速度程度でしょうか．各IC独自の内容を漏れなくチェックする労力から解放されます.

3.1　SBS1.1コマンドの概要

　表1に筆者が定番と考えるコマンドを列挙します.
● コマンドはレジスタ値として記載されている
　多くのガス・ゲージICでは，SBS準拠・非準拠にかかわらず，機能はレジスタ値として16進数で記載されていることが多いです.

　SBSのルールでは，このレジスタ番号がすでに予約

表1 筆者が定番と考えるSBS1.1 コマンド

コマンド	名　称	機　能
0x08	Temperature	温度を0.1K単位で返す
0x09	Voltage	現在の電池パック全体の電圧を返す
0x0d	Relative State Of Charge	残量を％単位で返す（100%==0x10）
0x0f	Remaining Capacity	残量をmAh単位で返す
0x10	Full Charge Capacity	現時点のフル充電時の容量をmAh単位で返す

されているイメージです．

　最初に例として，SBS1.1における残量mAhを返す機能，RemainingCapacity()の定義を記載します．

　0x0f：RemainingCapacity
　単位：mAh
　データ範囲：0～65535mAh
　粒度：0.2% of DesignCapacity() or better
　精度：－0, +MaxError() * FullChargeCapacity()

SBS準拠のためには，この機能にはレジスタ0x0fを割り当てなければなりません．

　これにより，例えばガス・ゲージAからガス・ゲージBに交換しても，これらがSBSに準拠していれば，機器側のファームウェアは更新不要の場合すらあります．

　ただし，あまりにも古いガス・ゲージから新しいガス・ゲージに交換した場合は別です．インターフェース（レジスタ番号）が同じままでも，内部動作がまるで異なっている場合があるためです．

＜例＞TI社 bq2060a→bq40z50

　例えば，ある回路にマイコン，bq2060aが搭載されており，マイコンはbq2060aの動作に大きく依存していたとします．この状態からガス・ゲージをbq40A50に交換することになった場合は，マイコンのソフトウェアは更新する必要が出てくる可能性が高

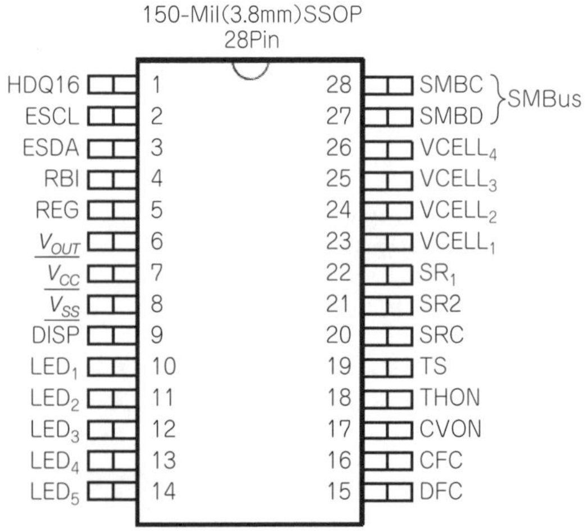

いと考えられます．

次項より，代表的な以下の機能について説明します．
　0x0f RemainingCapacity()
　0x0d RelativeStateOfCharge()
　0x10 FullChargeCapacity()

　ガス・ゲージICの進化により，ますますかゆいところに手が届くということがお分かりいただけると思います．

■ 3.2　0x0f：RemainingCapacity()
　　　　（残容量，mAh or 10mAh）──RC

　0x0fは，現在の残量を即値で得ることができます．mAhまたは設定により10mWhの単位で取得できます．

　SBSでは，インターフェースのみが定義されており，RemainingCapacity()を含む全ての値の算出は，各ICメーカに委ねられています．

＜例＞TI社 bq2060a

　外部から参照ができない，放電のカウンタとなるレジスタなどが関与します．古いICであるため，使用環境の変化，温度や放電レートの影響は小さく，新しいICと比較した場合，そこが正確な値とのズレとなる場合があります．

　bq2060aのピン配置を図2に，その通信プロトコルを図3に示します．

　図4は，bq2060aのRemainingCapacity()値が関連する，動作フローの一部です．

　例：残容量はまだ余力があるはずなのに，予定より早く終止電圧に達してしまった（仕様ぎりぎりの大電流放電をしていた，寒冷地での使用など）．

＜例＞TI社 bq40z50

　放電開始，放電終了，温度変化，通常は外部から参照および利用しないデータの更新など，さまざまな要因によりダイナミックに可変します．

　bq2060aでは追うことのできなかった環境変化に対応できるよう進化していると考えられます．

　bq2060aからbq40z50へ乗り換えるユーザは 0x0fでアクセスし利用するだけで，その進化の恩恵を享受できます．

図2　bq2060Aのピン配置

特集　EVと電池の充電・放電・給電

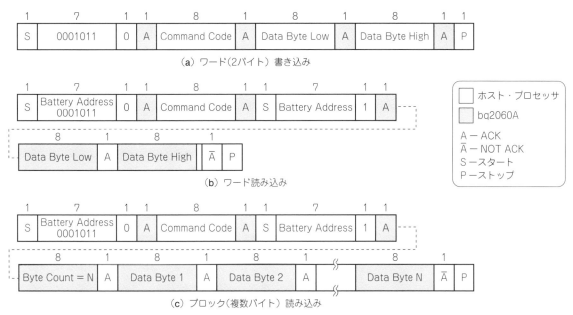

図3　bq2060Aの通信プロトコル

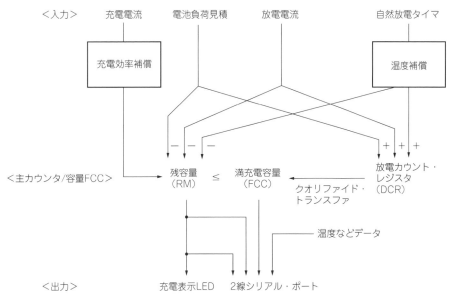

図4　bq2060Aの内部計算フロー概要

■ 3.3 0x0d: RelativeStateOfCharge() （残容量, %）——RSOC（SOC）

0x0dは，パーセンテージで表す「残容量」です．バッテリの専門用語としては"SOC"，"RSOC"等とも呼ばれます．現在の残量をパーセンテージで得ることができます．SBSでは後述のFullChargeCapacity()を100%とした際のパーセンテージとなります．

FullChargeCapacity()は，現在までの劣化を考慮したフル充電時の容量mAhです．

そのため，RelativeStateOfCharge()は，
RemainingCapacity() / FullChargeCapacity()
で算出することも可能です．

なお，FullChargeCapacity()は，使用，劣化により低下していく値であり，RemainingCapacity()は，その下がっていくFCCを100%の基準としている，という理解が必要です（bq40z50などの新しいICでは，目的によりこの基準の値を別のものに変更することも可

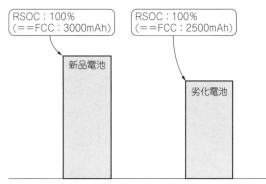

図5 RSOC（相対残量）は実容量を示すものではない

能なようだが，話がそれるため，ここでは一般的な「FCCを基準としている」で進める）．図5を参照してください．

＜例＞TI社 bq2060a

SBSの説明のとおりです．そのため，大きな注意点が1つあります．FullChargeCapacity()を常に正常に保つ必要があるということです．新しめのガス・ゲージICと異なり，bq2060aはFullChargeCapacity()値の更新は手間がかかります．

詳細については，次項"3.4 0x10 FullChargeCapacity()（満充電容量, mAh）"で述べます．

＜例＞TI社 bq40z50

得られる値は，SBSおよびbq2060aと同じです．しかし，内部での管理，算出は，RemainingCapacity()と同じく新しくなっています．更新タイミングも同様に，｛放電開始，放電終了，温度変化，通常は外部から参照および利用しないデータの更新｝などとなっています．そのため，bq2060aのような「関連するデータであるFullChargeCapacity()を正常値に保つ努力をしなければならない」という縛りから解放されており，手間が少なく精度の高い値が得られそうです．

■ 3.4 0x10: FullChargeCapacity ()（満充電容量, %）——FCC

レジスタ番号0x10は，FullChargeCapacityという値になります．省略してFCCと呼ばれることもあります．「現時点の満充電時の容量」を返すものです．

電池パックの実際の最大容量は，新品の場合，セルの個体差や電池パック組み立て，保管環境や保管期間などさまざまな要因によりピッタリ同じことはありませんが，おおむね公称容量と同じです．公称容量は電池表面に記載されているのが一般的です．

使用や経年劣化で低下していく値ですが，低下推移の監視をガス・ゲージにお任せして，任意タイミングで取得，活用できます．

FCCの概要は以上ですが，「ガス・ゲージにお任せして正確な結果だけを得ることがいかに楽か」を示す例を1つ示したいと思います．電池の充放電を全て記録することで，この低下推移を観察することもできます．実際は，劣化試験とその記録です．とても時間のかかる作業であるため，一般的にはセルの特性評価など，電池セル・メーカ，電池パック・メーカ以外では実施することはありません．

次項より，数年前に筆者らが行った，2S1P電池（セルは18650，パナソニック製）の劣化試験の結果をご紹介します．

この試験は，筆者の所属する社内の知識蓄積を目的としたものであるため，試験条件，環境は厳格でありません．また，現在，電池パックの性能評価としてこういった作業を代行するサービスをご提供はしておりませんのでご了承ください．

● 劣化試験を行う

劣化試験に関する情報は以下のとおりです．
- 電池パック情報：Panasonic 18650, 2S1P（2直1並）
- 充放電回数：600回〜
- 試験期間：秋・冬
- 試験環境：一般的なオフィス（人の有無，休日等で温度変化が大きい）
- 充電：0.7Cまたは1C
- 放電：1Cまたは2Cまたは3C
  （終止電圧は常に5V．セル当たり2.5V）

● サイクル実験結果

では，同じ放電仕様でも，劣化により終了要因である終止電圧への到達までの時間が早くなっているかを確認してみます．

図6(a)は，0.7C充電，2C放電というサイクルを7〜8回繰り返したときの放電グラフです．

同図**(b)**は，同じサイクルを600回以上回したあとの放電グラフです．

カーブと横軸から，終止電圧5Vに到達するまでの時間が早まっていることが分かります．

また，**図7**はこの600回超の放電量を全て記録したデータから作成した，推移グラフです．

こちらを見ると，使用により実容量が落ちていく様子がさらによく分かると思います．

これは放電器による記録データであり，クーロン・カウントのみですが，おおよそFCCと同じと考えることができます．

実際，SBSのFCCや類似する機能を使わない限りは，このように実際に計測しなければ分からない値です（シャント抵抗をおいて自前でクーロン・カウントするなど）．

● FullChargeCapacity()と劣化度

ガス・ゲージ・ユーザは，劣化＝公称容量に対する

特集　EVと電池の充電・放電・給電

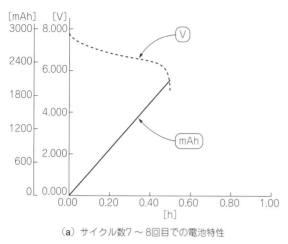

（a）サイクル数7〜8回目での電池特性

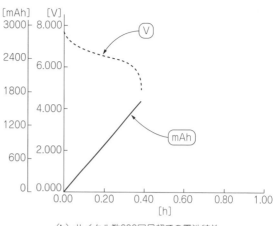

（b）サイクル数600回目超での電池特性

図6　劣化による電池の変化例——終止電圧への到達までの時間が早くなる（リチウム・イオン電池2直列）

現在の割合（%）について，

　　0x10 取得値 / 公称容量

SBS名称で表すと，

　　FCC / DesignCapacity

という簡単な割り算で確認することができます．

　この劣化度は"SoH"（State Of Health）と呼ばれます．SoHの詳細については，前述『アナログウェア』No.7, p.75を参照ください．

＜例＞TI社bq2060a

　必要の場合は，以下の計算を行います．

　　FullChargeCapacity() / DesignCapacity()

※DesignCapacity()は公称容量を指す

＜例＞TI社bq40z50

　拡張SBSコマンドによりSoHが直接取得できます．内部では，SoHの計算専用の疑似的なFullChargeCapacityデータもあり，bq2060aと比較して，値の信頼性が高いと考えられます．

　FCCの更新タイミングを含む内部ロジックがbq2060aとはだいぶ異なるため，

　　FullChargeCapacity() / DesignCapacity()

で算出できるものではありません．

■ 3.5　FCCに関する注意点

● FullChargeCapacity()の更新タイミングと古いガス・ゲージの注意点

＜例＞TI社bq2060a

「ほぼ満充電状態」から「ほぼ満放電状態」まで放電された時となります．

　ここで「ほぼ満充電状態」とは，EEPROM内に別途保管されている値や現在のFCC値から算出されます．

　TI社デフォルト値が使われた場合，おおよそ

　　FullChargeCapacity() 〜

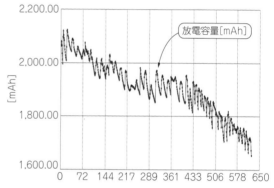

図7　劣化によりFCC（満充電容量）が低下していく——0〜600サイクルでの変化例

　　FullChargeCapacity() − 200(mAh)

の範囲がこれに該当します．また，「ほぼ満放電」についても，EEPROM等に保管されている終止電圧関連のパラメータなどから算出されます．

　注意点は，この満充電＆満放電が更新の必須条件となっているため，運用に縛りが出るというものです．

　例えば，

- UPSのために常時90%以上保持で待機
- 電池寿命を考慮して30〜80%の範囲で運用
- 継ぎ足し充電と使用により，常に40%前後で稼働している

等のような場合，bq2060aはFCCを更新することができず，使うにつれて実際の容量との差が大きくなります．

　以下のような大きなズレが発生してしまう場合が実際に起こり得ます．

- 公称容量：3000mAh

- FCC：3000mAh
- 本当の満充電容量：2000mAh

bq2060aでこの状態に陥った場合は，最低でも複数回の満充放電を行う，手動のリフレッシュが必要となります．「複数回」が必要なのは，一度の更新におけるFCCの加減量の上限が決まっているためです．

＜例＞TI社bq40z50

データ更新のタイミングは，RemainingCapacity()やRelativeStateOfCharge()と同様に，

@放電開始
@放電終了
@温度変化
@通常は外部から参照および利用しないデータの更新

などとなっています．bq2060aとは違い，ユーザがどのような運用をしてもFCCは随時更新されます．「満充電&&満放電でリフレッシュ」という工程はbq40z50では不要です．

＜余談＞

小型機器，1セル電池向けのものとして，このRemainingCapacity()に相当する機能と，二，三の設定レジスタのみを提供するガス・ゲージICを中国市場で見たことがあります．価格最優先，ある程度の必要最小限の機能でよいという場合などには使えそうだと思います．ICの品質は不明ですが．

4. ガス・ゲージICの注意点

「ICが正常動作を続けているかどうか」の確認は大事です．

この確認がきちんと取れているからこそ，ユーザは任意タイミングで欲しい電池情報を取得することができるのです．同じメーカのものでも発売された年により正常動作の確認方法は異なります．

これまで何度か比較してきたTI社のbq2060aとbq40z50も同じです．bq2060aは古く，bq40z50は新しいです．

TI社製品に限って言えば，新しい方が賢く，複雑な傾向にあります．bq40z50はbq2060aに比べ，コマンド数もデータ・フラッシュのパラメータ数も数倍で，内部ロジックも複雑になっています．

他のICと同じで必要十分で良くbq2060aの範囲で事足りるならbq2060aを選択すればよいのです．

今現在，TI社から販売されているSBS1.1互換のガス・ゲージICで，最も簡単なチェック方法はMaxError()を確認することです．

＜例＞TI社bq2060a

リセット時100%
学習サイクル完了時（通常時）2%
内部エラー1回等で+1%

幾つかのSBSコマンドの+誤差値に使われるのでエラーを蓄積したままにしておけません．+誤差値に使うのは以下のよく使うコマンドも含まれるためです．

RelativeStateOfCapacity()(0x0d)
RemainingCapacity()(0x0f)
FullChargeCapacity()(0x10)

「学習サイクル」というのがbq2060aのキモで，これは要するにFCC更新をしたかどうか，です．

学習サイクル完了==FCC更新完了

となります．

MaxError()値を正常に保つためにはFCCの更新，満充電&&満放電を行えばよい，ということになります．

＜例＞TI社bq40z50

リセット時:=100%
内部の重要なパラメータAが更新されたとき:=5%
内部の重要なパラメータBが更新されたとき:=3%
内部の重要なパラメータA，Bが更新されたとき:=1%
内部エラーごとに:+=0.05%

1%が正常値です．また，bq2060aのようにSBSコマンドの+誤差値には使われず，値はあくまでユーザにエラーの度合いを示すためだけに使われるようです．

内部の重要なパラメータA，Bとはこれまでのbq40z50の説明の中ですでに記載した，

RemainingCapacity()
RelativeStateOfCharge()
FullChargeCapacity()

の「通常は外部から参照および利用しないデータ」です．

そのため，bq40z50ではMaxError()は5%以下であれば良いと考えることができ，ICの不良がなければすぐに1%に収束します．bq2060aでは必須であったFCC，MaxErrorのための満充電&&満放電は，こちらでは不要です．

2つのICで内部事情は異なりますが，MaxError()値を見ておけばおおよそのエラー状態は分かります．これはSBS1.1準拠という共通点の長所だと考えられます．

5. ガス・ゲージICの 関連資料を読もう

関連資料とは，データシート，ユーザ・マニュアル，アプリケーション・ノートなどです．

やや複雑めなマイコンなどと同様，データシートだけでは全情報を記載しきれず，データシートには電気的仕様と概要，その他はユーザ・マニュアルやアプリ

ケーション・ノートに，というように分割されていることが多いです．
● テキサス・インスツルメンツ（TI）社
　ガス・ゲージICがTI社製なら，SBS1.1がほぼ使える可能性が高いでしょう．筆者の会社では bq2060a，bq30z55，bq78350-r1 などを使用した経験がありますが，これらは，
・基本部分 SBS1.1 と一致
・TI社拡張レジスタ
という構成でした．多くの種類のガス・ゲージICがあるため，筆者の認識していないSBS1.1非互換のICもあると思います（TI社製SBS1.1非準拠の例 bq 27441）．
http://www.tij.co.jp/ja-jp/power-management/battery-management/fuel-gauge/overview.html

　2018年6月現在，「li-ion ガス・ゲージ」等でWeb検索を行うと，TI社，Alalog Devices社，Maxim社あたりの情報が検索画面トップ・ページに出てきます．
● オン・セミコンダクター社
　Battery Fuel Gauges
http://www.onsemi.jp/PowerSolutions/parametrics.do?id=15180
● リニアテクノロジー（現：アナログ・デバイセズ）社
・バッテリ管理｜アナログ・デバイセズ
http://www.analog.com/jp/products/power-management/battery-management.html
● Maxim社
　バッテリ残量ゲージ - マキシム
https://www.maximintegrated.com/jp/products/power/battery-management/battery-fuel-gauges.html
● ルネサス エレクトロニクス
　電池管理IC｜ルネサス エレクトロニクス
https://www.renesas.com/ja-jp/products/power-management/battery-management.html#productInfo

まとめ

● 便利なガス・ゲージICを使ってみよう
　多くのガス・ゲージICには，残量精度・寿命推測のためのアルゴリズムが導入されており，容易にその値を求められます．なかでも，SBS1.1に準拠しているICであれば，どれでも同じように値が得られます．
　このアルゴリズムにより算出されたデータが，最終的にユーザがアクセスするFCCやRC，RSOCなどに反映されます．

　本文の中でも何度か触れましたが，アルゴリズム自体を深く理解せずとも，残量や劣化の正確な診断に必要な下記の情報（順不同）が得られるのです．
　ガス・ゲージICは規模や複雑さの大小はあれ，全て残量や寿命計測の機能を内包しており，ユーザは目的の値を簡単に得ることができるようになっています．今回紹介したSBSに準拠しているICであれば，規格化された通信規則に従い，さらに楽に得ることができます．
　場合によっては，深入りする場面もあるかもしれませんが，ほとんどの場合はICの詳細な動作仕様，メーカやICのクセ，残量アルゴリズムの理解をせずに，また，以下のような広範な情報の考慮，追い続ける多大な労力を割かずに正確な残量，劣化情報を得ることができるのです．
・電池セル毎の特性［メーカ，シリーズ，セル特徴（ハイレート，大容量など），充放電特性など］
・セルごとの個体差
・電池パック製造時の品質
・運搬，在庫期間の影響（運搬方法，保管場所の温度，湿度，保管期間など）
・運用環境（温度など）
・運用方法（ハイレート？機器は待機が多い？0.1C以下の微量放電で長時間運用？充電のタイミング？1つの電池に対して運用スタイル，場面が複数ある？など）
・各種データの記録，推移追跡，活用（クーロン・カウント，温度，内部抵抗など）
　ぜひ，ガス・ゲージを積極的に利用し，楽に精度の高い残量・劣化情報を得ましょう．

筆者紹介　　　　　　　　　　　　　　大熊 均

（有）オーディーエス　技術部
パソコン向けソフトウェアの開発から入りましたが，現在は低レベル層，マイコン向け組み込みソフトに仕事と興味が向かっています．リチウム・イオン電池の設計・製造・輸入に加え，機器への導入や残量計IC等に関する技術支援を得意としており，そのようなご相談も増えています．
http://www.ods-web.co.jp/

第5章

～リチウム・イオン電池パック用データ収集ユニットの製作～

SMBusを使い「CQリチウム・イオン電池パック」の内部状態を見る

鶴岡 正美

EVミニカート用「CQリチウム・イオン電池パック」（販売：CQ出版社）からはSMBusポート信号が出ている．ユーザはそのポートから電池パックの電圧・電流・温度・残容量などを数値でモニタできる．ここではその方法について解説する．　　　　（編集部）

リチウム・イオン電池パックの多くに"SMBusc"[注1]という電池パック専用の標準シリアス・バスが搭載されています．「CQリチウム・イオン電池パック/EVミニカート」にも，そのポートがあります．購入時に付属しているマニュアルに記載はあるのですが，SMBusプロトコルの使い方までは説明がありません．そこで，簡単に使い方の例を示したいと思います．

1. BMS/SMBusで電池データ収集

● 電池の電圧，電流，温度を計測できるはず

一般的に，必ずといっていいほど，リチウム・イオン電池パックの内部にはBMS（バッテリ・マネージメント・システム）と呼ばれる電池保護回路があります．このBMSには，本体の役割である電池を過負荷状態から守る機能はもちろんのこと，それ以外に電池電圧，電流，温度などを観測して外部へ通信する機能も備わっていることが多いのです．「CQリチウム・イオン電池パック/EVミニカート」（以後，単に「電池パック」と表記）も，マニュアルに「SMBus準拠」であると記載されています．

それならば，EVカートを実際に駆動したとき，電池パックの電圧や電流などの値を取り出せそうです．その準備として，外部へ通信してデータを取り出す方法を検討します．

● 電池パックの状態をBMSから取り出すためには

それには電池パックと通信して「データを取り出す」ことと，それを一時的に保管する必要があります．この機能を実現するには，その処理をする回路（ハードウェア）とソフトウェアが必要です．

つまり，実現するには，

(1) マイコンを利用して電池パックとの通信をする
(2) そのデータをEEPROMに保存する
(3) さらに保存したデータを外部のPCへ送る

この3つの機能が必要で，それを装備する電池データ収集のためのマイコン・ユニットを製作します．

2. 電池データ収集ユニットの製作

リチウム・イオン電池パックのデータ収集を行うマイコン・ユニットには，R8C/29マイコン（ルネサスエレクトロニクス社）を搭載した超小型マイコン・ボードMB-R8C29（サンハヤト社製，**写真1**）を利用しました．マイコン・ユニットのブロック図を**図1**に，回路図を**図2**に，製作したユニットを**写真2**に示します．

● 収集ユニットが担う3つの通信

このユニットが用意する通信は3段階になります．
①電池パックとの通信
②EEPROMとの通信
③パソコン（PC）との通信

注1：System Management Bus. 米国インテル社が提案したBMS用の標準インターフェース規格のこと．2線式シリアル・バス・インターフェース．

写真1 R8C搭載マイコン・ボードMB-R8C29（サンハヤト製）

特集　EVと電池の充電・放電・給電

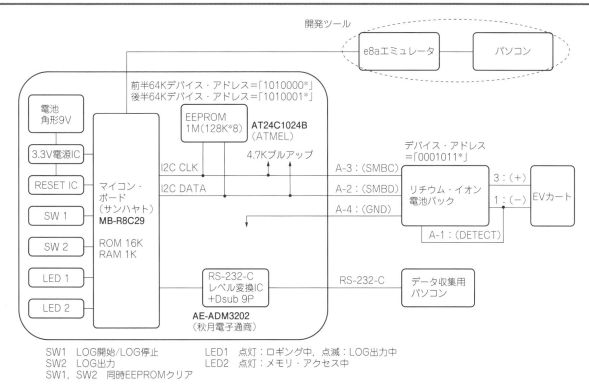

図1　電池パック・データ収集マイコン・ユニットのブロック図

　CQ出版社の電池パックにはSMBusのポートがあるので，それを使用します．

　SMBusはBMS用の標準インターフェース規格で，2線式シリアル・バス・インターフェースです．ベースはI²C注2に準拠しており，これを電池用に特化した規格となります．電池では，SMBD（データ信号）とSMBC（クロック信号）という端子になります．

　ということで，本ユニットと電池パックおよびEEPROMとの通信はI²C方式になります．

　今回は，EEPROMへの書き込みと読み出しインターフェースは，カタログや説明書を見ていただくことにして，説明は省きます．

　I²C方式では，スレーブ・アドレスによって相手を選択して通信できます．つまり，電池パックとEEPROMは同じ通信ラインにぶら下がることになります（バス方式）．

　なお，本ユニットとパソコンとの通信はRS-232-Cで行います．そこから別途USB変換ケーブルを使用してノートPCなどと接続します．

3. 電池パックとの通信コマンドの説明

● 電池パックから電池データを読み出す

　I²C方式/SMBus方式の通信フォーマットを使用し

写真2　完成した電池パック・データ収集マイコン・ユニット

ます．シリアル通信プロトコルで，そのコマンド・フォーマットを図3に示します．コマンドは16進2桁のコードで，ここでもその番号で示します．

　通信手順としては，アドレスを指定して，コマンドを本ユニットが担うマスタICからスレーブIC（今回は電池パック）へ送ります．すると，スレーブICから

注2：I²Cは蘭フィリップス社が提案したシリアル・バス．IC間通信の標準規格．

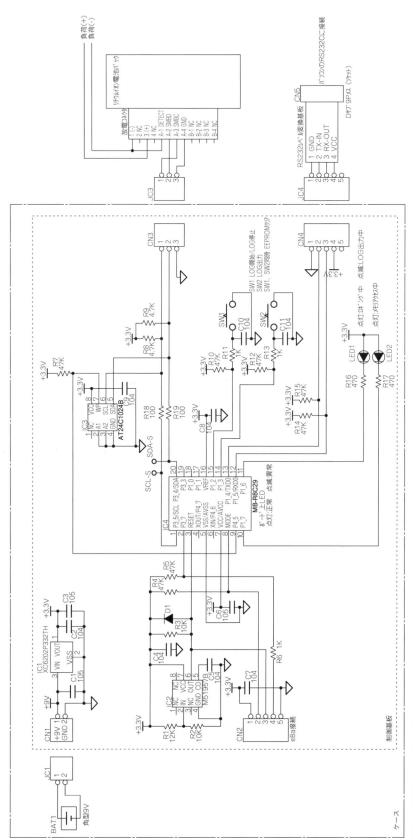

図2 電池パック・データ収集マイコン・ユニット回路図

特集 EVと電池の充電・放電・給電

| S | Slave Addr | W | A | Command code | A | S | Slave Addr | R | A | Low Data Byte | A | High Data Byte | A | PEC | NA | P |

□は電池パックの応答
S＝スタート・コンディション
Slave Addr＝7ビット・スレーブ・アドレス
 ：「0001 011」
W＝ライト・サイクル
A＝ACK(Low)
Command code(コマンド)：0x09 総電圧，0x0A 充放電電流，
 0x4A セル温度，0x0D 残容量

R＝リード・サイクル
Data Byte：各コマンドのデータ

PEC＝パケット・エラー・コード
 ：読み出しているが，今回は使用しない
NA＝NACK(High)
P＝ストップ・コンディション

図3 SMBusコマンドのフォーマット

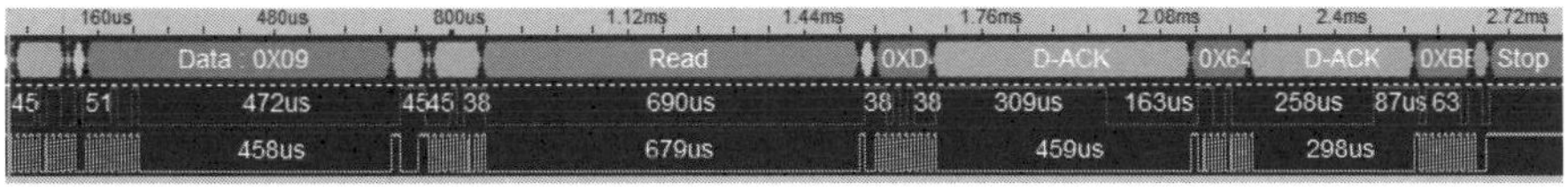

図5 ロジック・アナライザで通信データを見る

マスタのクロックに応じてデータが返信されます。
この電池パックのスレーブ・アドレスは0B(16進)となっていて，これは固定です．なおI^2Cの規格上では，上位7ビット「0001 011」です．
マスタIC(今回はCPU)からのコマンドとして，以下のコマンドをプロトコルで使用します．使えるコマンドは，電池パックのマニュアルに記載されていますが，以下のコマンドがよく使われると思います．
- 電池電圧(V) ：09
- 電流(mA) ：0A
- 温度(0.1K) ：4A
- 残容量(％) ：0D

(SMBusを使用する電池パック用標準規格にSBSがあり，CQ出版社の電池パックにもSBS準拠と記載されているが，若干異なるようだ)

● 操作方法
データ収集ユニット基板上の操作ですが，SW1を押すと電池データの取り込みを開始します．もう一度押すと動作停止します．
次いで表示LED1が点灯します．EEPROMアクセス時はLED2が点灯します．
データの取り込みは，SMBusコマンド(I^2C)で約1秒ごとに，電池パックから総電圧と充放電電流，温度，残容量を読み出します．
そして，読み出したデータはI^2CでPCB上のEEPROMに保存します．
さらに最大8,000秒まで保存できます(つまり8,000個のデータ)．8,000個のデータを収集するとユニットは停止します．
ユニット側マイコンの全体の操作フローを図4に示します．

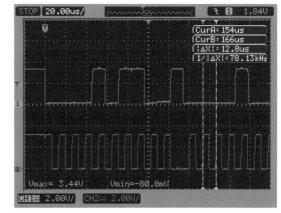

図6 オシロで観測したSMbus信号波形の例

4. 実際の電池パックとの通信波形の確認

実際の電池パックとユニットの間で，どのような波形で通信しているか見てみましょう．
使用するのは，台湾ZEROPLUS社のロジック・アナライザ(LAP-Cシリーズ)を使用しました．
マスタから0x09コマンドを送ります．すると，電池パックから返されたデータが0x64D4でした．図5がその様子ですが，0xD4，0x64の順で返されています．16進数の64D4は10進数では25812(mV)となります．
電池パックからのSMBusの2つの信号線をオシロスコープで見ると図6のようになります．

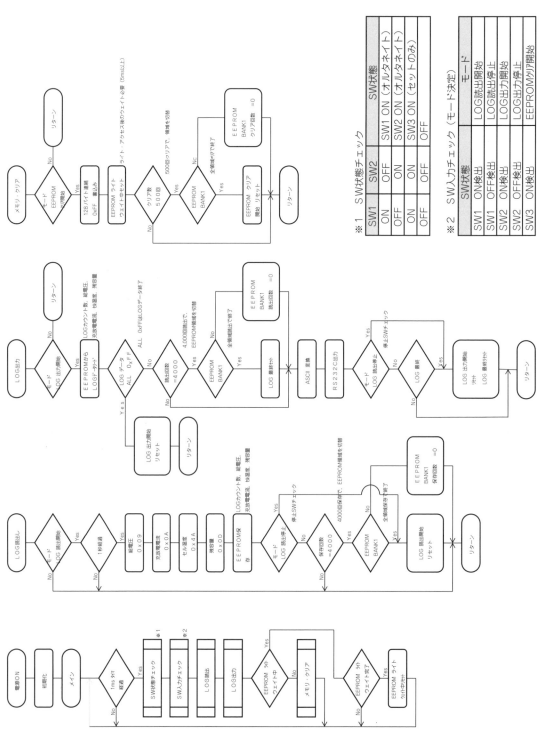

図4 データ収集ユニット側の処理フロー

特集　EVと電池の充電・放電・給電

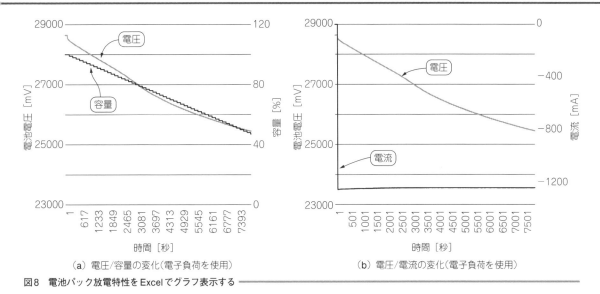

(a) 電圧/容量の変化(電子負荷を使用)　　(b) 電圧/電流の変化(電子負荷を使用)

図8　電池パック放電特性をExcelでグラフ表示する

5. パソコンへシリアル通信で出力

基板上のSW2を押すとシリアル通信が開始され，パソコン側で通信ソフトを使ってデータを取り込みます．それを，Excelなどの表計算ソフトに取り込んで分析します．

マイコンからはRS-232-C通信で出力します．ノートPCなどのRS-232-Cポートを持たないものは，USB-RS232C変換機能付きのケーブルなどを利用してパソコンへつなぎます(シリアル通信条件は，ボーレート：38400，データ長：8，パリティ・ビット：なし，ストップ・ビット：1，フロー・ビット：なし)．

● 通信ソフトで受信した画面の例

通信ソフト(COM6)を使って，電池パックの情報を取得します．その取得画面例を図7に示します．左から順に，①時間(秒単位)，②電池パックの電圧(mV)，③電流(mA)，④温度(ケルビン)，⑤容量(%)と並んでいます．

パソコンで取り込んだデータを，Excelで読み取ってグラフ処理することができます．図8は，電子負荷装置で，約1300mAで一定放電したときの電池の情報をグラフにしたものです．いわゆる電池の特性図です．

図7　通信ソフトCOM6を用いて電池内部データを表示する

筆者紹介

つるおか まさ み
鶴岡 正美
(株)イーアンドシーラボ

ニッケル・カドミウム電池全盛の時代から30年以上，2次電池関連の充電器設計開発，パック設計開発に関わり，日本の安全な電子機器製造のお手伝いしながら，最近は，台湾へ飲茶を食べに行くことを趣味としている．

第6章

～期待されているリチウム・イオン電池の将来型～

全固体電池はどれだけ安全なのか

鶴岡 正美

リチウム・イオン電池は電解液に有機系液体を用いるため，電池自体が高温になると，どうしても燃焼・爆発の危険性が高まってしまう．そうした中，電解液を使わないリチウム・イオン電池の開発が進んでいる．電解液の代わりにセラミック系材料が電解質として使われている．実用化までにまだまだ時間がかかると言われているが，単セルの全固体リチウム・イオン電池が台湾企業からサンプル出荷されている．どこまで安全か，実際に実験してみた． (編集部)

はじめに
——全固体電池が市場に出てくる！

今話題のリチウム・イオン全固体電池ですが，巷(ちまた)には，2020年代前半には自動車用途として市場投入され，2035年くらいには超巨大市場が形成されるとの予測があります．これに興味を持つ方は多いと思われます．リチウム・イオン電池の最大の欠点である燃焼・爆発，この危険性がないという全固体電池の特徴は，今まさに期待されている仕様だからです．

しかし，日本で実物を見る機会はまだ少ないと思います．

今回，筆者は台湾ProLogium社（以下，PLG社と略す）製の全固体電池を入手し，簡単な評価実験を行うことができたので，簡単なレポートを記します．といっても入手したのはEV用の電池パックではなく，多くの人により身近なモバイル用途向けの単セル製品です．それでも全固体電池の魅力を実感するのに十分なインパクトを受けました．

1. ProLogium社の全固体電池の概要

筆者は，数年前にPLG社を訪問したことがあります．同社が全固体電池を製造していることはその頃から知っていましたが，まだ実力には懐疑的でした．今回，再訪問の際(2018年)には，工場も移転・増築されていて，量産が本格的になっていることに驚きを感じています．

第2工場の鍬入(くわい)れ式も済んでいて，1GWh/年の生産能力を確保する準備が整ってきています．当初は産業機器向け，軍事・消防・レスキュー向けの高付加価値向け商品が主流ですが，新工場ではやはり車載向けの生産も視野に入っているようです．

今回は，評価用のセルとして特別に触らせてもらうことができ，リチウム・イオン電池の世界でのエポックを感じることができました．

なお，PLG社のホームページには日本語のページもあり，グローバルに市場展開を進めています．日本以外の展示会には，すでに積極的に出展しているようです．

● 全固体電池の構造と安全性の特徴

さて，今回筆者らが入手できたのは，フレキシブル・シート状単セルの「FLCBシリーズ」と，ラミネート（パウチ）状単セルの「PLCBシリーズ」の製品群から各1種ずつです．

PLG社ではこれらの全固体電池の特徴を以下のように記しています．
(1) ＋極板と－極板の間には絶縁層（セパレータ）がない単純構造．
(2) 主要電解質部は液体ではなくセラミック層である．
 ・このため，短絡による熱暴走（燃焼，爆発）が起こらない．
 ・電池内部からの漏液がない．
 ・硫化物が漏れないので，水分と反応せず，ガスも発生しない．
(3) セラミック電解質層は屈曲性が良い．
 このため，1万回の屈曲（屈曲15度以内）に耐えられる．
(4) －20～＋85℃での充電，－40～＋105℃での放電が条件付きで可能．

このように，従来のリチウム・イオン・ポリマ電池に比べて，安全性と使用温度範囲が広くなっています．

特集　EVと電池の充電・放電・給電

表1　ProLogiumu社の全固体電池の使用

<table>
<tr><td rowspan="3">電気的特性</td><td>定格容量</td><td>2150mAh</td></tr>
<tr><td>定格電圧</td><td>3.8V</td></tr>
<tr><td>動作電圧</td><td>4.4V～2.75V</td></tr>
<tr><td>大きさ</td><td colspan="2">L105×W60×T4.5mm, 59.5g</td></tr>
<tr><td rowspan="6">動作環境</td><td>標準充電方式</td><td>CC-CV（定電流-定電圧充電方式）</td></tr>
<tr><td>標準充電電流／電圧</td><td>0.2CmA/4.4V</td></tr>
<tr><td>カットオフ電流</td><td>0.05C</td></tr>
<tr><td>最大充電電流</td><td>2CmA</td></tr>
<tr><td>標準放電方式</td><td>CC（定電流）</td></tr>
<tr><td>動作温度</td><td>－20℃～＋60℃</td></tr>
</table>

(a) FLCB4360A5AAMA

<table>
<tr><td rowspan="3">電気的特性</td><td>定格容量</td><td>90mAh</td></tr>
<tr><td>定格電圧</td><td>3.75V</td></tr>
<tr><td>動作電圧</td><td>4.35V～2.75V</td></tr>
<tr><td>大きさ</td><td colspan="2">L76×W51.5×T0.43mm, 3.1g</td></tr>
<tr><td rowspan="6">動作環境</td><td>標準充電方式</td><td>CC-CV（定電流-定電圧充電方式）</td></tr>
<tr><td>標準充電電流／電圧</td><td>0.2CmA/4.4V</td></tr>
<tr><td>カットオフ電流</td><td>0.05C</td></tr>
<tr><td>最大充電電流</td><td>1CmA</td></tr>
<tr><td>標準放電方式</td><td>CC（定電流）</td></tr>
<tr><td>動作温度</td><td>－20℃～＋60℃</td></tr>
</table>

(b) PLCB4360A5AAMA

(a) FLCB051076AAAA　　(b) PLCB4360A5AAMA

写真1　今回実験に使用したProLogium社のリチウム・イオン電池

● 当面の生産規模は小さく，当初の価格は高い

いいことばかりですが，現状でのマイナス要因もあります．

最大の問題点は，リチウム・イオン・ポリマ電池などに比べて数倍するコストです．そして製造プロセスに課題も残っているだろうし，設備増強がまだ途中なので生産量も少なく，大需要にはこれからの対応になります．製造量が増えてくることで，価格低下の可能性が高まります．

多数セルのパックの製造にもチャレンジしているようですが，組立製造技術も途上と思われます．

セルのばらつきも，今後は改善されていくと思います．

コスト問題に対しては第二工場の建設などの投資が行われているので，需要増に対応して供給量も増え，コストダウンにつながる気もします．

PLG社によると，各国の自動車メーカとの協業がスタートしていて，EV向けの電池の開発も行われているそうです．

2. 全固体電池の特性

● 基本特性

フレキシブル・シート形状のFLCBシリーズの電池FLCB051076AAAAとラミネート形状のPLCBシリーズの電池PLCB4360A5AAMAの各定格仕様を表1に示します（写真1）．FLCBの方が定格容量の大きいタイプです．電極材が異なるためか，定格電圧もFLCBの方が若干高くなっています．

また，FLCB051076AAAAの特性図を図1～4の(a)に，PLCB4360A5AAMAの特性図を図1～4の

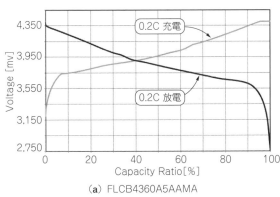

(a) FLCB4360A5AAMA

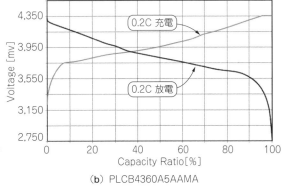

(b) PLCB4360A5AAMA

図1　充電・放電特性
（充電は0.2Cで4.4VになるまでCC/CV充電，カットオフ電流は0.05C．放電は，0.4Vから2.75Vになるまで0.2Cで行う）

(b)にそれぞれ示します．2つのシリーズは電池特性的にさほどの差はないようです．

● 特性図

図1は充放電特性図です．これを見ると，一般のリチウム・イオン電池と充放電特性の大きな差異は見られません．

図2はサイクル特性図です．0.5C充放電を繰り返すことで，容量劣化の割合を示しています．これはPLCBシリーズの方が劣化の進行は遅いようです．従来品のリチウム・イオン電池との差異部分もあまり違わないようです．

図3は，放電電流（0.2C～2C）に対する放電特性の変化を示しています．ただ，FLCBシリーズは1.5Cと2Cのデータが示されていません．FLCBの方が容量が大きいことも関係してか，大電流放電にも特性の変化が少ないようです．

図4は温度特性です．PLCBの方が低温に強いようです．

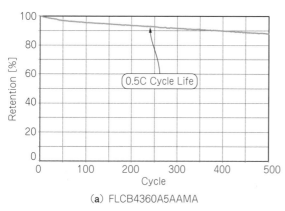

(a) FLCB4360A5AAMA

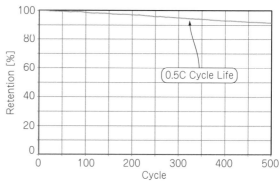

(b) PLCB4360A5AAMA

図2　サイクル寿命（0.5Cで充放電を繰り返したときの容量劣化．充放電は15分の休みをおく）

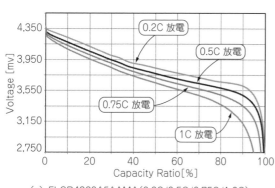

(a) FLCB4360A5AAMA（0.2C/0.5C/0.75C/1.0C）

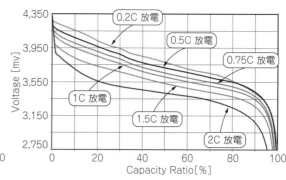

(b) PLCB4360A5AAMA（0.2C/0.5C/0.75C/1.0C/1.5C/2.0C）

図3　電流による放電特性の変化（0.4Vから2.75Vになるまで）

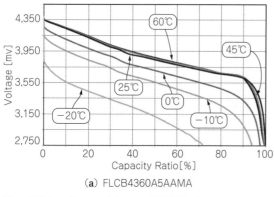

(a) FLCB4360A5AAMA

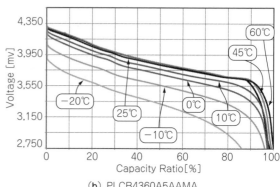

(b) PLCB4360A5AAMA

図4　温度（−20℃～＋60℃）による放電特性の変化

特集　EVと電池の充電・放電・給電

全体的に，一般の炭素負極系のリチウム・イオン電池と遜色のない特性だと感じます．特にPLCBの低温での特性はいい方だと思います．

型番を見てもESらしさが出ていますが，これが実際に量産されるようになると，特性が変化する可能性はあります．

3. 全固体電池の安全神話は本当か

● 安全性の実験

筆者の全固体電池に対する最大の興味は，「どこまで安全なのか」という点です．そこで実際にその疑問を確かめるため，思い切って実験をすることを決意しました．ESとして入手したものなので，実験とその発表の認可もとることにしました．

シンプルな構造で可燃性の電解液がないという特徴が，実際の試験ではどのように発揮されるのか興味があります．

一般的に，電池の安全性を見るうえで行われる試験としては以下のようなものがあります．

- 釘刺し試験：電池に釘を刺していく（導電性の釘）
- 圧壊試験　：プレス機械などで過大な力を加える
- 外部短絡　：満充電電池の出力端子を短絡させる
- 過充電試験：定格充電電圧以上の電圧まで充電する
- 落下衝撃試験：1m以上の高さから落下させる
- 高温度暴露　：80℃以上の環境においてどうか

などです．

今回は，簡易に行える実験だけをやってみたいと思います．

● 釘刺し試験

釘刺し試験ができる機械で穴を開けてみました．ラミネートのフレキシブルなパッケージなので，簡単に貫通した穴が開きます．

電池の出力端子に抵抗とLEDを付けて点灯させながら，電池の機能が生きているかをチェックしています．

結果，釘が刺さった瞬間，＋極／－極の電極が短絡するためかLEDが消えます．その後，釘を抜くと，元のようにLEDが点灯しました．短絡で電池の表面が熱くなっているのかと思って触ってみましたが，少し温かい程度で「熱い」という感じは受けませんでした．

● 電解液タイプのリチウム・イオン電池の場合

参考として，筆者の手持ちである円筒形の一般のリチウム・イオン電池とラミネート形のリチウム・イオン・ポリマ電池へ釘刺し実験を行いました．満充電ではありませんが，安全手袋などで防御しながら行いました．

円筒形の場合，釘を刺してその穴から電解液が漏れて噴出したと思った瞬間に炎があがりました．その高

写真2　全固体リチウム・イオン電池に釘刺ししてもLEDは点灯
（こんなにたくさん穴を開けても電池の機能は保っている）

（a）円筒形電池に釘刺しした後　　（b）ラミネート形ポリマ電池に釘刺しした後

写真3　従来の一般的なリチウム・イオン電池への釘刺し実験

（a）切り込みを入れても　　　　　（b）どんどん切り刻んでもLEDは点灯する

写真4　全固体電池をハサミで切ると

写真5　ハンマーで衝撃を与えても変化しない

写真6　塩水に16時間浸しても変化しない

さは50cmほどで，写真3はその燃えた後の姿です．

少し安全と言われるポリマ電池にも同様の実験を行いました．こちらも電解液が噴出し，大きな炎は見えませんでしたが，驚くほど大量の煙が発生しました．写真を見れば分かるように，ラミネートがパンパンに膨れ上がっています．

筆者の想像以上に危険で恐ろしい実験でした．

● ハサミでの切断実験

次は切断試験です．金属製のハサミで電池をカットしてみました．割と簡単にラミネートの上からハサミの刃が入ります．

釘と同じように，ハサミで電極を短絡した時にLEDは一瞬消えますが，離れると元のように点灯しました．写真4(b)のようにバラバラに切断しても，特に発煙も発火もせず，手で触れられる状態でした．

● ハンマーによる圧壊(衝撃)試験

ハンマーで衝撃を与えてみました．コンクリートの床の上に置いた電池を，ハンマーで思いきり叩いたのです．跡が残るほどの力で叩いたのですが，特に何も起きず，電気を供給していました．もちろん手で触れられました．

● 海水による湿潤試験

最後に，電池を海水に浸けてみました．16時間ほど浸けてみましたが，特に何も起きませんでした．

● 実験のまとめ

時間のない状況でしたが，試した中では固体電池のびっくりするほどの安全性が体験できました．現在，主流のリチウム・イオン電池を使ううえで，どうしても最悪の事故で「燃える」ということが懸念されますが，固体電池であればその心配はなくなりそうです．もちろん，リチウム・イオン電池は大電流を流せるので，電池自体が燃えなくても，回路上で生じるジュール熱によって発火・燃焼は起こりえます．

● 電池の実験の怖さ

ここで紹介した全固体電池は安全性の高いものです．しかし，一般のリチウム・イオン電池で同様の実験をするのは極めて危険です．簡単に考えないでください．万が一の場合も，水で消火するとかえってより危険な爆発を誘発する可能性があります．

今回の筆者の実験も，室内ではなく屋外で，さらに万が一に備えて十二分な対策のうえ行いました．

今後の展望

自動車メーカが本気で全固体電池の開発を行っているという報道もあります．EVの普及の鍵の1つとして，間違いなく全固体電池の開発があると思います．台湾や中国の状況を見ると意外に早く市場へ投入されそうですが，真の普及までには幾つもの壁を乗り越えなくてはならないことも事実です．

ただ，これが普及し，私たちの生活の中でも使えるようになれば，より安全なモバイル生活が待っています．飛行機へ持ち込むことができるようになるかもしれません．

proLogium社のホームページ：
http://www.proLogium.com/

筆者紹介

鶴岡　正美（つるおか　まさみ）
(株)イーアンドシーラボ

ニッケル・カドミウム電池全盛の時代から30年以上，2次電池関連の充電器設計開発，パック設計開発に関わり，日本の安全な電子機器製造のお手伝いしながら，最近は，台湾へ飲茶を食べにいくことを趣味としている．

第7章

～プリドープ必須！　実験室で水平ドープ法による～

"リチウム・イオン・キャパシタ"の製作

臼田 昭司

「リチウム・イオン電池（LIB）」の機能と「電気二重層キャパシタ（EDEC）」の機能を合わせ持ったハイブリッド蓄電池として"リチウム・イオン・キャパシタ（LIC）"がある．高価なため普及が進んでいないが，本特集の別稿にある「走行中ワイヤレス給電」のように，LIBやEDECでは対応できない用途に使われている．これは，このLICを研究室レベルで自作した報告である．製作方法は幾つかあるが，ここでは水平ドープ方式で製作している． （編集部）

はじめに

リチウム・イオン電池でもなく，キャパシタでもない――そのような二次電池として「リチウム・イオン・キャパシタ」があります．文字どおり，リチウム・イオン電池と電気二重層キャパシタの特性の「いいとこ取り」のような電池で，とても興味深いモノです．

リチウム・イオン電池が普及によって価格が下がってきたのに対し，電気二重層キャパシタは普及が遅れているようで価格は下がりません．リチウム・イオン・キャパシタはその電気二重層キャパシタよりもさらに普及が進んでおらず，高価なままです．

市販品を入手して充放電特性等を評価することもよいのですが，より深くその特徴を知る1つの方法として，実際に製作して，その中身まで推し量ってみたいと考えました．

企業ではリチウム・イオン・キャパシタの製作法は非公開であるため，具体的な内容は知ることができません．また，特許の公開公報でも，製作例についてはわずかに垣間見ることができる程度です．

筆者らの研究室では，リチウム・イオン電池の上流から下流に至るセルの製作に取り組んできましたが（本誌No.4に関連記事を掲載），これらの経験を基に新たにリチウム・イオン・キャパシタの製作に取り組みました．

1. リチウム・イオン・キャパシタの特徴

● LICは，LIBとEDLCのハブリッド電池

リチウム・イオン・キャパシタ（Lithium-Ion Capacitor）は，電気二重層キャパシタ（EDLC）とリチウム・イオン電池（LIB）の特徴を併せ持ったハイブリッド型のキャパシタです．頭文字をとって「LIC」と呼ばれています．本稿でも，以降は「LIC」とします．

市販のLICの例を**写真1**に示します．

● LICの原理

次に，LICの動作原理を**図1**に示します．また，LICの構成材料を他の2種類の二次電池（蓄電デバイス）と比較したものを**表1**に示します．

写真1 市販のLICの例

(a) YUNASCO製（英国／ウクライナ）：容量1300mA，電圧2.8V，75×120×11mm，パワー密度4.0kW/kg，エネルギー密度37Wh/kg，内部抵抗1.0〜1.2mΩ

(b) SAMWHA（韓国）製：容量360mAh（1000F），電圧2.8V，35φ×60mm

(c) 太陽誘電（日本）製：容量89mAh（200F），電圧3.8V，25φ×40mm

ではLICの動作を見ていきましょう.

(1) 充電時

電解液中のリチウム・イオン(Li^+)が,負極のグラファイト（炭素系材料）に吸蔵されていきます. 図1に示すように,満充電に近づくにつれてグラファイト内部にLiイオンが大量に保有されます. この吸蔵を「ドープ」(dope)といいます. もともとドープとは,少量をあらかじめ添付するという化学用語です.

また,電解液中の陰イオン（「アニオン」という）であるBF_4^-イオン（またはPF_4^-イオン）が正極の活性炭に付着されます. このとき,正極である活性炭の界面ではBF_4^-イオンと正極のプラス・イオンで蓄電機構である電気二重層を形成します.

(2) 放電時

放電時は,負極グラファイトからLi^+イオンが電解液中に放出され,正極の活性炭からBF_4^-イオン（またはPF_4^-イオン）が放出されます.

● LICの特徴

従来のEDLCと比較すると,LICには以下のような特徴が挙げられます.
 (1) 静電容量が大きくとれる
 (2) セル電圧が大きくとれる
 (3) エネルギー密度が大きい
 (4) 急速充放電が可能である
 (5) 高温サイクル特性に優れる
 (6) 耐久性,信頼性が高い
 (7) 自己放電が少ない
 (8) 安全性が高い

LICと他の蓄電デバイスとの一般的な特性を比較したものを表2に示します.

2. LICの製作方法

● プリドープしてLICを作る2つの方法

LICの製法として,負極のプリドープ(吸蔵)方法を採用します.

負電極の芯となる集電体に負極活物質を塗工し,事前にそこへ少量のリチウムをドープ(吸蔵)することを「プリドープ」(predope)といいます. 負極にプリドープすることによりエネルギー密度の高いキャパシタが実現できます.

また,負極電位が低下するとキャパシタの電圧を高くすることができます.

大別して,プリドープの製法には2種類があります.

(1) 垂直ドープ法（孔開箔法）

1つは,負極活物質を塗工した多孔構造の集電体（負極電極）へリチウム金属箔を対抗して設置する方法です. これは「孔開箔法」または「垂直ドープ法」といいます（図2）.

(2) 水平ドープ法（貼付法）

もう1つは,非多孔構造の負極電極へ製造時にリチ

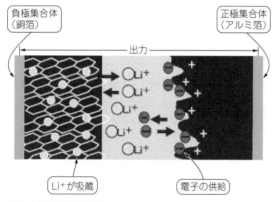

図1　LICの動作原理図

表1　蓄電デバイスの構成

種類	正極	電解液	負極
リチウム・イオン電池	コバルト酸リチウム	リチウム塩（LiBF4, LiPF6）	グラファイト
電気二重層キャパシタ	活性炭	プロピレン・カーボネート系	活性炭
リチウム・イオン・キャパシタ	活性炭	リチウム塩（LiBF4, LiPF6）	リチウムがドープ可能な炭素材料

表2　蓄電デバイスの特性比較

項目	リチウム・イオン電池	電気二重層キャパシタ	リチウム・イオン・キャパシタ
最高使用温度（℃）	60	60	80
使用下限電圧（V）	2.7	なし	2.2
パワー密度（W/L）	100～5,000	1,000～5,000	5,000
エネルギー密度（Wh/L）	150～600	2～6	10
サイクル寿命	1,000回	100万回（容量低下30%）	100万回以上（容量低下10%）
充電性能	充電に時間を要する	秒単位の充放電が可能	秒単位の充放電が可能
内部抵抗	高抵抗	低抵抗	低抵抗
寿命	短寿命	長寿命	長寿命
安全性	発熱・発火	安全	安全

特集　EVと電池の充電・放電・給電

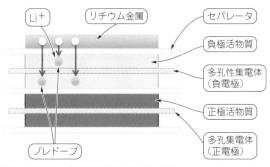

図2　垂直ドープ法（孔開箔法）のイメージ

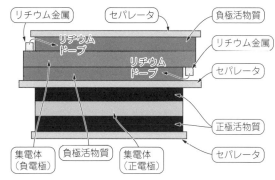

図3　水平ドープ法（貼付法）のイメージ

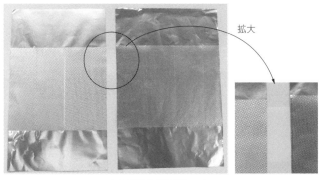

(a) 正負極の電極シート
（左：アルミ箔厚み15μm, 孔直径100μφ, 孔ピッチ0.4mm,
　右：銅箔厚み10μm, 孔直径100μφ, 孔ピッチ0.4mm）

(b) 負極シートに活物質を両面塗工

写真2　筆者が製作した多孔構造の集電体

ウム金属箔を貼り付ける方法です．これは，「貼付法」または「水平ドープ法」といいます（図3）．

● 負極集電体の製作手順

集電体は電極の芯をなしますが，箔状です．多孔構造の集電体には，①エッティング箔，②ロール成形箔，③PF箔（ポリエチレン製マイクロフィルムを貼り付けた箔）の3種類があります．

多孔構造の集電体の例を写真2に示します．

(1) 水平ドープ法の手順

リチウム金属箔の負極電極への水平ドープ法には，筆者らが実施したニッケル金属箔による一体取り付け法や従来の合金法などがあります．

プリドープの処理方法ですが，組み立て後のセルを40～60℃前後の恒温室中で長時間保温することにより，①リチウム金属箔からリチウム・イオンが溶出し，②リチウム・イオンが電解液中を移動して，③負極活物質に吸蔵されます．

(2) 垂直ドープ法の手順

垂直ドープ法では気孔率が30～50％の多孔性電極を用いているので，リチウム・イオンは孔を通過してスムーズに移動できます．

本方法はセルを積み上げていく積層方式のセルに適しており，水平ドープ法はセル製造時にリチウム箔を負極電極に貼り付ける方法なので，後述する捲き回し方式に適しています．

なお，研究室レベルの捲き回し治具の製作例については稿末のAppendixで説明します．

● 正極電極シートの製作

次に正極電極の製作です．電極はシート状にします．正極の集電体に正極活物質を塗布していく工程で次のようになります．

①活性炭をバインダ（結着材）と混合してスラリー（粥状）化し，②そのスラリー化したものをアルミニウム箔へ塗布し，③乾燥処理（ベーキング）して仕上げます．

● 負極電極シートの製作

正極と同様に，負極電極の製作でもシート状の負極集電体へ負極活物質を塗布します．

活物質は，リチウム・イオン電池と同じ炭素材であるグラファイト（黒鉛）を使います．正極と同じように，①バインダと混合してスラリー化したものを，②集電体である銅箔へ塗布し，③乾燥処理して仕上げます．

その後はスポット溶接で，タブ付き電極リードをそれぞれの電極シートへ取り付けます．

なお，研究室レベルの塗工治具の製作例については コラムで説明します．

● 電極体の組み立て

次に，アルミ・ラミネータの収納ケースに収める電極体を組み立てます．

プリドープの方法により，電極体の製法には①捲き回し方式と②積層方式があります．いずれの方式も，セパレータで正負電極およびリチウム金属箔を絶縁するサンドイッチ構成で組み立てます．

最後に，収納ケースに電解液を注入した後，注入口を封止してセルとして仕上げます．その後，定温乾燥器によるプリドープ処理を行い，LICとして完成します．

3. LICの製作例

筆者らの研究室では「水平ドープ法」を採用しました．すなわち，リチウム金属箔を所定のサイズにカットし，これを負極シートの所定の位置へ貼り付けます．その後，セル構造として積層方式（試作A）と捲き回し方式（試作B）の2種類を製作しました．

■ 3.1 正負極シートの仕様

使用した正極と負極のシートの基本仕様を**表3**に，

表3　正負電極シートの仕様

項　目	活物質	塗工条件	単位（μm）			集電体	サイズ	非コート面
			総　厚	塗工厚	集電体厚			
正極シート	活性炭	両面	18	2	16	アルミ箔	幅26cm，ロール長80m	両サイズ2cm
負極シート	グラファイト	片面	60	50	10	銅箔	24×20cm	なし

(a) 正極シート　　　　(b) 負極シート

写真3　正負電極シート

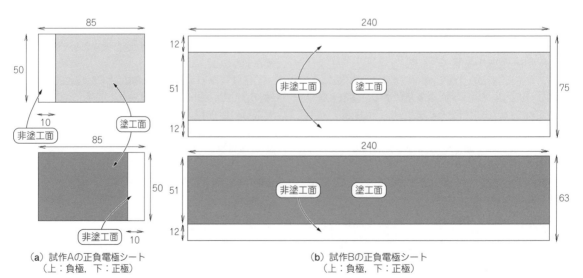

(a) 試作Aの正負電極シート　　　(b) 試作Bの正負電極シート
（上：負極，下：正極）　　　　（上：負極，下：正極）

図4　試作Aと試作Bの正負電極シートのサイズ（単位：mm）

電極シートの形状を**写真3**に示します。
試作に使用する正負極シートを，
- 試作A：正極と負極ともに50×85(mm)
- 試作B：正極：63×240(mm)，負極：7×240(mm)

のサイズにカットします（**図4**）．また，負極シートの両端の非塗工面は，NMP溶液を用いて塗工面の両端を指定の幅に剥離しました．

■ 3.2 リチウム金属のカッティング処理

● リチウム金属の特徴

リチウム金属（Lithium Metal，原子番号 3，原子量 6.941，元素記号 Li）は，アルカリ金属元素の1つで白銀色の軟らかい元素です．全ての金属元素の中で最も軽く，対して比熱容量は最も高いのです．

また，リチウム金属は非常に軟らかく，金属元素の中で最も軽い（比重0.5）金属です．常態は安定ですが化学的に極めて活性が強く，室温でも「大気中の水分と反応」し，Li_3N（窒化リチウム）となって灰白色に変色します．リチウム金属を使用する際，空気中では速やかに作業することが必要となります．

● リチウム金属箔を使用

このLICの製作で使用したリチウム金属は箔状のもので，圧延加工の0.1mm（厚さ）×44mm（幅）×100（長さ）cmを使用しました．リチウム金属箔はコイル状に巻き取られ，不活性ガス雰囲気でパックされた状態で出荷されます．

負極シートへ貼り付けるリチウム金属のカッティングの作業はこれらのことを十分配慮して，水分に触れないように，アルゴン・ガス置換の不活性ガス雰囲気中の真空グローブ・ボックス内で行いました．

リチウム金属箔のカッティング・サイズは，試作Aの場合は10mm（幅）×35mm（長さ）で，試作Bの場合は8mm（幅）×45mm（長さ）と8mm（幅）×35mm（長さ）の2種類とします．

グローブ・ボックス内のカッティング作業を**写真4**に示します．

■ 3.3 キャパシタ試作Aの製作

● タブ付き電極リードの製作

負極シートは「片面塗工」とし，カットしたリチウム金属箔を非塗工面の長手方向両端へ電極テープで貼り付けて固定し，片方の端部にタブ付き電極リードをスポット溶接します．

リチウム金属箔と電極リードの取り付けイメージを**図5**に示します．

● 積層方式の電極体の製作

正極シートは「両面塗工」したものを用い，それぞれ4枚ずつ作成し，**図6**に示すような「ダブルの積層方式」の電極体を製作しました．

2枚の負極シートを裏面（銅箔）同士が接触するように重ね，リチウム金属からのドーピングが塗工面であるグラファイトで効率良く行われるように配置しました．これが負極シートを片面塗工にした理由です．

また，2枚の負極シートと正極シートは互いにショートしないように，セパレータを挟んだサンドイッチ構造としました．このようにして電極体が製作されます．

● ラミネート・パックに収納

積層方式の電極体が完成した後に，定尺のアルミ・ラミネート・シートから必要サイズを切り出し，ガス・ポットを確保できるように折り曲げて製作した収納容器［70（幅）×140（長さ）×5mm（厚み）］へ電極体をセットしてセルとして仕上げます．

電解液の注入量は約10mℓとしました．正負電極シートの製作から，リチウム・イオン金属を貼り付けて積層方式のセルを製作する工程を**写真5**に示します．

■ 3.4 キャパシタ試作Bの製作

● シートの塗工

試作Aと同じように負極シートは片面塗工とし，両端の非塗工面へそれぞれ4個のリチウム金属箔を取

写真4
グローブ・ボックス内のリチウム金属箔のカット

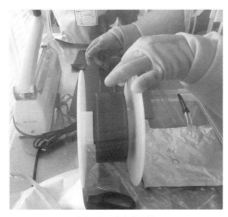

（a）リチウム金属箔

（b）ロール・カッタでカット

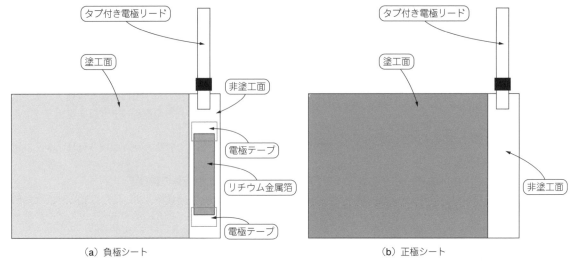

図5　リチウム金属箔と電極リードの取り付けイメージ

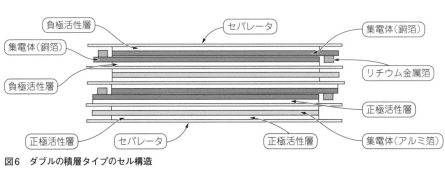

図6　ダブルの積層タイプのセル構造

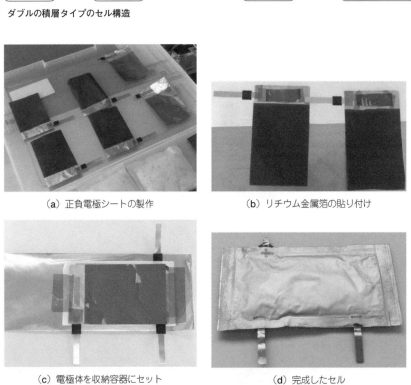

写真5　リチウム・イオン金属を貼り付けた積層方式のセル製作

特集　EVと電池の充電・放電・給電

り付ける負極構造としました．セパレータを介して，この負極シートと両面塗工の正極シートが重なるように数回捲いていく構造の捲き回し方式でキャパシタを製作します．

リチウム金属箔とタブ付き電極リードの取り付けイメージを図7に示します．

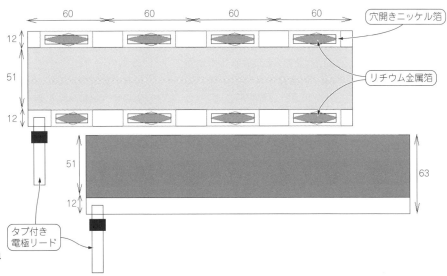

図7 捲き回し方式で仕上げた正負極の電極シートのイメージ

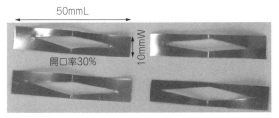

写真6　リチウム金属箔固定用の穴開きニッケル箔

写真7　リチウム金属箔をニッケル箔で固定した負極シート

（a）正負極シートを重ねる

（b）両手で捲いていく

写真8 捲き回し方式で電極体を製作する

（c）電極体として仕上げる

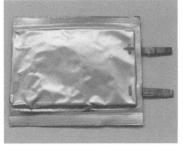

（d）完成したセル

コラム　活物質の塗工と半自動塗工機の製作

◆電極の活物質の「塗工」について

LICやLIBの正負電極シートは，電極材である活物質（リチウム・イオンや電子を吸蔵する物質）をスラリー化したものを，各電極の集電体であるアルミニウム箔（正極）と銅箔（負極）上に塗布して製作します．この工程を「塗工（またはコーティング）」といいます．

◆手作業で行っていた塗工を半自動にする

通常，塗工を行うには専用の塗工機（またはコータ）を使用します．塗工には集電体の片側のみに塗工を行う片面塗工と両面を塗工する両面塗工の2種類があります．

工場で使用する塗工機は全自動で，塗工後のベーキング（焼き付け）処理まで自動で行っています．一方，研究室レベルの塗工機には，手軽なハンドル式のものから半自動で塗工からベーキングまで行うものまであります（**写真A**）．ハンドル式のものは取り付け金具にコーター・バーを取り付けて手の移動で塗工作業を行います（**写真B**）．

ハンドル式を除き，研究室レベルの半自動方式は比較的高価で，ベーキングまで行う機種はさらに高価なものになってしまいます．これらを入手する場合は，使用頻度や費用対効果などコスト・パフォーマンスを考慮する必要があります．

◆半自動塗工機の製作

これらのことを考慮し，比較的低コストで実現可能な，市販のハンドル式コーター・バーを使った半自動の塗工機を製作しました．構成材料を**表A**に示します．

可動部分については，市販のプログラムレス・コントローラを備えた電動アクチュエータを使用しました．マニュアル・モードでパラメータの設定が可能で，4段階の移動速度の設定が可能です．

製作した半自動塗工機を**写真C**に示します．また，集電体をガラス板上にクリップで固定した状態で活物質スラリーを塗工している様子を**写真D**に示します．

写真A　研究用半自動塗工機（ベーキング機能なし）

表A　製作した半自動塗工機の構成材料

電動アクチュエータ	ボールねじ駆動 モータ右側折り返しタイプ ストローク450mm	LEFS16RA-350
プログラムレス・コントローラ	DC24V駆動 対応モータ：ステップ・サーボモータ（DC24V） ステップ・データ数：14点（プログラムレス） パラレル入出力タイプ：NPNタイプ	LECP1N-LEFS16RA-350
サポートガイド	幅40×高さ40×ストローク350mm	LEFG16-S-350
ガラス板	A4サイズ，8mm厚み	
アクリル板	430×500×10mm厚　1枚 200×200×8mm厚　1枚	
ハンドル式コーター・バー	重量：1kg	OSP製ハンドル用コーター・バー
コーター・バー	ワイヤー方式，SUS304 長さ250mm，直径10mmφ 表面硬さ：1,300HV 塗工厚み：120μm	OSP-120
ハンドル	ハンドル：ステンレス製，長さ140mm，直径24mmφ	
直流電源	スイッチング直流安定化電源 入力AC85～100V，出力DC24V-5A，120W 199×98×38mm，0.6kg	S-120-24
副資材	取り付け金具（バー金具，L金具，蝶番，固定足） ネジ＆ビス類，配線材料	ホームセンター

特集　EVと電池の充電・放電・給電

（a）コーター・バーと取り付け金具

（b）コーター・バーの拡大図

（c）コーター・バーを金具に取り付ける

写真B　ハンドル式コーター・バー

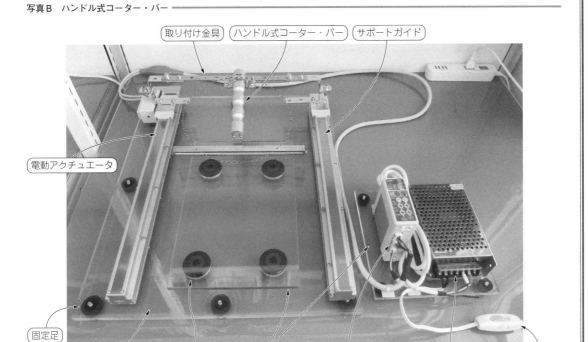
写真C　製作した半自動塗工機

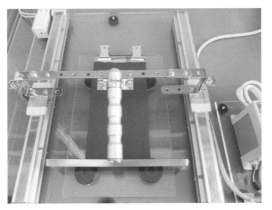
写真D　負極シートの塗工イメージ

● 金属箔の取り付け

リチウム金属箔の取り付けは，新たに製作した穴開きニッケル箔［（10（幅）×50（長さ）×0.1mm（厚み），開口率：約30%，**写真6**）］で上部から押さえるようにスポット溶接して固定しました．このようにして製作した負極シートを**写真7**に示します．

● 電極体の仕上げ

次に，正負極シートの塗工面が合うように，セパレータを介して両手で数回捲きながら電極体として仕上げていきます（**写真8**）．

最後に，リチウム・イオン電池用ポーチ型アルミ・ラミネート収納容器［（60×100×5mm（厚さ））］に電極体をセットし，電解液を注入してセルとして仕上げます．

電解液の注入量は試作Aと同じ約10mℓとしました．

4. 試作LICの充放電評価

● 試作したLICの充放電特性を調べる

試作AとBについて充放電評価実験を実施し，LICとしての基本特性を評価します．製作したキャパシタ・セルは室温中に4日間放置し，プリドープしたものです．

● 試作Aの充電特性

試作Aの40mA定電流定電圧（CCCV）充電時の充電特性を**図8**に示します．充電電圧の経時特性は，リチウム・イオン電池の非線形の電圧特性と異なり，大略直線形状で漸増します．

また，充電電流の経時特性は，キャパシタの満充電到達までは定電流充電し，到達後は漸次減少します．

● 試作Aの放電特性

試作Aの放電特性を**図9**に示します．試作Aの放電能力は最大2mAでした．放電終了電圧はキャパシタの特徴である0Vまでの繰り返し放電が可能です．

1mAと2mAの放電特性を直線と見なし，静電容量を推定すると**表4**が得られます．

● 試作Bの充電特性

次に，試作Bの20～60mAの範囲の定電流定電圧充電時の充電特性を**図10**に示します．

充電電圧の経時特性は，大略直線形状で漸増すると見なされます．

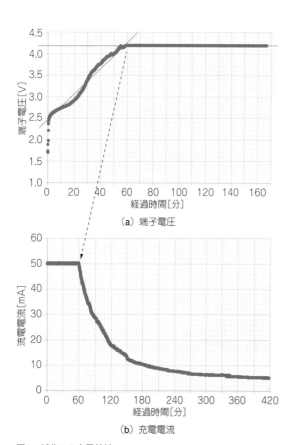

図8 試作Aの充電特性

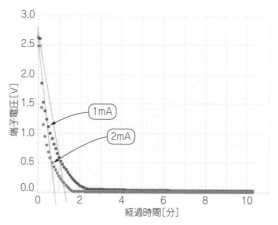

図9 試作Aの放電特性

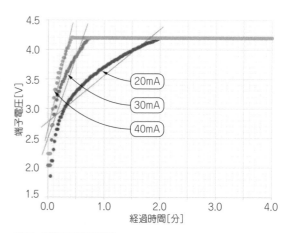

図10 試作Bの充電特性

表4 試作Aの静電容量の推定値

電流[mA]	1	2	平均
静電容量[F]	0.029	0.048	0.038

表5 試作Bの静電容量の推定値

電流[mA]	3	4	5	6	平均
静電容量[F]	0.4	0.32	0.2	0.18	0.28

● 試作Bの放電特性

試作Bの放電特性を図11に示します．放電は終了電圧が0Vまで繰り返し実施することができました．

また，試作Bの放電能力は最大6mAであることが確認できましたし，試作Aの約3倍の放電能力アップを達成することもできました．各放電特性を直線と見なして静電容量を推定すると表5が得られます．

試作Aに比較して約7倍の静電容量が得られました．

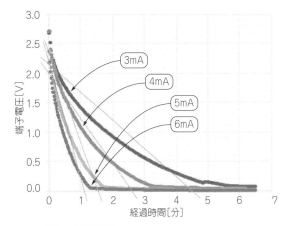

図11 試作Bの放電特性

は，過去に得られたリチウム・イオン電池の同特性と比較すると明らかに異なっており，LIC固有の特性であることが確認できた．

5. LICの試作で得られたこと

研究室レベルではありますが，LICの製作に際し，得られた結果を要約します．

(1) 真空グローブ・ボックス内で，ボビンに巻かれたリチウム金属の扱い方とロール・カッタによるカッティング作業に慣れることで，負極シートに取り付けるリチウム金属を所定寸法に切り出すことができた．

(2) カットしたリチウム金属の負極シートの非塗工面への貼り付けについて，スポット溶接ができる穴開きニッケル金属による固定法を考案し，実施することができた．これにより，比較的効率良くリチウム金属を取り付けることができた．

(3) 積層方式と捲き回し方式による電極体を製作することができた．最初に製作した積層方式は2段方式であるが，多段に積み上げていくことによりキャパシタ容量をアップさせられることを実感した．

(4) 積層方式の試作Aの充放電特性を測定することにより，LICの特徴である，直線的な充電特性と0[V]までの繰り返し放電特性を得ることができた．放電特性から静電容量値を推定すると平均0.03[F]の推定値が得られた．

(5) 捲き回し方式の試作Bの充放電特性を測定した結果，試作Aとほぼ類似のキャパシタ特有の特性を確認することができた．また，放電特性から静電容量値を推定すると平均0.3[F]の推定値が得られた．このことから捲き回し方式による容量アップが期待できる．

(6) 試作A，Bで得られた充放電時の経時特性の形状

まとめ

筆者らの研究室で実施しているLICの具体的な製作例について，特に，リチウム・イオンの水平ドープ法を実現するための製作例について紹介しました．研究室レベルではありますが，電圧0Vまで何回でも充放電できる特性や静電容量の推定などリチウム・イオン電池と異なるキャパシタ特有の特徴を得ることができました．

また，コラムでは，LICに限らずリチウム・イオン電池の製法で用いられている捲き回し方式の小型治具の製作例と，集電体に活物質スラリーを塗工するための治具として，比較的低価額で製作できる半自動塗工機の製作例を紹介しました．

筆者紹介　　　　　臼田　昭司（工学博士）
大阪電気通信大学　客員教授兼客員研究員
http://usuda-lab.info/

1975年3月に北海道大学大学院工学研究科博士課程を修了し，東京芝浦電気株式会社（現 株式会社東芝）を経て，大阪府立工業高等専門学校（現 大阪府立大学工業高等専門学校）教授，2013年より現職．2008年 華東理工大学（上海）客員教授，2013年 ホーチミン工科大学（ベトナム）客員教授，2014年 第61回 電気科学技術奨励賞受賞「リチウムイオン電池の教育研究」，2014年 イギリスの電池技術雑誌『batteries International』Issue92誌に開発したダブルセル型リチウム・イオン電池技術が掲載．

著書：『リチウムイオン電池回路設計入門』，日刊工業新聞社，2012年 研究室で実施中のリチウムイオン電池の製作や応用研究などの実施例については上記Webサイトへ．

Appendix　小型捲き回し治具の製作

本文の試作Bは捲き回し方式で製作しました．試作したLICで使用した正負電極シートは，240mm程度の比較的短いものなので，**写真8**に示すように両手で捲き回しながら電極体を製作しました．

◆小型捲き回し治具の製作動機

捲き回し方式のLIC製作では，電池容量を大きくするためには正負電極シートを長くする必要があり，専用の治具を使って捲き回し作業をしなければなりません．市販の卓上用の「捲き回し治具」は，スペース・重量ともに比較的大きく重量もあるので，真空グローブ・ボックス内へ設置することはできません．

電池製作の工程上，捲き回し治具を真空グローブ・ボックス内に設置し，捲き回し作業から電解液注入，アルミ・ラミネートを使用した封止作業まで一貫して実施することができれば，トータルの電池製作の作業時間を短縮することが期待できます．

これを意図して，グローブ・ボックス内に設置・収納できる小型の捲き回し治具を製作しました．また，実際に製作した治具をグローブ・ボックス内に設置し，1000mAh（電池A）と2000mAh（電池B）クラスのリチウム・イオン電池の捲き回し作業を実施しました．この作業を「新方式」と呼び，従来方式と比較しました．

◆捲き回し治具とリード取り付け治具の製作

実験に使用した真空グローブ・ボックスは，透明アクリル製で内部の作業が透視できる研究用としては大型のもの（**写真A-1**，1200L×500W×500H）を用いました．この中に収納できるように，卓上サイズの市販のスピード・コントローラ付き速度制御モータを使用した治具を製作しました（**写真A-2**，**表A-1**）．

◆捲き回し治具用リードの製作

捲き回し治具のモータ回転軸には専用のリード（**写真A-3**）を取り付ける固定治具が必要となるので，それを3Dプリンタで製作しました．

造形材にはABS樹脂を使用しました．電池A用の固定治具の製作図を**図A-1**に示します．3Dプリ

(a) 全景

(b) 機材を入れた状態

写真A-1　製作治具を設置した真空グローブ・ボックス

写真A-2　製作した捲き回し治具

表A-1　モータとコントローラ仕様

最大出力（W）	25
シャフト	ギヤ付き
ギヤ種別	平行軸（コンビタイプ）
減速比	7.5
付属ケーブル（m）	1
電圧	単相100V
速度制御範囲（60Hz）	12～213rpm
モータ寸法（mm）	80×80×145
コントローラ寸法（mm）	60×103×140

特集　EVと電池の充電・放電・給電

ンタで製作した固定治具にリードを取り付け（**写真A-4**），さらにこれをモータ回転治具へ取り付けます（**写真A-5**）．

◆電池製作の比較

従来方式と新方式で，2種類のリチウム・イオン電池を製作する場合の電池製作時間を比較しました（**表A-2**）．

製作する電池の組み合わせは，電池AとBをそれぞれ1個ずつ製作する場合，電池AとBをそれぞれ2個ずつ製作する場合，そして電池AとBを2個ずつ同時に製作する場合の3種類で，全てで計時測定します．この時間は，リチウム・イオン電池の正負電極シート（**写真A-6**）が用意されているとしての計測値です．

従来方式では，グローブ・ボックスを含めた約3m²のスペースに必要となる機材を置いて製作を開始しました（**写真A-7**）．一方の新方式は，グローブ・ボックスの中に必要となる機材を全て置いて製作を開始しました（**写真A-8**）．

電解液の注入量については，従来方式，新方式ともに電池Aは40mℓ，電池Bは60mℓとしました．また，捲き回しの回転速度はコントローラの設定値を固定にし，同じ速度で実施しました．

◆考察

電池AとBが1個のみ場合は約50％近い時間短縮が，2個の場合は約40％近い時間短縮が可能です．一方，電池AとBを2個ずつ同時に製作した場合は5％程度の時間短縮でした．

値が小さかった原因は，グローブ・ボックスの限

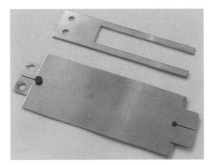

写真A-3　捲き回し治具用リード（上：電池A用，下：電池B用）

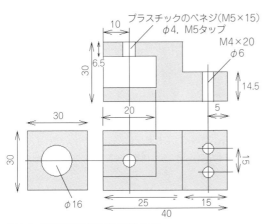

図A-1　固定治具の製作図（電池A用）

写真A-5　リード固定治具をモータ回転軸に取り付ける

写真A-6　正負極の両面コート電極シート
（上：正極，下：負極）

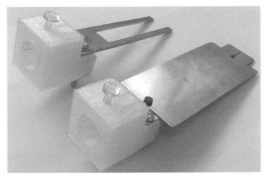

写真A-4　製作した固定治具にリードを取り付ける

表A-2　電池製作時間の比較

電池 （組み合わせ）	時間（分）				
	A	B	2×A	2×B	(2×A)+(2×B)
従来方式	31.72	36.28	49.98	63.58	65.85
新方式	16.25	18.9	29.45	37.23	62.35
短縮割合（％）	48.8	47.9	41.1	41.4	5.3

Appendix 小型捲き回し治具の製作(続き)

られたスペースに多くの機材を入れたことにより,逆に作業効率が低下したためと考えられます.

最後に,両方式で製作した電池AとBの充放電特性を測定しました.測定例を図A-2に示します.方式の違いによる充放電特性の大きな差異は見られませんでした.

(臼田昭司)

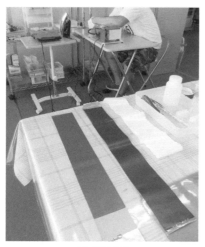

(a) 機材全景

(b) 机上における捲き回し作業

写真A-7 従来方式によるLIC製作

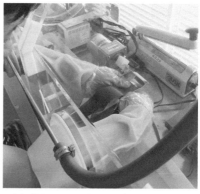

(a) 捲き回し作業(グローブ・ボックス内)

(b) 電解液注入作業(グローブ・ボックス内)

写真A-8 新方式による電池製作

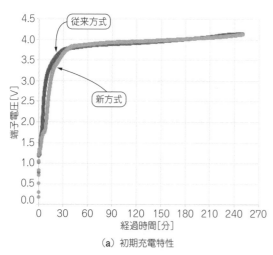

(a) 初期充電特性

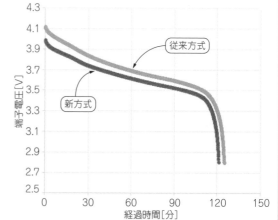

(b) 放電特性

図A-2 新旧方式で製作した電池Aの充放電特性

第8章

~磁界結合方式と同様に今後の普及が期待~

電界結合ワイヤレス電力伝送

大平 孝

これからのモバイル機器や電動自動車(EV)の重要な技術キーワードに，ワイヤレス電力伝送(WPT)がある．ワイヤレス給電にもさまざまな方式がある．これまでは，磁界結合方式によるものがいろいろ開発されていたが，電界結合方式も注目されるようになってきた．ここでは，電界結合方式によるWPTの考え方を示す．電力伝送効率の良いWPTを実現するには，kQ積(kは結合係数，QはQファクタ)と呼ばれる性能指標が重要だという．このkQ積は，磁界結合方式でも，電界結合方式でも同様に使用できる．　　　　(編集部)

1. 磁界結合とkQ積

● WPT・電磁誘導・磁界共鳴

「放送」・「通信」に続く第3の高周波マーケットを狙って，「ワイヤレス電力伝送(WPT：Wireless Power Transfer/Transmission)」の研究が世界中で活発化しています．

皆さんは「WPT」と聞くとどんなイメージをもちますか．代表例は近接配置された2つのコイルとそれらを共通に貫く磁力線の絵です(写真1)．

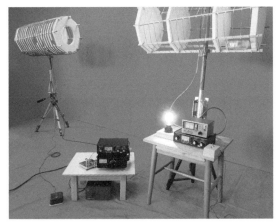

写真1　磁界結合ワイヤレス電力伝送実験の様子[21]

一方のコイルに交流を流すと，他方のコイルに同じ周波数の交流電圧が発生します．この物理現象を"電磁誘導"と呼びます．

電磁誘導にコンデンサを付加した構成を"磁界共鳴"と呼ぶ時代がありましたが(コラムA参照)，ここでは，総称して"磁界結合"と呼ぶことにします．

● 磁界結合はLとM，Rで構成される

磁界結合系の構造例を図1(a)に示します．これを表す回路を図1(b)に示します．図中の記号の意味は次のとおりです．

　L：自己インダクタンス
　M：相互インダクタンス
　R：巻き線抵抗

ここでは簡単のため2つのコイルが同じ形状，つまり左右対称の構造として話を進めます．

● 性能指標kQ積

デバイスや電子部品を購入するときはデータ・シートで何かしらの指標となる性能を見て製品選びの参考にします．例えば，次のような性能です．

- トランジスタ：h_{FE}　　　(電流増幅率)
- ダイオード　：V_r/V_f　　(逆耐圧÷順方向電圧)
- OPアンプ　　：GB積　　 (利得×帯域幅)
- 論理回路　　：PD積　　 (消費電力×遅延時間)
- 受信アンテナ：G/T比　　(利得÷雑音温度)
- 光学レンズ　：F値　　　(口径÷焦点距離)
- スポーツカー：パワーウェイト比(馬力÷重量)

WPTの性能指標は「kQ積」(結合係数k×Qファクタ)です．

● kQ積の法則は電力伝送効率の上限を表す

図2に示すように，kQ積はWPTが達成できる電力伝送効率(受電電力÷送電電力)の上界を表します[19]．

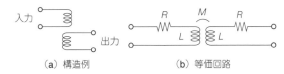

(a) 構造例　　　　　(b) 等価回路

図1　磁界の結合系

この普遍的で汎用性が高い法則は，磁界結合はもちろん，電界結合やアンテナ結合などあらゆるWPT方式において成立します．ワイヤレスの世界でよく知られている「フリスの式」や「シャノンの定理」に続く第3の基本法則の位置づけです．

● 結合係数kはどのように決まるのか

磁界結合において，kとQがどのように決まるのか考えてみましょう．結合係数kは，右側コイルから発した全磁力線のうち左側コイルに到達する割合のことです．

$$k = \frac{M}{L} \quad \cdots \cdots 式(1)$$

式(1)から，2つのコイルを互いに近づけていくとkが大きくなることが分かります．磁力線が空間から突然発生することはあり得ないので，kが1以上になることはありません．相互インダクタンスMが自己インダクタンスLより常に小さいことからも納得できます．

● Qファクタはどのように決まるのか

一方，結合状態とは別に「コイルの単体の良さを表す指標」として"Qファクタ"があります．

これは，図2(b)に示す結合系の出力ポートを開放した状態で入力ポートから結合系を見込んだインピーダンスの実部に対する虚部の比です．

$$Q = \frac{\omega L}{R} \quad \cdots \cdots 式(2)$$

ここで$\omega = 2\pi f$のfは所望の伝送周波数です．

● kQ積には共鳴の概念が含まれない

式(1)と式(2)を乗算することにより式(3)が得られます．

$$kQ = \frac{\omega M}{R} \quad \cdots \cdots 式(3)$$

ここで，気付いてほしい重要ポイントがあります．

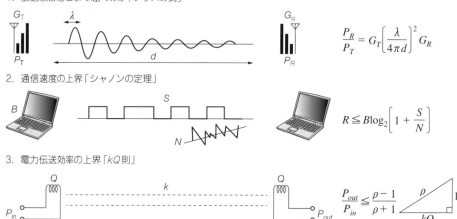

図2 ワイヤレスを支配する3つの基本法則

コラムA 「共鳴」って新しい物理現象なのかな…

一昔前，「磁界結合系」を「電磁誘導方式」と「磁界共鳴方式」に分類し，異なる物理現象のように解説している記事をよく見掛けました．最近になり，多くの方々が，それは本質的な差ではなかったことに気付きました．

例えば，モータの世界では，駆動回路にコンデンサを挿入して巻き線のリアクタンスを補償するのはごく当たり前のことです．また，高周波増幅器の設計では，誘導性スタブを装荷してトランジスタの寄生容量と共役整合させることも普通に行われています．

既知の技術も使う場所を変えると効果が新鮮に感じられるのはやむを得ませんが，これを新しい物理現象のように主張すると本筋を見失うので要注意です．

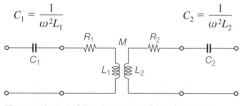

図A C_1とC_2を追加しただけで方式名が変わった

特集　EVと電池の充電・放電・給電

それは式(1)〜(3)を導く中で，共鳴という概念がどこにも使われていないことです．すなわちkQ積は共鳴と無関係に決まる本質的な性能指標です．

「Q＝共鳴」ではありません．式(2)と式(3)のωは，どちらも共鳴周波数ではありません．この続きは参考文献(13)を参照してください．

● 磁界結合のkQ積の式から分かること

WPTの伝送効率を上げるためにkQ積を大きくすることを考えます．

kQを大きくするには，次のことが重要だと式(3)から分かります．

1. コイルの形状や相対位置などを工夫して，相互インダクタンスを大きくする
2. 巻き線抵抗が小さいコイルを用いる
3. 自己インダクタンスがkQ積に直接関与しない

● kQ積の周波数特性は材料に依存する

kQ積の値は，結合系の材料や構造などに大きく依存します．材料定数や形状が正確に分かれば，電磁界シミュレーションでkQ積を見積もることができます．試供品があれば実測する方が確実です．その際，上記のMやRをそれぞれ測定するよりもkQ積を直接測定する方が早いのです．測定方法は**コラムB**を参照してください．

式(3)の右辺の分子にωが入っています．だからといって，kQ積と周波数が単純に比例するわけではありません．MやRの値も周波数によって変わるからです．

2. 電界結合方式の理論

● 電界結合の構成は平行平板導体が2セット

ワイヤレスで電力を伝えるもう一つの手段が本記事の主題である「電界結合」です．

電界結合の構造例を図3(a)に示します．見てのとおり平行平板の導体（コンデンサに相当）が2セット並んでいるだけです．コイルを使う磁界結合に比べて，極めてシンプルです．

● 電界結合のkQ積を求める

もちろん，電界結合でもkQ積の法則は有効です．ここでは磁界結合と対比する手法で「等価回路」と「結合係数」，「Qファクタ」を導いてみましょう．

この手法の原理は次のような置き換えです．

磁界	⇔	電界
電流	⇔	電圧
直列	⇔	並列
短絡	⇔	開放

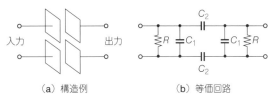

(a) 構造例　　　　(b) 等価回路

図3　電界結合系の例

コラムB　kQ積実測への近道

磁界方式や電界方式で使う結合器を購入する場合は，目的の周波数におけるkQ積の値をチェックしましょう．データ・シートにはkQ積の記載がない場合が多いので，サンプル品を入手して実測するのが確実です．もちろん，結合器を自作する場合も同様です．測定理論は参考文献(19)に記載があります．

また，すぐにkQ積を実測したい方のために便利な計測器が市販されています．

例えば，所望の伝送周波数がMHz帯ならDSテクノロジー社の超小型ネットワーク・アナライザ「DZV-1」，GHz帯ならアンリツ社のマイクロ波ネットワーク・アナライザ「ショックライン・シリーズ」です（**写真A**）．共に，kQ積の周波数特性がパソコン画面上にリアルタイムで表示されます．DZV-1は価格が5万円台なので，高専や大学など教育機関での学生実験用にもお勧めです（kQ積の実測例が『RFワールド』No.44にあるので参照されたい）．

(a) DZV-1（DSテクノロジー製）

(b) SHOCKLINE（アンリツ製）

写真A　kQ積の実測機能を装備したネットワーク・アナライザ

$$L \Leftrightarrow C$$
$$R \Leftrightarrow 1/R$$

左右の物理量は双対の関係です．これを利用して理論を磁界結合から電界結合に変えられます．

● 磁界結合の等価回路を求める

前節で示した磁界結合の図1(b)をもう一度見てください．回路の変数を次のように置き換えます．

直列抵抗R	→	並列コンダクタンス$1/R$
自己インダクタンスL	→	寄生容量C_1
相互インダクタンスM	→	結合容量C_2

その結果を図3(b)に示します．これで電界結合の等価回路が描けました．

● 寄生容量の見方

ここで注意点が2つあります．その1つはLからC_1への置き換えです．寄生容量C_1は，磁界結合における漏れ磁束に対応するものです．したがって，C_1はLそのものではなく，正しくは$L-M$に相当します．

$$L - M \rightarrow C_1 \qquad \text{式(4)}$$

● 結合容量の見方

もう一つの注意点は，結合容量が2個使われていることです．電流経路で見るとC_2を往復で2回通るため容量値が半分になります．

$$M \rightarrow \frac{1}{2}C_2 \qquad \text{式(5)}$$

● 電界結合の結合係数とは

式(4)と式(5)の左辺同士，右辺同士をそれぞれ加え合わせると式(6)となります．

$$L \rightarrow C_1 + \frac{1}{2}C_2 \qquad \text{式(6)}$$

式(5)と式(6)を式(1)に代入して整理すると式(7)を得ます．

$$k = \frac{C_2}{2C_1 + C_2} \qquad \text{式(7)}$$

これが図3(b)で示した電界結合の結合係数です．物理的な意味として，図3(a)の右側電極から発した全電気力線のうち，左側電極に到達する割合を表します．

● 電界結合のkQ積から分かること

式(7)から次のことが分かります．
1. 寄生容量C_1を小さくすればkが増加する
2. 結合容量C_2を大きくすればkが増加する
3. kは1以上にならない

● コンデンサとkQ積の関係

一方，コンデンサの単体としての良さは，コイルの場合と同様にQファクタで表します．

抵抗を逆数で置き換えたものを式(8)に示します．

$$R \rightarrow \frac{1}{R} \qquad \text{式(8)}$$

式(6)と式(8)を式(2)に代入すると式(9)が得られます．

$$Q = \omega\left[C_1 + \frac{1}{2}C_2\right]R \qquad \text{式(9)}$$

式(9)は等価回路図2(b)で出力ポートを短絡した状態で，「入力ポートから結合系を見込んだアドミタンス[注1]実部に対する虚部の比」と解釈できます．

式(7)を式(9)に乗算すると式(10)が得られます．

$$kQ = \frac{1}{2}\omega C_2 R \qquad \text{式(10)}$$

式(10)が図3(b)に示した電界結合のkQ積です．参考文献(20)に詳しい説明があるので参照してください．

磁界結合と電界結合，kQ積との関係を表1に示します．

表1 磁界結合と電界結合の関係

	電界結合	磁界結合
結合係数k	$\dfrac{C_2}{2C_1 + C_2}$	$\dfrac{M}{L}$
Qファクタ	$\omega\left[C_1 + \dfrac{1}{2}C_2\right]R$	$\dfrac{\omega L}{R}$
kQ積	$\dfrac{1}{2}\omega C_2 R$	$\dfrac{\omega M}{R}$

3．伝送周波数

● WPTシステムの周波数はISM帯を使う

WPTシステムでよく使われる周波数は"ISM帯(Industry Science Medical Band)"と呼ばれています．

「WPTシステムを新しく開発したいのだが，周波数をどのあたりにするのがよいか」という質問をよく受

注1："アドミタンス"は「交流回路での電流の流れやすさ」を表す．逆に，"インピーダンス"は「交流回路での電流の流れにくさ」を表す．つまり，アドミタンスYはインピーダンスZの逆数になる．

$$Y = \frac{1}{Z}$$

また，インピーダンスと同様にアドミタンスも複素数で表示(フェザー表示)できる．

$$Y = \frac{1}{R + jX} = G + jB$$

ここで，実数部Gは**コンダクタンス**(電気伝導)，虚数部Bは**サセプタンス**(変位電流の流れやすさ)である．

特集　EVと電池の充電・放電・給電

けます．WPTはどの周波数でも使えるわけではありません．システムを運用するためには，既存の放送電波や無線通信に与える干渉についても注意が必要です．

● 広い帯域の中で分散しているISM帯

　ISM帯は1つの帯域のみではなく，いろいろな周波数帯域に置かれています．日本のISM帯を**表2**に示します．
　これに加えて最近では13.56MHzの2分周である6.78MHz帯を電界結合の周波数として認めた例があります［**写真3(b)**］．

● 周波数の選択

　WPTのハードウェアを作る場合，kHz帯（長波）とMHz帯（短波）は一長一短です．
　kHz帯の利点は，安価に普及しているシリコン半導体を電源回路や整流回路に使えることです．
　MHz帯の利点は，結合器が軽量であることです．コイルやフェライトなどの電子部品が小型化できます．寸法や重量の制約があるドローンなどに向きます．

● MHz帯のWPT用半導体

　MHz帯のWPTシステムに有用な縦型ワイドバンド・ギャップ化合物半導体[18]が急速に発展しました．
　MHz帯で電力変換効率を上げるために，高い耐圧と高速スイッチング性を備えており，MHz帯の周波数で鋭く応答します．

4. 電界結合方式WPTのシステム開発例

■ 4.1　携帯電子機器
　　　　　　　＜WPT出力：10W級＞

● 携帯器用の充電器をWPTで実現

　2000年代に入ると携帯端末の普及に伴い，ワイヤレス充電の研究が始まりました．
　2011年秋には日立マクセルからiPad2用のワイヤレス充電器「エアボルテージ」が登場しました．エアボルテージに使われているWPTモジュールは村田製作所が開発しました．

表2　産業科学医療用周波数（ISM帯）
多くのWPTシステムでこのISM帯が使われている

	中心周波数	帯域幅	波長
1	13.56 MHz	14 kHz	22 m
2	27.12 MHz	326 kHz	11 m
3	40.68 MHz	40 kHz	7 m
4	2.45 GHz	100 MHz	122 mm
5	5.8 GHz	150 MHz	52 mm
6	24.125 GHz	250 MHz	12 mm

● 磁界結合方式から電界結合方式に変更

　日立マクセルは，iPhone 4の磁界結合ワイヤレス充電器を発売していましたが，パワー不足が原因でタブレット端末を充電できませんでした．解決策は，WPT方式の変更です．磁界結合から電界結合に変わりました．
　電界結合により，DC-DCコンバータの電力効率が70％，出力電力が10Wの充電器が作れました．よって，iPad2へのWPT充電が可能となりました（**写真2**）．
　電界結合方式の特徴を生かして，電極部が薄い，発熱が少なくバッテリに優しい，位置自由度が高い，機器に組み込みやすい，給電エリアが広い，電波干渉が少ない製品ができあがりました[2]．

■ 4.2　無人搬送ロボット
　　　　　　　＜WPT出力：50～100W級＞

● 工場内の搬送ロボット用のWPT

　WPTの出力が百W級になれば応用先がさらに広がります．その1つに生産工場内の無人搬送ロボット（AGV：Automatic Guided Vehicle）があります．
　AGVは，**図4**に示すような製造現場で工程間の機器搬送や製造ラインへの部品供給の搬入システムとして活躍しています．

● レールを使う高速移動ロボット用のWPT

　イー・クロス・エイチは，**写真3(a)**に示す「リニアスライダー」を試作しました．直線のレール上をモータ駆動の移動台車が往復走行します．台車の下面

（a）タブレット端末　　　（b）電界結合WPTの量産モジュール

写真2　携帯機器のワイヤレス充電（村田製作所ニュースルームから）

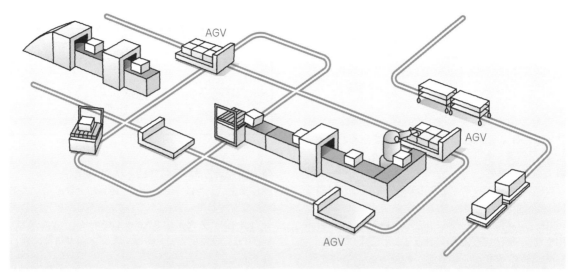

図4 製造現場でバッテリ式AGVが忙しく稼働している

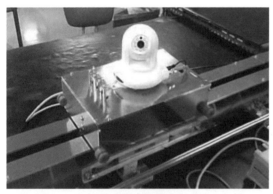

(a) リニアスライダー

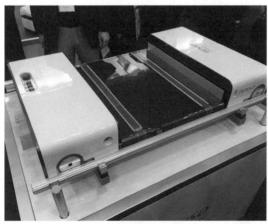

(b) 高速搬送ロボット「D-Depot」

写真3 電界結合WPTで工場内を走行するAGV

に平板の電極があり，レールと電界結合しています．電界結合により2MHzの伝送周波数で50Wの電力がレールから走行中の台車へ供給されます．

このシステムは，漏洩同軸線路を使う通信系も備えており，台車搭載カメラで捉えた画像をレール側へ伝送できます．

● WPTのハイパワー化の試み

豊橋技術科学大学とデンソーは電界結合をハイパワー化する共同研究を重ね，ワイヤレス給電で走る小型の高速搬送ロボットを開発しました．特徴は，送電レールを2枚の受電板で挟み込むサンドイッチ型電界結合構造[11]です．荷重による車体の上下方向の振動の影響を抑えることができます．伝送周波数は6.78MHzで走行中の給電は100Wを達成しました．

モータ駆動とバッテリ充電が同時にできるので，工場の稼働率を向上できます．

デンソーは，これを製品化し，新型AGV「D-Depot」を国際ロボット展2017に出展しました．D-Depotの走行性能を披露した様子を写真3(b)に示します．自社工場での利用と他社への販売を計画しています．

■ 4.3 電気自動車 ＜WPT出力：kW級＞

● EV用1kW級WPT給電システム

電気自動車(EV)の背面から非接触で高周波を伝送する実験が古河電工で行われました(写真4)．

寸法458×220mmの2つのアルミ板電極を70mm開けて対向させ，電力伝送は1kWに達しています[17]．電界の漏洩を低減するため，電極周囲をアルミケースで覆っています．電界結合なので，大型フェライトで磁気シールドする磁界結合に比べて，大幅に軽量化できます．

特集　EVと電池の充電・放電・給電

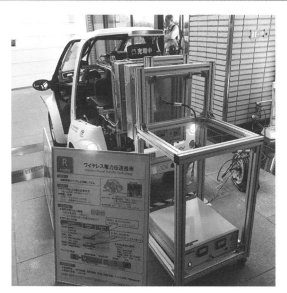

写真4　電界結合でEVのバッテリを充電

（a）鉄板レール埋設の工程
（この上をアスファルトで全面舗装する）

● 充電時間問題の解決には走行中の給電が決め手

　EVの普及を妨げる原因は充電の手間と充電時間の長さです．EVで長距離を走行するには，充電ステーションでの長時間の給電が必要です．

　搭載バッテリの性能が上がり大容量になるほど充電時間が長くなります．

　ガソリン車だと数分の給油で満タンになり，東京から大阪くらいまでの距離を走行できます．同じ距離をEVで走行するには約100kWhのエネルギーが必要です．停車中に数分で満充電するためには，数MW（メガワット）を超える電力設備を準備しなければなりません．この問題を根本的に解決するのが，走行中に給電するという発想です．

● タイヤ経由でWPTを実現

　走行中の給電を実現するには，道路に沿って連続的に給電できる方式が望まれます．

　理由は停車中の充電用に開発されたWPT送電器を離散的に並べるという構成だと，短時間の急速充電と同じ問題から脱却できないからです．

　連続的に給電できる方式を実現する突破口として「タイヤ経由電力伝送（V-WPT）」が提案されました．現在，豊橋技術科学大学と大成建設が実証研究を進めています．

● テスト・コースでの実験

　テスト・コース施工中の様子を写真5（a）に示します．2枚の長尺の鉄板をレールのように敷設し，その上をアスファルトで舗装します．走行中のタイヤのスチールベルトと鉄板レールの間に生じる静電容量を利用して電力を伝送します．

　走行中に連続的に給電できているかどうかを観測す

（b）走行中の集電連続性を示すメータを
コックピットに取り付ける

（c）バッテリーレスEVが快走

写真5　連続給電走行の実証［参考文献（15）から転載］

るため，写真5（b）に示す電圧計と電流計を運転席に設置しました．ワイヤレス電力だけでモータ駆動するのでEVから車載用のバッテリを取り外しました．

　埋設した鉄板に13.56MHzの高周波電力を加えた瞬間を写真5（c）に示します．報道カメラが見守る中，改造EVが力強く加速しました(15)(16)．

（a）全国の高専や大学，企業の自作WPT電車が勢ぞろい

（b）トーナメント決勝戦：豊橋技科大チーム（左）と岡山大チーム（右）

写真6　世界初のプラ電車ワイヤレス給電走行レース（写真提供：電子情報通信学会WPTコンテスト委員会）

5. 若者たちの熱き戦い

● プラ模型を使用したWPTレース

　2018年春に東京電機大学で開催された，世界初のプラ電車ワイヤレス給電走行コンテストの様子を写真6に示します．全国から高専生や大学生，プロのエンジニアなど計15チームが自作のWPT電車を持参で集まり，スピードを競いました．コンテストの概要を表3に示します．

● MHz帯の電界結合方式

　WPT電車で試みられた工夫は超高kQコイル，超軽量平面電極，コリニア・アレー結合，最短ポアンカレ距離整合（コラムC）などです．

　参加チームの多くがkHz帯の磁界方式を使いました．トーナメント決勝戦の結果，MHz帯の電界結合

コラムC 「ポアンカレ距離」って何?

◆ 電源と負荷をインピーダンス整合させる

電力伝送システムの性能向上に有効な技術に"インピーダンス変換"があります.電源と負荷をインピーダンス整合させることで,伝送効率を最大限に高められます.

特に移動体への電力などでは,負荷インピーダンスが時間的に変動する場合があります.インピーダンスの変動量を定量的に表現する方法を考えてみます.

◆ インピーダンス変換回路

負荷Z_1をインピーダンス$\hat{Z}_1$に変換するような無損失LC回路を考えます[図B(a)].

これをスミス・チャートにプロットした例を図B(b)に示します.Z_1を黒丸●,$\hat{Z}_1$を白丸○で表示します.図中の破線は,LC回路を挿入したことによってたどるインピーダンス変換の軌跡です.

◆ 負荷が変動したとする

この状態で何らかの理由により負荷がZ_1からZ_2へ変動したとします.それに伴って,LC回路を右から見込んだ入力インピーダンスも変動します.これを$\hat{Z}_2$と書くことにします.

負荷変動の大小を数値的に比較するにはどうすればよいでしょうか.

◆ ユークリッド距離

2つの黒丸●の間隔($Z_1 - Z_2$間)に比べて2つの白丸○の間隔($\hat{Z}_1 - \hat{Z}_2$間)がかなり広がったように見えます.このような見掛けの距離のことを"ユークリッド距離"といいます.

スミス・チャート上のユークリッド距離は,負荷変動の大小を測る物差しとして使えないことがこの例で明らかです.そこで登場するのが"ポアンカレ距離"です.

◆ ポアンカレ距離とは

2つのインピーダンス$Z_1 - Z_2$間のポアンカレ距離$D(Z_1, Z_2)$は式(A)で得られます.

$$D(Z_1, Z_2) = \log \rho \quad \cdots\cdots 式(A)$$

ここでρは式(B)のように表します.

$$\rho = (1+\gamma)/(1-\gamma) \quad \cdots\cdots 式(B)$$

さらにγはZ_1とZ_2から,式(C)で計算できます.

$$\gamma = |(Z_1 - Z_2)/(Z_1 + Z_2{}^*)| \quad \cdots\cdots 式(C)$$

2本の縦線は複素数の絶対値,添字のアスタリスクは共役複素数を意味します.

◆ インピーダンス変換回路が無損失のとき,ポアンカレ距離は…

先ほど示したスミス・チャートでは黒丸●の間隔より白丸○の間隔が広く見えましたが,これをポアンカレの物差しで測るとまったく同じ距離になります.数式で書くと式(D)となります.

$$D(\hat{Z}_1, \hat{Z}_2) = D(Z_1, Z_2) \quad \cdots\cdots 式(D)$$

つまり,負荷にどのようなインピーダンス変換回路を付加しても,回路が無損失である限り,負荷変動の影響を大きくしたり小さくしたりできません.

◆ インピーダンス変換で損失があると…

変換回路内部に損失を含ませるとポアンカレ距離が短くなり,式(E)のように表せます.

$$D(\hat{Z}_1, \hat{Z}_2) < D(Z_1, Z_2) \quad \cdots\cdots 式(E)$$

つまりアッテネータ(ダンパ)を挿入すれば負荷変動を抑圧できます.

高周波の分野では,式(B)のρは"**電圧定在波比(VSWR)**",式(C)のγは"**電圧反射係数**"と呼ばれています.要するに,$VSWR$の対数がポアンカレ距離なのです.この続きは文献(22)をご覧ください.

例えば,走行中の電気自動車に高周波で給電するとき,走行状態によってモータの回転速度や加速度が複雑に変動します.負荷インピーダンスの変動を正確に測ることが重要となるシステム設計現場でポアンカレ距離が有効となります.

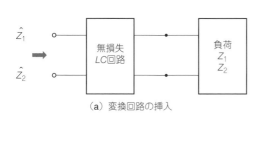

(a) 変換回路の挿入

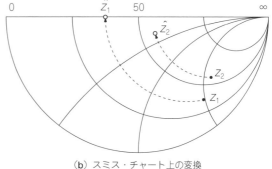

(b) スミス・チャート上の変換

図B 無損失LC回路によるインピーダンス変換

表3　コンテストの概要

使用車両	プラスチック模型電車（電池レス）
走行コース	直線水平プラスチック・レール
走行距離	1500 mm
WPT方式	電界結合・磁界結合・アンテナ結合など
電源	直流電圧12V 出力電流1A
伝送周波数	45 Hz～3 THz

方式を用いた「岡山大学マジカルウィング号」が優勝しました．優勝の決め手は，巻き線コイル式に比べて，構造がシンプルで機体を軽量化できた電界結合型だからです．

まとめ

　磁界結合から始まり，電界結合WPTへと理論を展開しました．電界は磁界の双対であると捉えることで，等価回路も kQ 積も関係が明らかになります．本文で紹介しきれなかった報告例と参考文献を年代順に稿末に示します．

　研究が先発した磁界結合に比べると件数こそ少ないものの，その内容は携帯機器から電気自動車まで，電界結合の大電力化は磁界結合を凌ぐ勢いです．

　近い将来，電界結合がWPT方式の主流となることを確信して鉛筆を置きます．

謝辞　写真を提供していただいたイー・クロス・エイチ 原川健一様，古河電工 増田満様，電子情報通信学会WPTコンテスト委員会に謝意を表します．

◆参考文献（年代順）◆

（1）原川健一；電界結合によるワイヤレス電力伝送，グリーン・エレクトロニクス no.6, pp.34-34, Sept. 2011, CQ出版社．
（2）電界結合方式ワイヤレス電力伝送モジュールの量産開始；村田製作所プレスリリース
https://www.murata.com/ja-jp/about/newsroom/news/application/energy/2011/0928
https://www.murata.com/ja-jp/about/newsroom/techmag/metamorphosis16/customer
（3）小丸 尭；電界結合を用いた無線電力伝送における結合係数の位置特性評価，電子情報通信学会技術報告 WPT2013-15, pp.20-24, July 2013.
（4）大平 孝；電化道路電気自動車，自動車技術，特集：進化する道路関連技術 vol.67, no.10, pp.47-50, Oct. 2013.
（5）藤岡友美；建物内電化フロア構造の実験的検討，電子情報通信学会技術報告 WPT2014-44, vol.114, no.246, pp.43-46, Oct. 2014.
（6）原川健一；電界結合による回転系スライド系への非接触電力供給，グリーン・エレクトロニクス no.17, pp.28-45, Dec. 2014, CQ出版社．
（7）広瀬優香；電界結合方式によるEVへの給電，グリーン・エレクトロニクス no.17, pp.46-49, Dec. 2014, CQ出版社．
（8）佐藤孝彦；電界結合方式ワイヤレス給電装置の製作，グリーン・エレクトロニクス no.17, pp.50-59, Dec. 2014, CQ出版社．
（9）鈴木良輝；バッテリーレス電動カート連続給電走行のための右手左手複合系電化道路，電子情報通信学会論文誌 vol.J99-C, no.4, pp.133-141, March 2016.
（10）遠藤哲夫；電界結合方式を利用した走行中給電技術の開発，電設技術 no.764, pp.94-98, July 2016.
（11）宮崎基照；工場内自動車部品搬送システムのための平行平板型電界結合器，電子情報通信学会技術報告 WPT2016-40, vol.116, no.321, pp.19-23, Nov. 2016.
（12）原川健一；電界結合による非接触電力供給の技術，グリーン・エレクトロニクス no.19, pp.70-77, April 2017, CQ出版社．
（13）大平 孝；ワイヤレス結合の最新常識 kQ 積をマスタしよう，グリーン・エレクトロニクス no.19, pp.78-88, April 2017, CQ出版社．
（14）崎原孫周；電動ビークル走行中給電のためのモルタル舗装電化フロア，電子情報通信学会論文誌 vol.J100-A, no.6, pp.219-227, June 2017.
（15）崎原孫周；電気自動車へワイヤレス給電するための道路インフラ：電化道路の開発，大成建設技術センター報 no.50, p.14, Dec. 2017.
（16）大平 孝；電化道路：自動車の電動化に向けた走行中給電インフラ，EHRF 高速道路と自動車 vol.61, no.2, pp.5-8, Feb. 2018.
（17）増田 満；電界共鳴による電気自動車への大電力給電，古河電工時報 vol.137, pp.20-27, Feb. 2018.
（18）原 邦彦；SiC要素技術研究と低ON抵抗SiCECMOSFETの開発，電気学会電気技術史研究会資料 HEE-18-6, pp.31-39, Jan. 2018.
（19）大平 孝；ワイヤレス電力伝送の基礎，RFワールド no.43, pp.17-29, July 2018, CQ出版社．
（20）T. Ohira；"Power transfer theory on linear passive two-port systems (invited)", IEICE Transactions on Electronics, vol.E101C, no.10, pp.719-726, Oct. 2018.
（21）富井里一；kQ積測定機能のご紹介と7MHz帯ヘリカルMLAによるWPT実験，RFワールド no.44, pp.111-121, Nov. 2018, CQ出版社．
（22）大平 孝；スミスチャートの縮尺とポアンカレ距離，電子情報通信学会誌 vol.102, no.4, April 2019.

筆者紹介　　大平 孝（おおひら たかし）
豊橋技術科学大学 未来ビークルシティリサーチセンター長
1983年　大阪大学博士課程修了．工学博士．
NTT横須賀研究所にて衛星さくら4号・きく6号・きく8号搭載GaAs MMICの設計を担当．
2005年　ATR波動工学研究所長．
現在，豊橋技術科学大学教授・未来ビークルシティリサーチセンター長．
IEEE MTT-S Kansai Chapter Founder. IEEE MTT-S Nagoya Chapter Founder. IEEE Distinguished Lecturer. IEEE Fellow. IEICE Fellow. URSI Fellow. 電子情報通信学会ワイヤレス電力伝送コンテスト委員長．

第9章

～将来のEV普及の必須技術となる～

走行中給電が必要な理由

畑 勝裕／居村岳広／藤本博志／佐藤 基／郡司大輔

EVがグローバルに普及することは，ほぼ間違いないだろう．EVの最大の欠点は，ガソリン車と比べて航続距離が短いことだ．それを長くする簡単な方法は電池をたくさん積むことだが，重い車両となり，エコでなくなるし，充電時間も長くなる．そこで，「走行中給電」が普及すると，これらの問題は解消されるという．　　　　　　　　　　　　　　　　　（編集部）

はじめに
―EVの課題は航続距離と充電時間

● クルマの排出する二酸化炭素を減らすには

地球温暖化を含む環境問題への対策の1つとして，地球規模での二酸化炭素の排出削減が喫緊の課題です．その中で，図1に示すように日本でもクルマが排出する二酸化炭素は大きな割合です．特に，自家用乗用車の二酸化炭素排出量（図2）がバスや鉄道より大きいためから，人を運ぶ手段としてエネルギー効率が悪いことが見て取れます．

● 本当にEVはエコなのか？

では，EVが本当にエコなのか，あらためて考えてみましょう．

図3はガソリン車とPHEV/EVの二酸化炭素排出量を示し，Well to Tankは一次エネルギーの採掘からクルマに供給するまで，Tank to Wheelはクルマに搭載してから走行するまで，すなわち走行時の二酸化炭素排出量を意味しています．

これより，EVは走行時，すなわちTank to Wheelの二酸化炭素排出量がゼロであり，このことからゼロ・エミッション車（Zero Emission Vehicle：ZEV）と呼ばれます．しかし，ここで重要なのはWell to Tankも含めたWell to Wheelの二酸化炭素排出量ですが，これでもEVはガソリン車を大きく上回る性能を示しています．

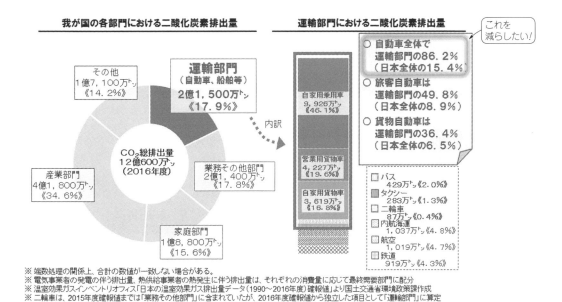

図1　日本の二酸化炭素排出量における運輸部門が占める割合（2016）[1]

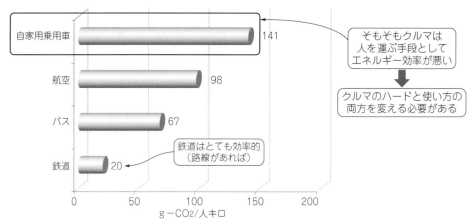

図2　日本の輸送量当たりの二酸化炭素排出量[1]

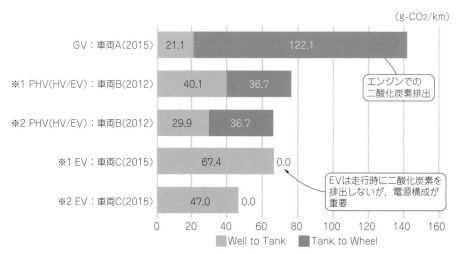

図3　ガソリン車とEVの二酸化炭素排出量[5]

　もちろん，EVのエネルギー源の電気が原子力発電に頼れないとなると，火力発電の比率が高まるかもしれません．しかし，電気は多種多様な方法で作ることができ，再生可能エネルギーなどを電源とする電力インフラも今後急激に整備されると思われます．すでに欧州ではその傾向が顕著に表れています．もちろん，電気の全てを火力発電に頼るとしても，二酸化炭素排出量はEVの方がガソリン車よりもずいぶん少ないことは変わりありません．

　このようなことからクルマの電動化は必然の流れといえるでしょう．

● EVの課題はやはり航続距離と充電時間

　それではクルマを全て電動化してEVにしてしまえばよいかというと，そんなに簡単なものでもありません．やはりクルマは交通手段であって，効率的なエネルギー利用以上に快適な移動を提供できなければなりません．

　現状のEVが普及しない最も大きな要因は短い航続距離と長い充電時間でしょう．日本では量産EVとして三菱i-MiEVや日産リーフなどが市販されてから一定の期間が経ちますが，予測ほどの普及は実現されていません．このことから，利用者はEVに対してまだまだ抵抗があり，何となく不足があると感じているのが現状ではないでしょうか．

● EVが普及する条件は

　今のEV開発は1に電池，2に電池，3に電池といったように，電池・電池・電池といった開発ばかりのように感じられます（少なくとも最近までは）．確かに，航続距離の短さ，充電時間の長さ，耐久性やコストなどはバッテリの性能限界によるものが大きいためです

特集　EVと電池の充電・放電・給電

が，解決策はそれだけなのでしょうか．

本稿ではEVの諸問題を解決する方法と私たちが真に取り組むべき課題について示したいと思います．その中で私たちが目指す究極のEVについて紹介し，これまでの研究開発の成果について示していきます．

1. 電池残量を気にしないEVとは？

● 3つの方策が考えられる

高性能電池の開発以外に，これまでに3つの手段の開発が進められています（図4）．しかし，これまで注力されてきたのは図中1の「バッテリ開発」がほとんどで，2の「急速充電」や3の「走行中給電」は最近になって具体的な動きが出始めたところです．

本章では3つの方法について，それぞれの課題と世界的な動向について紹介します．

■ 1.1 バッテリ容量を増やす

● バッテリをたくさん積む

EVへたくさんのバッテリを搭載すれば走行できる距離も当然長くなりますが，同じ性能のバッテリを2倍積んでも航続距離は単純に2倍とはなりません．車重が重くなれば走るのに必要なエネルギーが増えてしまい，電費（燃費）が低下するのです．

航続距離を延ばすために電費を犠牲にしてしまえば，EVはエコな乗り物でなくなり，未来のクルマとしても不適切です．そのため，同じ重量でも大きなバッテリ容量を実現する次世代電池の開発が重要視されてきました．

● バッテリの高性能化

例えばEVの「リーフ」のバッテリ容量は，当初の24kWh（2010年）から30kWh（2015年）→40kWh（2017年）と急速な大容量化を達成してきました[6]．しかし，バッテリ・サイズはほとんど変わっていません．バッテリ性能が近年急成長した証です．けれども，それだけで全ての問題が解決するほど簡単でもありません．

● 充放電による寿命とコスト

まず，バッテリが化学電池である以上は寿命の課題を避けて通れません．もちろん，長寿命化も研究開発の対象といえますが，大容量・高出力・長寿命と全てを兼ね備えたバッテリの開発は極めて難しいといえるでしょう．

また，高性能バッテリをたくさん積むことで車両購入時の初期コストが増えることも明らかであり，数年後に訪れるバッテリ交換までを考えると，利用者への負担はかなり重くなります．さらに，大量の使用済バッテリのリサイクル・リユースも大きな課題です．

● 誰がバッテリを作るのか

以上は，使う際あるいは使った後の課題ですが，それ以前にバッテリを作る際の課題も重要です．世界的な電動化の流れを受ければ，新車用/交換用バッテリはその量が膨大になり，高性能・高品質のバッテリをいかに大量に製造・供給すればよいのでしょうか．

例えば，世界の年間生産台数の約20％に相当する2000万台のクルマが40kWhのバッテリを搭載すると，年間800GWhものバッテリが必要になります．これは2016年の市場規模の17倍に相当し，米国テスラのギガファクトリ（図5）が23個分も必要となります．さらに交換用のバッテリが加わるとなれば，これだけの量を一体誰が供給するのでしょうか．

● レアメタルの資源供給リスクと次世代電池の開発

さらに，資源調達のリスクについても考えなければなりません．リチウム・イオン電池で使われているリチウムやコバルトなどのレアメタルが，需要の急増から価格が高騰しはじめています．これらの資源は採掘できる国が限られているため，長期的に見て安定確保が難しくなるかもしれません．

そのため，バッテリの研究開発では，なるべくレア

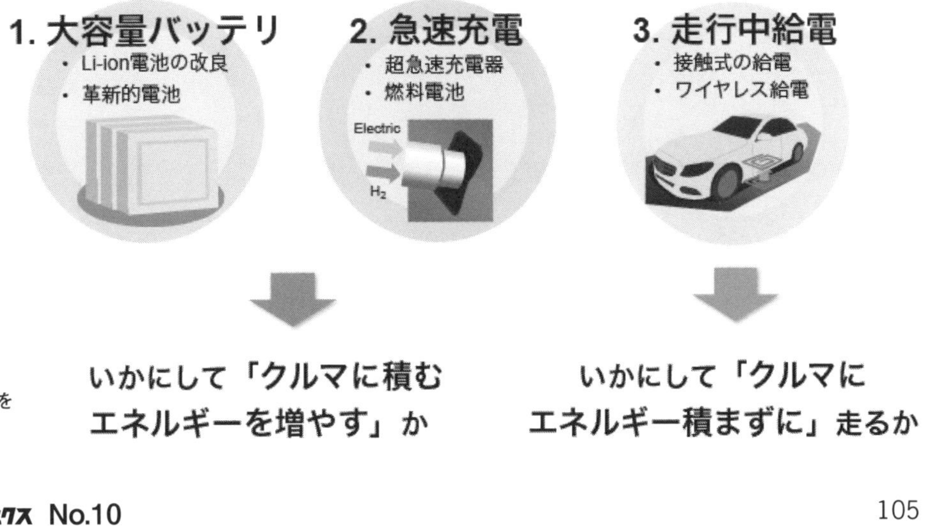

1. 大容量バッテリ	2. 急速充電	3. 走行中給電
・Li-ion電池の改良 ・革新的電池	・超急速充電器 ・燃料電池	・接触式の給電 ・ワイヤレス給電

図4
電気自動車の航続距離を延ばす3つの方法

いかにして「クルマに積むエネルギーを増やす」か　　いかにして「クルマにエネルギー積まずに」走るか

図5 テスラ・ギガファクトリの完成予想図[7]
段階的に増設予定で，完成すれば世界最大の建造物
（完成すれば年間生産能力35GWh，広さ45.5万m²）

写真1 ABBが発売した350kWハイパワー急速充電器[9]

メタルを必要としない次世代電池や全固体電池といった新たな電池技術の開発が期待されています．バッテリの性能が飛躍的に向上すれば，レアメタル資源の必要量自体も減らせるかもしれません．

● 全固体電池は高出力・大容量

ここで，全固体電池の特性について少し触れます．研究開発の方向性によっては高出力密度を重視したものや大容量に特化したものなど，その特性はさまざまです．図6に示すのは東工大・菅野教授らの研究グループが発表した全固体電池の特性で，高出力・大容量を併せ持ち[8]，キャパシタのような超急速充電にも対応できる革新的なバッテリとなるかもしれません．

● 全固体電池の普及はまだ先かもしれないが…

全固体電池は，まだ研究開発の段階にあって，コスト・品質などを考えて量産するまでにはまだまだ時間がかかりそうです．リチウム・イオン電池も，基本的な理論体系ができてからEVなどに応用されるまでに約20年もかかりました．

しかし，このような革新的な研究開発の成果によって，未来のEVは大きく形を変えるかもしれません．

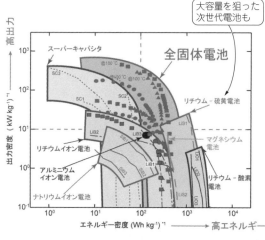

図6 高出力かつ高エネルギーを併せ持つ全固体電池の特性[8]

冒頭で述べたようにバッテリばかりの開発ではいけませんが，今後も動向に注目しておかなければいけないでしょう．

■ 1.2 さらなる急速充電器の開発

● 充電時間が極めて問題

EVが持つ課題の中で特に重要なのが「充電」技術です．バッテリ容量が増えれば増えるほど，そのぶん長い時間をかけて充電しなければなりません．そのため，この課題は米国テスラ社の車種に見るように，バッテリの大容量化で航続距離を解決しようとした場合に特に重くのしかかってきます．

● 急速充電でも待ち時間が必要

現在のEV充電器は，普通充電で数kW程度，急速充電でも50kWのものが主流です．テスラの「スーパーチャージャー」では120kWの急速充電が可能ですが，数分のうちにバッテリを満充電にするような使い方は難しいでしょう．

したがって，ガソリン車のように燃料がなくなったから，ガソリンスタンドに立ち寄って，すぐにまた出発とはいきません．

● さらなる高出力化の動きもあるが…

それではもっと高出力化すればよいのではという考え方もあるかもしれません．実際に，最近では350kWクラスの超急速充電器（写真1）なども開発されています．

しかし，これ以上の大電力化はケーブルの冷却問題や安全性，電源の確保などの課題があります．また，大電力の負荷が，いきなりつながれたり切り離されたりすると，電力系統に与える影響も極めて大きくなります．高出力の充電設備を広範囲に普及させることは難しいでしょう．

● ガソリン車の給油は桁違い!?[10]

従来のガソリン車の給油を数値的に考えます．
ガソリン1ℓ当たりのエネルギーは約34MJ，1ℓ給

特集　EVと電池の充電・放電・給電

写真2　ガソリン給油―ガソリン1ℓ34MJ，1ℓ給油2.5秒→13600kWのエネルギーの流れ

写真3　ガソリン車の給油は新幹線のフルパワーに匹敵!?[10]
―E4系新幹線の出力約13400kW→25000V×530A

油するのに約2.5秒かかるので，電力に換算すると13600kWものエネルギーの流れがあります(**写真2**)．これはJR東日本E4系新幹線(8両編成×2)の出力：約13400kW→25000V×530Aと等しく，高圧電線からパンタグラフ2個で受電している新幹線に対して，数百A程度が限度の充電ケーブルではとても敵いません(**写真3**)．

このように，EVがガソリン車と同じように充電するのはほぼ不可能ともいえるでしょう．

● 燃料電池車の可能性は？

また，EVの1つの形態として燃料電池車(Fuel Cell Vehicle：FCV)がありますが，エネルギーを急速に充填できるという観点から見れば，FCVも同じ枠組みで議論できます．

FCVの水素充填は数分程度で完了するため，これまでのガソリン車と同じような使い方が可能です．しかし，これはあくまで水素ステーションが隅々まで整備された場合の話で，すでに日本国内では世界に先駆けて100カ所が開所していますが[12]，給油所は全国で3万カ所程度も存在するため[13]，これだけの整備ができるかは疑問です．

● 「全て水素に頼る」は非現実的だが…

このことからも，FCVはあくまでクルマの電動化における1つの選択肢であって，全てのクルマをFCVに置き換えるのは難しいのではないでしょうか．水素の製造・貯蔵自体にも課題があるうえ，インフラの負担も大きくなります．

しかし，エネルギーの急速充填はFCVの大きなメリットであり，用途を適切に選べば優れた性能を発揮すると考えられます．そのため，FCVにはガソリン車や純粋なEVとは違ったFCVならではの使い方があり，それをうまく見極めて使っていくべきでしょう．

● どの程度のエネルギーを持ち運ぶべきか

これまでに述べたバッテリの大容量化と急速充電(急速充填)の技術は，いずれも長い距離を走るためにいかにクルマに積むエネルギーを増やすかという議論に終始していました．しかし，大量のエネルギーを持ち運ぶことが本当に最適なのでしょうか．

電気は作ったらすぐに使った方が賢く，ためておいて後で使うのは効率的ではありません．そのため，強固な電力網を築いてきた歴史があり，EVにおいてもどの程度エネルギーを持ち運ぶべきか，今一度立ち返って検討してみるべきではないでしょうか．

■ 1.3　走りながら給電/充電する

● 電車の航続距離はゼロ？無限大？

今のクルマは，搭載できるエネルギー量に応じて航続距離がほぼ決まります．そのため，今のEVでは搭載するバッテリ容量が航続距離を決めてしまい，これまでに大容量化と急速充電の議論ばかりがなされてきたわけです．

電車と同じように，クルマも自分自身が持つエネルギーだけでなく，インフラから受け取るエネルギーも含めて考えれば，クルマの航続距離はバッテリ容量に縛られず，新しい使い方が見えてくるのではないでしょうか．

● クルマとインフラをつなげる

ここで，走っているクルマにどうやってエネルギーを送るのか，クルマとインフラをつなげる走行中給電の技術が極めて重要になります．

特に，クルマの場合はある程度自由に走行できなければならないため，電車のように常にインフラとつながるのではなく，必要なときだけ電気を受け取って，それ以外はインフラから離れて，自分自身のエネルギーで走る必要もあります．

ここでは全てのシステムを議論することは難しいた

（a）パンタグラフ式の走行中給電（車両上部）[14]

（b）道路埋込式の走行中給電（車両下部）[15]

（c）集電アーム式の走行中給電（車体側部）[17]

写真4　接触式走行中給電技術の実証例

め，幾つかの給電方式について取り上げ，走行中給電に関する世界的な動向を紹介します．

2. 走行中給電の技術

■ 2.1　接触式給電への挑戦

● 大電力かつ高効率な接触式

はじめに，接触式の走行中給電技術について示します．接触式では，電車と同じようにインフラとクルマの集電機構を利用し，接点を介してエネルギーを送るため，大電力化しやすいのが最大のメリットです．特に，大電力給電が必要な大型車両などに採用する利点が大きく，合わせて高効率化も達成しやすい方式です．

考慮すべき点としては，走行中に給電部を接触させなければならないため，その接触力の取り扱いが挙げられます．また，特定の車両のみが走行する鉄道とは異なり，不特定多数のクルマが行き交う道路では走行中給電路の設置方法や安全性についても検討すべきかもしれません．

● 世界的に進む電化道路の開発

接触式の走行中給電技術は，すでに多くの実証実験が行われており，特に，スウェーデンでは**写真4（a）**と（b）に示すような電化道路が公道に敷設されはじめています[14][15]．また，The Research and Innovation Platform for Electric Roads[15]という枠組みの中で数多くの技術が検証されているほか，The 2nd International Conference on Electric Road Systems (ERS)という国際会議を2018年5月にストックホルムで開催するなど，精力的な活動が見てとれます．

このほか，ドイツのシーメンスがアメリカ・カリフォルニア州でパンタグラフ式の接触式走行中給電を実証しており[16]，日本でも本田技術研究所による集電アーム式の実証が行われています［**写真4（c）**］[17]．このホンダの方式は，前述の国際会議でも招待講演を依頼されるなど世界的な注目を集めています．

特集　EVと電池の充電・放電・給電

> **コラム　走行中給電のさまざまなメリット**
>
> ◆急速充電が与える電力系統へのインパクト
>
> 　EVの普及が電力インフラに与える影響は小さくないといわれています．その大きな問題は「急速充電」にあります．EVの充電に時間をかけたくないという要求が高まることが予想され，急速充電に進む可能性があります．
>
> 　これまでの普通充電はさほど電力も大きくなく，EVを充電したからといって電力系統に迷惑をかけることはほとんどありません．しかし，50kWの急速充電となると，一般家庭数件分もの電力をいきなり使うことになり，電源設備対策もそれなりに行う必要があります．
>
> 　そのため，急速充電器を設置している場所は限られており，それに応じた電力契約が必要です．350kWもの超急速充電ともなると，設置できる場所はかなり限定的となるでしょう．
>
> ◆走行中給電ではさほど大電力はいらない？
>
> 　一方，走行中給電は，走りながらだらだらと充電します．大型車両への給電は別途考える必要がありますが，ある程度の敷設率がカバーされていて，よっぽどの高速走行でなければ，普通乗用車の充電なら急速充電のような電力は不要なので，電力系統への影響も抑制できるでしょう．
>
> 　また，走行中給電路が広く敷設されれば，急速充電スタンドのように，局所的に大電力を使うことも減るため，負荷平準化の効果も期待できます．
>
> ◆駐車場での充電待ちがいらない
>
> 　最近ではEVの充電スタンドも広く普及し，EVが電欠で走れなくなる不安も減ってきました．しかし，EVの普及が進むにつれて，高速道路の急速充電スタンドなどでは充電待ちが発生し，タイミングが悪ければ充電の待ち行列ができてしまうかもしれません．駐車場のスペースや設置できる電源数にも限りがあるため，改善は容易ではありません．
>
> 　しかし，走行中給電は止まって長い時間にわたって充電するわけではないので，これまでのような充電待ちから解放されます．さらには，充電作業自体が不要となり，EVの利便性は飛躍的に向上するでしょう．
>
> ◆マンション居住者でもEVが乗れる!?
>
> 　最後に，走行中給電が広く普及した未来社会について考えてみます．これまで，走行中給電技術は高速道路や幹線道路に導入されることばかりが検討されてきましたが，街中などの交差点に敷設することで，自宅充電不要なスマートシティを創造できます．
>
> 　マンションに住む人たちは，これまで駐車場に普通充電器を設置するだけでも大きなハードルがありましたが，このスマートシティでは走っている間にEVは充電されるため，EV/PHEVの購入も検討できます．このことから，走行中給電技術は今後のEV化に向けて，新たな顧客を開拓するポイントとなるかもしれません．

■ 2.2　非接触式給電への挑戦

● 自由度が高い非接触式（ワイヤレス給電）

　一方で，非接触式では給電時に集電機構を接触させる必要がないため，クルマの走行だけを考えれば，運転操作をこれまでと大きく変えずに実現することができます．また，走行によるクルマの位置ずれを許容しやすくしたり，伝送方式を含めて多様なシステムを構築できたりする点は非接触式ならではの利点といえるかもしれません．

　しかし，インフラからクルマまで空間を通して給電するため，高効率伝送の実現および電磁波漏洩などの抑制が課題となります．さらに，現状では設置コストが高価になってしまうため，システムの簡単化や低コスト化が望まれます．

(1) 欧州プロジェクト：FABRIC[18]

　走行中給電技術に関するプロジェクトとして，欧州のFeasibility analysis and development of on-road charging solutions for future electric vehicles (FABRIC)がこれまでに発表した実証実験は世界的に大きなインパクトを与えています．テストサイトはフランス，イタリア，スウェーデンなどの各国に散らばっており，停車中から走行中までのワイヤレス給電技術，さらには**写真4**(a)，(b)で示した接触式走行中給電にも関わっています．

　フランス・ヴェルサイユ近郊のテストコースでは，米国クアルコム・ハロのワイヤレス給電技術を利用して，時速100kmで走行するEVに20kWもの電力を送る技術を開発しています（**写真5**）[19]．このほか，他のサイトでもさまざまな実証実験を行っており，その技術力は世界の最先端といえるでしょう．

(2) EUを中心に9カ国25企業が参加するコンソーシアム[18]

　FABRICは9カ国25企業が参加するコンソーシアム（**図7**）を母体として，総額予算は9億ユーロにも及ぶ大規模プロジェクトです．

（a）ヴェルサイユ近郊にある走行中給電路

（b）クアルコム・ハロが提供する送電ユニット群

写真5　欧州プロジェクトFABRICの実証実験[19]

参加表明している25社よりも多くの企業がプロジェクトに参画しており，実質的な規模は極めて膨大です．また，研究開発のスピードも速く，欧州の走行中給電技術を推し進めている彼らの動向は常にチェックしておかなければならないでしょう．

写真5にそこでの実証実験の様子を示します．

(3) 北米プロジェクト：SELECT[20]

北米でも大学を中心としたプロジェクトとして，Sustainable Electrified Transportation（SELECT）Research Centerが立ち上がっており，走行中給電技術については，主に米国ユタ州立大学が研究開発を行っています（写真6）[21]．

大学以外には図8に示すような企業も参画しており，こちらも欧州と同様に大規模なプロジェクトといえます．

SELECTは走行中給電技術に特化したプロジェクトではないため，自動運転や系統連系技術など多岐にわたる研究分野を対象としています．しかし，2018年2月に同大学でThe 5th Annual Conference on Electric Roads and Vehicles（CERV）という国際会議を開催し，走行中給電施設のテストコースを公開するなど，活発的な活動を行っています．

(4) 韓国や中国も進める技術開発

欧州や北米では大規模なプロジェクトが稼働しています．アジアでは今のところ，各国独自の開発が進められています．

世界に先駆けて走行中給電に取り組んだ韓国のKorea Adbanced Institute of Science and Technology（KAIST）では，電磁誘導方式の走行中ワイヤレス給電を用いたOn-Line Electric Vehicle（OLEV）の開発が行われています．中国でも大学等の多くの研究機関が実証まで含めた研究開発を行っており，最近では太

図7　欧州プロジェクトFABRICコンソーシアム[18]

写真6　米ユタ州立大学の電動バスへの走行中ワイヤレス給電[21]

図8　北米プロジェクトSELECTに参画する大学・企業[20]

特集　EVと電池の充電・放電・給電

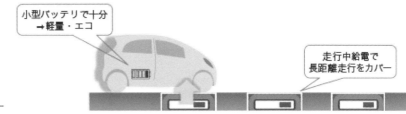

図9
少ないバッテリを走行中給電でカバー

陽電池との組み合わせも含めた，国家主導の動きも見受けられます．

■ 2.3 走行中給電はこれからの必須技術

● さまざまな方式もコンセプトは同じ

これまで示したように，走行中給電技術は世界各国で検討が進められており，それぞれの方式は違っても，「走行中のEVにインフラからエネルギーを供給する」という同じコンセプトをもとに，実用化に向けて動いています．

これらの走行中給電技術がインフラに導入されれば，EVは大量のエネルギーを持ち運ぶ必要がなくなり，少ないバッテリ容量をインフラがカバーしながら，これまでとは比べ物にならない長距離走行を実現できます（図9）．

● 走行中給電がEV社会のキー技術に

搭載するバッテリが小さくなれば，EVも軽く・エコになり，コストが抑えられるでしょう．また，電気モータの優れた運動制御も合わせれば，EVは未来のクルマにふさわしいモビリティといえます．

走行中給電に基づくEV開発は，これまでのガソリン車には不可能な，そしてこれまでのEVにも実現できなかった，まったく新しい使い方を提案しています．これまでのEVはガソリン車を代替するための手段ばかりが検討されてきましたが，走行中給電はクルマの電動化，さらにはEV化を推し進めるうえで重要なキー技術となるのではないでしょうか．

● EV社会に適した組み合わせ

本章の最後に，私たちが見据えるべき未来のEV社会について検討します．

前述したとおり，走行中給電技術がEVの使い方を大きく変えることは明らかです．しかし，全ての道路を電化し，津々浦々どこでもクルマとインフラがつながることは考えにくいでしょう．また，長距離輸送に使うクルマと街中を走行するクルマでは使われ方が大きく異なるうえ，交通量の多い主要な幹線道路と山間部の細く長い道路を整備するのでは，インフラ構築にかかるコストや設備の利用率も違います．

これらクルマの用途や地域性なども考慮に入れれば，どれか1つの手段を選ぶのではなく，これまでに挙げた3つの方法を適切に組み合わせていくべきではないでしょうか．さらに，インフラが切り替わる過渡期にはさまざまな技術が必要なため，多面的な研究開発も必要です．真に必要な技術は何なのか，きちんと見極めることが重要でしょう．

◆参考文献◆

(1) 国土交通省，「環境：運輸部門における二酸化炭素排出量」
http://www.mlit.go.jp/sogoseisaku/environment/sosei_environment_tk_000007.html
(2) 環境省，「日本の約束草案（2020年以降の新たな温室効果ガス排出削減目標）」
https://www.env.go.jp/earth/ondanka/ghg/2020.html
(3) 外務省，「エネルギーをめぐる国際的議論 Vol.4 IEA発行『世界の電気自動車の見通し（2017）』レポートの概要」
https://www.mofa.go.jp/mofaj/ecm/es/page25_001146.html
(4) International Energy Agency "Energy Technology Perspectives 2015"
http://www.iea.org/publications/freepublications/publication/ETP2015.pdf
(5) 経済産業省，「EV・PHVロードマップ検討会報告書」
http://www.meti.go.jp/press/2015/03/20160323002/20160323002-3.pdf
(6) 日産：リーフ［LEAF］Webカタログ
https://www3.nissan.co.jp/vehicles/new/leaf.html
(7) テスラ ギガファクトリー
https://www.tesla.com/jp/gigafactory?redirect=no
(8) 東工大ニュース，「超イオン伝導体を発見し全固体セラミックス電池を開発─高出力・大容量で次世代蓄電デバイスの最有力候補に─」
https://www.titech.ac.jp/news/2016/033800.html
(9) ABB，「ABBは初の350kWハイパワーEV充電器を発売し，eモビリティを追求」
http://www.abb.com/cawp/seitp202/c2a0e87d9fcb1bd8c125827c0032639e.aspx
(10) 久保登，「超小型電気自動車が作る未来」，次世代自動車産業研究会8月度技術者会講演資料, 2017.
(11) トヨタ自動車MIRAI　https://toyota.jp/mirai/
(12) 経済産業省，「世界に先駆けて水素ステーション100か所が開所します」
http://www.meti.go.jp/press/2017/03/20180323004/20180323004.html
(13) 経済産業省，「平成28年度末揮発油販売業者数及び給油所数を取りまとめました」
http://www.meti.go.jp/press/2017/07/20170704007/20170704007.html

(14) SCANIA, "World's first electric road opens in Sweden" https://www.scania.com/group/en/worlds-first-electric-road-opens-in-sweden/
(15) Research and Innovation Platform for Electric Roads, http://www.electricroads.org
(16) SIEMENS, "Press release – Siemens demonstrates first eHighway system in the U.S.", https://www.siemens.com/press/en/pressrelease/?press=/en/pressrelease/2017/mobility/pr2017110069moen.htm&content[]=MO
(17) 田島孝光, 中里喜美, 和地雄, 「450kW走行中充電システムの研究」, 自動車技術会学術講演会講演予稿集, No. 90, 2018.
(18) Fabric – Fabric EU Project, https://www.fabric-project.eu/
(19) Qualcomm, "From wireless to dynamic electric vehicle charging：The evolution of Qualcomm Halo [video]" https://www.qualcomm.com/news/onq/2017/05/18/wireless-dynamic-ev-charging-evolution-qualcomm-halo
(20) SELECT：Sustainable Electrified Transportation Center, https://select.usu.edu/
(21) Utah State University, "New Electrified Transportation Research Center Opens at USU", https://engineering.usu.edu/news/main-feed/2016/select-open

筆者紹介

畑 勝裕（はた かつひろ）

東京大学大学院 新領域創成科学研究科 先端エネルギー工学専攻／日本学術振興会 特別研究員（PD）

堀・藤本研究室（http://hflab.k.u-tokyo.ac.jp/main_ja.html）

1990年11月5日生. 2013年9月 茨城工業高等専門学校産業技術システムデザイン工学専攻修了. 2015年9月 東京大学大学院新領域創成科学研究科先端エネルギー工学専攻修士課程修了. 2018年9月 同大学院工学系研究科電気系工学専攻博士後期課程修了. 博士（工学）. 2016年4月より日本学術振興会特別研究員（DC1, 学位取得に伴いPD）. 主として電気自動車の走行中ワイヤレス給電技術やパワーエレクトロニクス応用に関する研究開発に従事. IEEE, 電気学会, 自動車技術会, 電子情報通信学会 各会員.

居村 岳広（いむら たけひろ）

東京大学大学院 工学系研究科 電気系工学専攻 特任講師

1980年8月11日生. 2005年3月 上智大学理工学部電気工学科卒業. 2007年3月 東京大学大学院工学系研究科電子工学専攻修士課程修了. 2010年3月 同大学院工学系研究科電気工学専攻博士後期課程修了. 博士（工学）. 同年4月より同大学大学院新領域創成科学研究科 客員共同研究員. 同年9月 同助教. 2015年9月 同大学院工学系研究科特任講師. 2015年 電気学会産業応用部門論文賞, 2017年 IEEE Trans. PE 最優秀論文賞などを受賞. 現在, 電磁共振結合, 電磁共鳴を用いた電気自動車や電気機器へのワイヤレス電力伝送の研究に従事. IEEE, 電気学会, 自動車技術会, 電子電気通信学会 各会員.

藤本 博志（ふじもと ひろし）

東京大学大学院 新領域創成科学研究科 先端エネルギー工学専攻／大学院 工学系研究科 電気系工学専攻 准教授

1974年2月3日生. 2001年 東京大学大学院工学系研究科電気工学専攻博士課程修了. 博士（工学）. 同年長岡技術科学大学工学部電気系助手. 2002年8月より1年間, 米国Purdue大学工学部機械工学科客員研究員. 2004年 横浜国立大学大学院工学研究科講師. 2005年 同助教授, 2007年 同准教授. 2010年 東京大学大学院新領域創成科学研究科准教授. 制御工学, モーションコントロール, マルチレート制御, ナノスケールサーボ, 電気自動車の運動制御, モータとインバータの高性能制御, ビジュアルサーボに関する研究に従事. 2001年および2013年 IEEE Trans. IE 最優秀論文賞, 2010年 Isao Takahashi Power Electronics Award, 2010年 計測自動制御学会著述賞, 2016年 永守賞大賞, 2017年 IEEE Trans. PE 最優秀論文賞などを受賞. 計測自動制御学会, 日本ロボット学会, 自動車技術会各会員, IEEE, 電気学会各上級会員.

佐藤 基（さとう もとき）

東洋電機製造（株）研究所 技術研究部

1981年3月18日生. 2005年 長岡科学技術大学院電気電子工学専攻修士課程修了. 同年, 東洋電機製造（株）入社. 2016年9月 東京大学大学院新領域創成科学研究科先端エネルギー工学専攻博士課程修了. 博士（科学）. 2017年 IEEE Trans. PE 最優秀論文賞などを受賞. IEEE, 電気学会 各会員.

郡司 大輔（ぐんじ だいすけ）

日本精工（株）自動車技術総合開発センター　パワートレイン技術開発部

1982年10月31日生. 2007年3月 電気通信大学大学院電気通信学研究科知能機械工学専攻修士課程修了. 同年4月 日本精工（株）入社. 2015年9月 東京大学大学院新領域創成科学研究科先端エネルギー工学専攻博士課程修了. 博士（科学）. 主として電気自動車の要素技術の研究開発に従事. 2014年 電気学会産業応用部門奨励賞, 2017年 IEEE Trans. PE 最優秀論文賞などを受賞. IEEE, 電気学会, 自動車技術会 各会員.

第10章

～仕様決定からミニモデル実験まで～

ワイヤレス給電仕様のインホイール・モータ搭載EVの開発＜前＞

畑 勝裕／居村岳広／藤本博志／佐藤 基／郡司大輔

前章で，環境／エコの視点から，EVとしては「走行中給電方式」が理想だと筆者らは述べた．ここでは，それを実現する方法として，ワイヤレス給電機能を持つインホイール・モータを搭載した4輪駆動EVの開発を提案している．この章では，仕様検討に始まってミニモデルの開発までを述べる．　　　　　　（編集部）

1. 究極のEVを目指して

　この章では，筆者らが思い描く究極のEVについて紹介します．
　本誌No.8でも述べましたが，EVの利点は環境性能だけでなく，電気モータの高い応答性によって安全かつエコな走りを実現できる点にあります．さらに，各車輪にインホイール・モータを採用し，それらを独立制御することで，これまで不可能であった高度な車両運動制御を実現できます．
　本稿では「インホイール・モータ」＋「走行中給電」をキーワードとして，EVの理想形を考えます．
　また，インホイール・モータならではの新しい「走行中給電」のかたちを提案し，実際に製作した実験車両や走行中給電設備などを紹介しながら，技術的背景や実験の様子を示します．

■ 1.1　なぜインホイール・モータなのか

● 車載モータ方式とインホイール・モータ方式
　EVは電気モータを使って走行しますが，その駆動モータの搭載方法によって，①車載モータ方式と②インホイール・モータ(In-Wheel Motor：以下，IWMと略す)方式に分類できます．
　簡単に述べると，車載モータ方式は従来のエンジンを駆動モータに置き換えたもの，IWM方式は各車輪に駆動モータを搭載したものです(図1)．
● IWMによる各輪独立制御
　車載モータ方式は機械部品を介し，1つのモータ出力を各車輪に伝達します．
　一方，IWM方式は各車輪に搭載されたモータを独

図1
EVの駆動方式　　　　　　（a）車載モータ方式　　　　　　（b）IWM方式

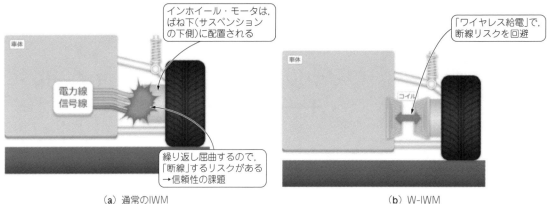

(a) 通常のIWM　　　(b) W-IWM

図2　第1世代W-IWMのコンセプト

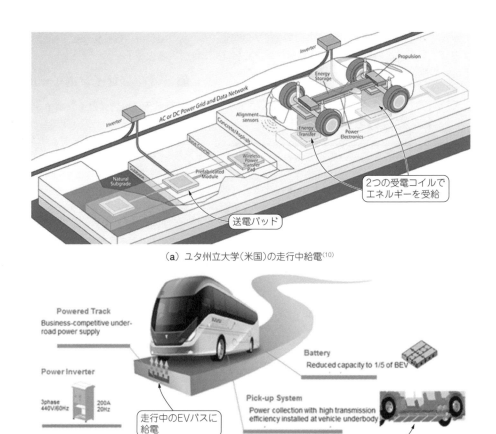

(a) ユタ州立大学(米国)の走行中給電[10]

図3　これまでの走行中給電のコンセプト

(b) KAIST(韓国)の走行中給電[11]

立して制御できるため，EVの中でも特に高い制御性を有しています．これによる高度な車両運動制御は，横滑り防止などの姿勢制御だけでなく，快適性の向上や航続距離の延長などにもつながります[1][2][3][4]．

● ワイヤレス・インホイール・モータの開発

そんなIWM方式ですが，サスペンション動作によって車体からモータに電力を送るケーブルが繰り返し屈曲するため，その信頼性が問題視されてきました．

特集　EVと電池の充電・放電・給電

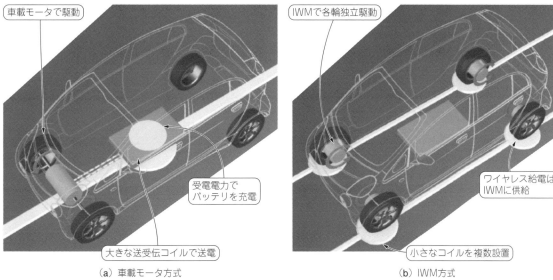

（a）車載モータ方式　　　（b）IWM方式

図4　IWMに適した走行中給電

そこで，図2に示す「ワイヤレス・インホイール・モータ（Wireless In-Wheel Motor：以下，W-IWMと略す）」は，このケーブルをワイヤレス化することで抜本的な解決策を示しました（本誌No.8も参照）．

開発したW-IWMは，

- 1輪当たり最大出力：3.3 kW
- 電力変換回路を含む伝送効率：94.3 %

を達成しました[5][6][7]．また，W-IWMを搭載したEVとして世界で初めて実車走行に成功しました[8][9]．実用化に至るにはまだまだ効率や電力の観点で研究段階ですが，EVの駆動方式としてIWM方式を採用できる可能性を示しました．

■ 1.2　新しい走行中給電のかたち

● これまでは車載モータ方式のEVが対象

接触式であっても非接触式であっても，走行しているクルマへの給電実験はすでに成功しており，実用化に向けた研究開発が進められています．しかし，いずれも車載モータ方式のEVを対象としており，接触式では車体に設置された集電機構で，非接触式では車体下部に設置された受電コイルなどで電力を受け取り，車載バッテリを充電する構成がほとんどです（図3）．

これらは，必ずしもIWM方式のEVには適していないため，私たちはIWMならではの走行中給電システムを開発することにしました．

● バッテリ充電ではなく，モータ駆動を最優先に

これまでに研究されてきた走行中給電は，一度バッテリを充電してからモータを駆動します．そのため，バッテリの充放電による損失が発生し，電力を受け取ってからモータで使用するまでの総合効率が低下してしまいました．

そのため，一部の走行中給電システムでは受け取った電力を駆動モータとバッテリへ適切に電力を分配して，エネルギーの有効利用を考えています．

本稿でも同様に，走行中給電によるエネルギーはモータ駆動を最優先に使用し，余った電力でバッテリなどを充電する手法を考えていきます．

● 道路からIWMに直接給電

IWMでは各車輪に駆動モータが搭載されるため，真っ先にエネルギーを使うのは「ばね下にある各車輪」になります．ここで，IWMの電力ケーブルの信頼性問題を避けるためにW-IWMの構成を採用するとなれば，車体下部の受電コイルでエネルギーを受けてから，さらに車体側からIWMへ向けてワイヤレス給電を行うのは効率的ではありません．

そこで，筆者らの方式では，道路のコイルから車体のコイルに給電するのではなく，道路のコイルからIWMへ直接ワイヤレス給電を行います．

これは図4に示すように，これまで車体下部の大きなコイルでピックアップしていた方式を，小さなコイルに分散させて各IWMで電力を受け取る仕組みとしています．

● 提案する走行中給電のメリット

本研究が提案するIWMならではの新しい走行中給電では，これまで検討されてきた走行中給電に比べて以下のメリットが挙げられます．

(1) 車載バッテリを介さないため，システム全体の高効率化が可能

図5
道路の凹凸や乗車人数による
ギャップの変化

(a) サスペンション変位なし
(b) サスペンション変位あり

(2) 各輪それぞれへ給電するため，路面コイル1つ当たりの出力を小さくできる
(3) IWMに受電コイルを配置するため，サスペンションが変位しても路面コイルとの距離（ギャップ）が常に一定 → ギャップの余裕を小さくできる

(1)については前述のとおりですが，(2)や(3)については補足しながら説明していきます．

● 複数コイルで受電できるため，大電力化しやすい

これまでの走行中給電でも，大電力伝送が必要な電動バスなどの大型車両には複数の受電コイルを搭載して，各コイルで受け取る電力があまり大きくならないように設計していました．提案する走行中給電でも各IWMに受電コイルを搭載するため，同様な効果が期待できます．

また，路面側に設置するコイルも左右2つに分けることで1つ当たりの出力を小さくできます．さらにIWMを4輪に搭載したEVなら路面コイル上を通過する際に前輪と後輪の受電コイルで電力を受け取れるため，1つの路面コイルを2回利用することも可能です．

● ギャップ一定でより高効率な設計が可能

これまでのように車体下部へ受電コイルを取り付けた場合には，道路の凹凸や乗車人数によってサスペンションの沈み込みが生じるため，設置する高さにある程度の余裕を持たせなければなりませんでした．また，ギャップの変動は伝送効率や受電電力を変化させるため，安定した電力供給をさらに難しくします．

一方，提案する方式ではばね下のIWMに受電コイルが配置されるため，サスペンション変位によらず，路面と受電コイル間のギャップはほぼ一定です．そのため，受電コイルを路面コイルにできる限り近づけ，無駄な余裕をなくすことでより高効率な設計が可能になります（図5）．さらには，ギャップ変動がないため，より高度な制御設計も可能です．

● クルマの走行機能を全てホイールの中に

仮に，走行中給電によるエネルギーだけでクルマが走行できれば，車載バッテリが電力を供給しなくても走り続けることが可能です．そのため，それぞれの走行中給電路の間を航続できるだけの蓄電デバイスをIWMに搭載できれば，クルマの「走る・曲がる・止まる」といった機能を全てホイールの中に持たせることができます．

以上のように「IWM」と「走行中給電」をキー技術として，未来のEVの理想形（究極のEV）を描くことができました．それでは，これらの機能を持たせた第2世代W-IWMの開発について紹介していきます．

2. 第2世代W-IWM

第1世代W-IWM（2015年）では車体とホイール間の

特集　EVと電池の充電・放電・給電

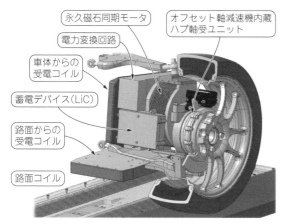

図6　第2世代W-IWMの構成

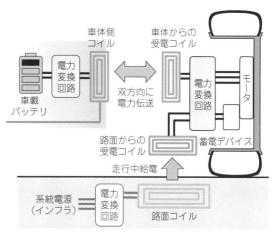

図7　第2世代W-IWMの模式図

電力ケーブルをワイヤレス化しました．第2世代W-IWM（2017年）では，これに加えて走行中ワイヤレス給電にも対応した構成を実現しました．

このほかにも，1輪当たりの出力アップ，さらには回生効率の向上を目的としてホイール内に蓄電デバイスを搭載し，これまで以上に高度なパワー・フロー制御にも取り組んでいます．

■ 2.1　システム構成

● 構造的な特徴

第2世代W-IWMのシステム構成を図6に示します．第1世代と同様に機電一体構造のIWMです．

ホイール近傍にモータと電力変換回路，および2つのワイヤレス給電コイルを配置し，各コイルは操舵時およびサスペンションのストローク時にサスペンションアームと干渉しないよう設計しました．

車体とIWM間のコイルギャップは100 mm，同様に路面とIWM間のコイルギャップも100 mmとしました．

モータ出力はハブ軸受ユニットに内蔵されたオフセット軸減速機を介してホイールにトルクを伝達しています．このほか，IWM側に蓄電デバイスを搭載した点が特徴的な構成といえます．

● 機能的な特徴

第2世代W-IWMは以下の3つの機能的な特徴を有しています．

(1) 車体とIWM間での双方向ワイヤレス給電
(2) 路面からIWMへの直接走行中ワイヤレス給電
(3) IWMに内蔵した蓄電デバイスを用いたパワー・フロー制御

このうち，(1)については第1世代W-IWMですでに実現しているため，本稿では後者2つの機能とその制御技術について紹介します．

■ 2.2　回路構成

● 磁界共振結合を基本として構成

第2世代W-IWMの模式図を図7に示します．

今回もワイヤレス給電方式として磁界共振結合方式[12][13]を利用し，共振回路としては送電側・受電側共にコイルと共振コンデンサを直列接続とするSS（Series-Series）方式を採用しています．

動作周波数はEV用途でのワイヤレス給電で標準化が進められている85 kHzとしました．

● 2つのワイヤレス給電が存在

第2世代W-IWMでは，①「車体–IWM」間と②「路面–IWM」間の2つのワイヤレス給電経路が存在します．

このうち前者は第1世代W-IWMと同じ構成で，車体–IWM間で双方向にワイヤレス電力伝送が可能です．後者は走行中ワイヤレス給電を実現するためのもので，路面コイルから電力を受け取るための受電コイルおよび共振回路を搭載しています．

磁界共振結合によるワイヤレス給電では交流（ここでは85 kHz）を使って電力伝送するため，電力変換回路の利用が不可欠です．ここでは，第1世代と第2世代の回路構成を比較してみます（図8）．

● 電力変換回路で直流⇔交流を変換

車体–IWM間のワイヤレス給電のため，第1世代でも車載バッテリの直流を交流に変換して電力伝送を行い，IWM側で受電した電力を直流に変換した後に三相PWMインバータを用いて駆動モータを制御していました．

第2世代では，この構成に加えて，走行中給電による受電電力を直流に変換する路面用のAC-DCコンバータとIWM内の蓄電デバイスを有効利用するためのDC-DCコンバータをIWM側に搭載しています．これらの制御技術については3節以降で紹介します．

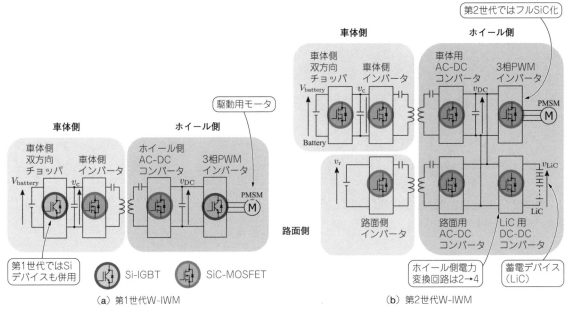

図8 第1世代および第2世代W-IWMの回路構成の比較

● 第2世代ではフルSiC化を実現

第1世代では比較的に高周波を扱う車体側インバータであるIWM側AC-DCコンバータのみにSiC-MOSFETを採用し，車体側の昇降圧チョッパとIWM側の三相PWMインバータはSi-IGBTで構成していました．

IWMの大出力化に伴い，第2世代は全ての電力変換回路にSiC-MOSFETを採用することにしました．フルSiC化によりホイール内の電力変換回路を高速動作可能にし，小型化，高出力密度化を実現しています．

● 複数のエネルギー源を利用

さらに，第2世代W-IWMではリチウム・イオン・キャパシタ（Lithium-ion Capacitor：以下，LiCと略す）をIWMに内蔵しているため，IWMの直流リンクには以下の4つのエネルギー源が接続されています．

①車体側との双方向ワイヤレス給電によるエネルギー
②路面からの走行中ワイヤレス給電によるエネルギー
③LiCが充放電するエネルギー
④モータが駆動・回生するエネルギー

そのため，これらの間のエネルギーの流れを適切に制御しつつ，直流リンク電圧を所望の値に制御（安定化）しなければなりません．

■ 2.3 エネルギーをどう受け取って走るか？

ここでは，さまざまな走行シーンにおいてどのようにエネルギーを受け取って走行すればよいのか，3つの動作状態におけるエネルギー・マネジメントの例を示します（図9）．

● 走行中給電をしているとき

図9（a）に示すように，EVが路面コイル上を走行しているときには走行中給電によるエネルギーを利用可能です．前述したとおり，最も効率良くエネルギーを使うためには負荷であるモータの駆動を最優先にします．

このとき，走行に必要な負荷電力よりも走行中給電による受電電力が大きければ，余剰の電力を使ってIWM内のLiCまたは車載バッテリ，もしくはその両方を充電しながら走行することが可能です．

ここで，車載バッテリの充電にはIWMと車体間でのワイヤレス給電が必要になるため，効率等を考慮するとLiCを積極的に利用した方が有利といえます．

● 走行中給電がないとき（普通の道路）

図9（b）に示すように，走行中給電のない道路では，走行に必要なエネルギーをLiCと車載バッテリから供給しなければなりません．このときもLiCからのエネルギーを使えばワイヤレス給電が不要なために効率的ですが，LiCの容量は車載バッテリと比較して小さいため，いつまでも放電し続けることは難しいといえます（コラムA参照）．

そのため，加速時などの高出力時には積極的にLiCを使用し，定速走行になるにつれて車載バッテリがエネルギーを供給していくのが好ましく，それに応じた制御系を構築します．

● ブレーキを掛けるとき

通常のEVと同様，W-IWMでも回生ブレーキによ

特集　EVと電池の充電・放電・給電

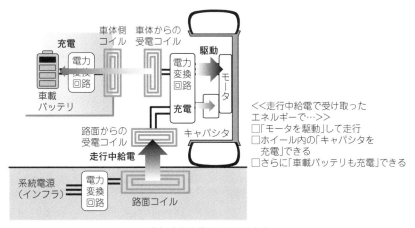

(a) 走行中給電しているとき

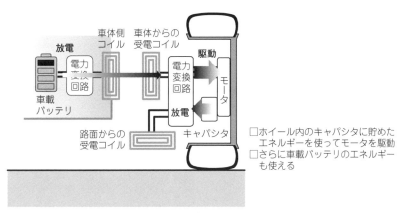

(b) 走行中給電がないとき(普通の道路)

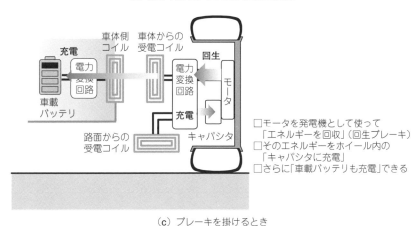

(c) ブレーキを掛けるとき

図9　第2世代W-IWMの動作例

るエネルギー回収が可能です．ここで，IWM内のLiCを積極的に充電することで，車体側へのワイヤレス給電が不要になり，減速時のエネルギーを次の加速時に効率良く再利用できます．また，電力密度に優れるLiCを使うことで，回生効率の向上も期待できます．

しかし，長い下り坂などでは，LiCのSOC(State Of Charge：充電状態)が満タンになることが起こります．そのときは，IWM側から車体側にワイヤレス電力伝送を行い，車体バッテリに回生電力を送って充電します．

コラムA　蓄電デバイスの比較

◆電池とキャパシタ

電気を蓄えるものとして，真っ先に思い浮かぶのは電池（バッテリ）ではないでしょうか．しかし，近年ではキャパシタ（コンデンサ）の大容量化が進み，電気二重層キャパシタ（Electric Double Layer Capacitor：以下，EDLCと略す）やリチウム・イオン・キャパシタ（LiC）などを蓄電デバイスとして利用する例も増えてきました．

本誌でもリチウム・イオン電池（Lithium-ion Battery：LiB）は複数回紹介されており，No.4ではEDLCが，No.5ではLiCの記事も取り上げられています．ここでは第2世代W-IWMにLiCを採用した経緯を紹介します．

◆LiCはLiBとEDLCのハイブリッド

まず，先程紹介した3つの蓄電デバイスを端的に述べてしまうと，LiBは正極と負極の両方でリチウム・イオンによる化学反応を用いた化学電池で，EDLCは正極と負極に生じる電気二重層を利用して物理的に電荷を蓄える物理電池です．

そしてLiCは，正極ではEDLCと同様に電気二重層を利用し，負極ではリチウム・イオンを用いた化学反応で電気を蓄えます．そのため，LiCはLiBとEDLCの蓄電原理を合わせ持ったハイブリッドなデバイスといえます（ただし，それぞれは独自に開発されており，LiCもLiBと同じ頃に提案されている）．

◆出力密度とエネルギー密度

蓄電デバイスを比較するうえで特に重要となるのが，出力密度[kW/kg]とエネルギー密度[Wh/kg]です．

図A.1に各蓄電デバイスの特性を示します．LiBは大きなエネルギーをためられますが，出力密度ではEDLCに劣ります．一方，EDLCは大電力を扱えるため，瞬時の充放電に適したデバイスといえます．

LiCはこれらを組み合わせた特性を持ち，出力密度はEDLCと同程度でありながら，より多くのエネルギーをためることが可能です[14]．

◆LiCの特徴と採用した経緯

また，表A.1に示すさまざまな評価項目においてもLiCは優れた特徴を持ちます．内部抵抗が小さく大電力を扱えるため，EV用途ではEDLCと同様に回生電力の回収や加速時の電力源として利用されることが多いでしょう．

第2世代W-IWMでも回生効率の向上を目的としているため，EDLCやLiCのように出力密度に優れるデバイスが適しています．しかし，ホイール内の限られたスペースに搭載するため，より大きなエネルギー密度を持つLiCを採用することにしました．

ただし，LiCには上限電圧だけでなく下限電圧も存在するため，適切なSOC制御とセル電圧管理が必要となります．本文中ではあまり取り上げませんが，これらについても研究・開発に取り組んでいます．

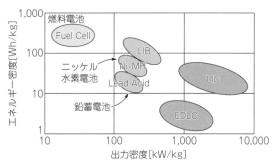

図A.1　蓄電デバイスの出力密度とエネルギー密度[14]

表A.1　蓄電デバイスの性能比較[14]

評価項目	リチウム・イオン・キャパシタ	電気二重層キャパシタ	リチウム・イオン電池
エネルギー密度	中程度（高出力時は高い）	低い	高い（特に低出力時）
出力密度	高い	高い	低い（急速充放電が苦手）
充電性能	秒単位の充放電が可能	秒単位の充放電が可能	充電に時間を要する
保守	メンテナンスフリー	メンテナンスフリー	保守管理が不可欠
安全性	安全	安全	危険性が懸念（発熱・発火）
短絡	寿命低下要因となるが安全	短絡に強く安全	短絡に弱く，危険
コスト	高出力×高エネルギー分野において安価	高出力×低エネルギー分野において安価	低出力×高エネルギー分野において安価

特集　EVと電池の充電・放電・給電

3. 制御設計とミニモデルの製作

ここでは第2世代W-IWMの制御設計について示し，小電力規模で設計した実験装置(ミニモデル)の製作とその動作実験について紹介します．

■ 3.1 ホイール側直流リンクに入出力される電力

まず，ホイール側の電力の流れ(パワー・フロー)を制御するため，直流リンクに入出力される電力を詳しく見ていきます．これらの特性に応じて各電力変換回路を適切に制御することで，所望の動作(パワー・フロー制御)を実現します．

● 電力の流れは単方向？双方向？

第2世代W-IWMのホイール側直流リンクにおける電力の流れを図10に示します．入出力される電力は下記のとおりです．

- P_{WPT}：車体側とのワイヤレス給電による電力
- P_{DWPT}：路面からの走行中ワイヤレス給電による電力
- P_{LiC}：LiCが充放電する電力
- P_L：モータを駆動/回生する電力

P_{WPT} は車載バッテリの回生充電を行うために双方向動作が必要ですが，P_{DWPT} は車両からインフラに回生せず，インフラからできる限り受電すると仮定すれば，単方向動作でもかまいません．

また，P_{LiC} はLiCを使って回生電力を積極的に出し入れするため，P_L はモータ駆動だけでなく回生ブレーキも利用するので，これらは双方向の流れとなります．

● 電力の向きを定義

単方向動作である P_{DWPT} は常に正として扱えますが，双方向動作が可能な P_{WPT} や P_{LiC}，P_L は電力の向きをきちんと定義しなければなりません．

まず，車体側とIWMのワイヤレス給電が $P_{WPT}>0$ であれば車体側からIWMに，$P_{WPT}<0$ であれば反対にIWMから車体側に電力伝送していることを表します．

またLiCが充放電する電力は，$P_{LiC}>0$ で放電，$P_{LiC}<0$ で充電していることを表します．

最後に，負荷電力を $P_L>0$ でモータ駆動，$P_L<0$ でモータ回生として定義します．

● 4つの電力源のバランスが重要

これらの4つの電力源は，いずれも電力変換回路を介してホイール側の直流リンク・コンデンサに接続されています．もし，これらの電力の間にアンバランスが生じると，直流リンク電圧があっという間に発散してしまい，安定した動作を実現できません(電力過剰では電圧が上昇/電力不足では電圧が低下)．

したがって，パワー・フロー制御では4つの電力をバランスさせることが重要であり，次式を満たすように制御を行う必要があります．

$$P_L = P_{WPT} + P_{LiC} + P_{DWPT} \quad \cdots\cdots 式(1)$$

● パワー・フロー制御以外も考慮する

これらの電力を適切に調整することでパワー・フロー制御を実装していきますが，第2世代W-IWMはそれだけでなく，モータの駆動/回生，走行中給電の受電可否，LiCのSOC管理なども考慮しなければなりません．

そのため，各電力変換回路の制御をそれぞれの役割に応じて分担し，より高度な制御系を実装していきま

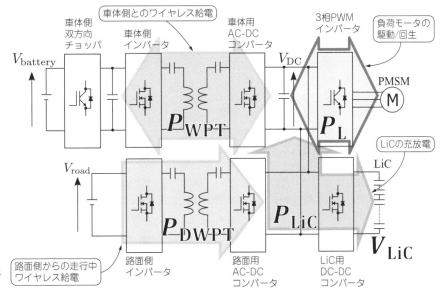

図10
ホイール側の直流リンクにおける電力の流れ

す．ここでは，要求される制御性能（応答性など）を考慮して，それぞれの役割を決定します．

■ 3.2　各電力変換回路の役割

● 三相PWMインバータはモータ制御

EVの走行性能はモータ駆動の制御性能によって決まるため，最もモータに近い三相PWMコンバータを用いてモータ制御を行うのが当然といえます．

そのため，第1世代W-IWMと同様に，他の電力変換回路によって安定化された直流リンク電圧を利用し，三相インバータによる空間ベクトル制御を用いて負荷モータを駆動します．

なお，負荷電力P_Lはドライバーのアクセル操作や路面状況などに応じて決まるため，パワー・フロー制御などの他の制御には利用できません．

● 走行中給電による電力P_{DWPT}は調整機能に欠ける

次に，走行中給電による電力P_{DWPT}を考えてみます．走行中給電が可能な区間では，送電された電力を最大限に受電すると仮定します．一方，走行中給電がない区間ではP_{DWPT}が常に0であるので，この電力を使った制御は動作できなくなります．

このことを考慮すると，P_{DWPT}による電力の調整機能はほぼなく，パワー・フロー制御には利用できません．

● 路面用AC-DCコンバータで受電ON/OFF

ただし，駆動モータの負荷出力P_Lが小さく，車載バッテリやLiCも満充電状態に近い条件では（極めて稀であるが），走行中給電による電力P_{DWPT}を不用意に受け取るとEV側で電力を消費できなくなります．この場合に限り路面用AC-DCコンバータを用い，P_{DWPT}を調整または遮断して需給バランスを保ちます．

このほか，コラムBに示す車両検知技術に対応するため，路面用AC-DCコンバータを「受電モード/待機モード」の実現に利用しますが，他の制御には利用しないこととします．

● パワー・フロー制御に適しているのは？

以上の検討より，ホイール側のパワー・フロー制御に利用できるのはLiC用DC-DCコンバータあるいは車体用AC-DCコンバータのいずれかといえます．

パワー・フロー制御では各電力のバランスを保つことが重要で，P_LやP_{DWPT}の変動を補償できる程度に速い制御が必要になります．そのため，ここでは，制御の応答性と蓄電デバイスの特性から利用する電力変換回路を選択します．

● 第1世代ではAC-DCコンバータを用いたが…

第1世代W-IWMでは，車体用AC-DCコンバータを用いて受電電力P_{WPT}を調整して電圧安定化を実現しました．しかし，電力変換回路のモード切り替えや負荷変動などによって車載バッテリの供給する電力が大きく変化してしまい，車載バッテリの負担が大きくなります．

また，ワイヤレス給電回路の過渡特性や複数の電力変換回路を経由することを考慮すると，ホイール側のみで制御した場合と比較して応答性を上げにくいことが想定されます．

● 第2世代ではLiCを使った方が得策

第2世代W-IWMでは，長寿命かつ電力密度に優れたLiCをホイール側に搭載しました．これにより，比較的高速な負荷変動をLiCに補償させることで，車載バッテリが供給する電力を低周波から定常的な動作とし，車載バッテリの負担を軽減できます．

また，LiC用DC-DCコンバータを利用して電圧制御系を構築すれば，実質的にパワー・フロー制御を実現できるので，シンプルかつ高応答な制御系を設計しやすくなります．

● LiC用DC-DCコンバータが電力収支を調整

LiC用DC-DCコンバータが直流リンク電圧を安定化しているとき，直流リンクにおける入出力電力は過不足がない状態となるため，これらの電力収支は式(1)を満たします．

このとき，LiCに入出力される電力P_{LiC}は他の電力に応じて次式のように決まります．

$$P_{LiC} = P_L - P_{WPT} - P_{DWPT} \quad \cdots\cdots 式(2)$$

つまり，LiCが電力の過不足を全て補償することになるため，何も意識しなければ，LiCのSOCはあっという間に空っぽになったり満充電状態になったりしてしまいます．そのため，第2世代W-IWMではパワー・フロー制御に加えてLiCのSOC制御も考慮しなければなりません．

● 車体用AC-DCコンバータでLiCのSOCを制御

式(2)が成立する条件下では，車体用AC-DCコンバータを用いてP_{WPT}の大きさを変えることで，LiCが充放電する電力P_{LiC}を間接的に操作できます（P_LおよびP_{DWPT}は勝手に決まってしまう）．

ただし，式(2)は直流リンク電圧が定常状態となる場合でしか成り立たないため，制御系を設計する際に注意しなければなりません［詳細は3.3節(2)を参照］．

そのため，車体用AC-DCコンバータではP_{LiC}そのものを制御するのではなく，もっと時間スケールが長くてよいLiCのSOCを制御します．すなわち，短時間の電力ではなく，より長時間のエネルギーを考慮することで，V_{DC}の定常状態を保ちながらLiCのSOC制御を実装します．

■ 3.3　制御系の設計

これまでの検討より，ホイール側の4つの電力変換回路全ての役割が決定できました．本節では各電力変

特集　EVと電池の充電・放電・給電

換回路を利用した制御系を構築していきます．
三相PWMインバータは従来の空間ベクトル制御を，路面用AC-DCコンバータは受電のON/OFF動作のみを行うため，ここではLiC用DC-DCコンバータと車体用AC-DCコンバータの制御系設計について紹介します．

(1) 直流リンク電圧の安定化制御

● フィードバック制御器によって電力バランスを補償

まず，ホイール側のパワー・フロー制御として，LiCに接続されたDC-DCコンバータを用いて直流リンク電圧V_{DC}のフィードバック制御系を構築します．このとき，DC-DCコンバータのモデルに基づく高応答なフィードバック制御器を設計することで，瞬時的な変動を伴う直流リンクの電力バランスをLiCに蓄えたエネルギーを利用して補償します．

なお，本稿では詳細を省きますが，応答性向上のためにフィードフォワード制御器も含めた2自由度制御系を構築し，より高応答な制御系を実装します．

● 負荷増加による電圧低下をLiCが補償

まず，具体的な動作を考えてみましょう．例えば，車両の加速時などに負荷電力P_Lが急に大きくなった場合，一時的に直流リンクの電力バランスが失われます．このとき，直流リンク電圧V_{DC}が低下するため，V_{DC}の目標値と実際の値には差分が生じます．

フィードバック制御器は，この差分を補償する適切な制御入力をDC-DCコンバータに与え，V_{DC}を増加させるようにLiCに蓄えたエネルギーを供給することでV_{DC}を所望の値に保ちます．

● 回生時や走行中給電時にはLiCを充電

反対に，回生ブレーキ時や走行中給電時には直流リンクに流入する電力が大きくなります．このとき，電力が過剰となってV_{DC}が増加しようとしますが，先程と同様にフィードバック制御器がこれを補償する制御

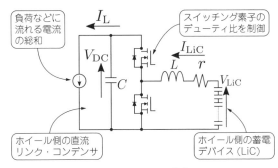

図11　LiC用DC-DCコンバータの回路構成

入力を生成します．

結果，余剰な電力をLiCに充電することで直流リンクの電力バランスをとり，V_{DC}を所望の値に制御します．

このように，V_{DC}のフィードバック制御を実装することでLiCが充放電する電力P_{LiC}を自動的に調整でき，式(1)の電力バランスが保つことができます．

● モデル化に基づく制御器設計

それでは，前述の動作を高応答に実現するフィードバック制御器を設計していきます．ここでは数学的な導出過程は省いて制御器の設計手法とその手順を紹介するため，詳しい説明は参考文献(15)を参考にしてください(本誌No.6でも同じ手法を紹介した)．

まず，DC-DCコンバータのモデル化を行います．今回は図11に示す回路構成を用いるため，スイッチング素子の導通状態に応じて状態空間平均化法を適用し，ある動作点で線形化することで伝達関数モデル（小信号モデル）を求めます．

このとき，制御対象(プラント)のモデルとフィードバック制御器を含む閉ループ系の伝達関数が任意の極を持つように，制御器の各ゲインを極配置設計によって与えます．あとは設計した制御器を離散化し

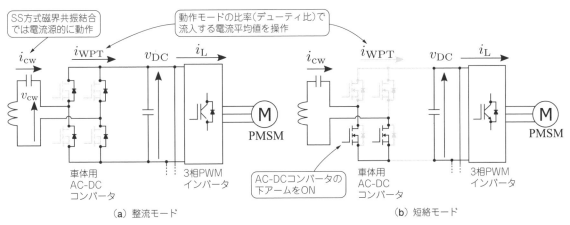

図12　車体用AC-DCコンバータの動作モード

コラムB 路面設備の構成と制御技術

◆回路構成は大きく分けて2つ

本文では走行中ワイヤレス給電の新しいかたちを提案しました．ここでは路面設備の構成について紹介します．

これまでの先行研究では，路面設備としてさまざまな回路構成が提案されていますが[17]，それらを大まかに分類すると以下の2つになります．

(1) 進行方向に長い路面コイルを設置し，大容量のインバータで駆動する
(2) 進行方向に短い路面コイルを多数設置し，各コイルを小容量のインバータで駆動する

◆長いコイルでは大容量化と損失低減が課題

上記(1)の構成では，必要なインバータの数は少なくて済みますが，1つの路面コイル上に複数のEVが存在する可能性があるので，大容量のインバータが必要となります．

また，高周波交流が流れる導線の長さが長くなるため，配線・コイルの損失低減に工夫が必要といえます．このほか，EVがいないコイル上における漏洩磁界も課題となるでしょう．

◆短いコイルではインバータ数が増えるが…

(2)の構成では，インバータの個数は多くなりますが，各コイルの上に1台のEVしか存在しないコイル長とすれば各インバータの容量を小さくできます．

また，各インバータをコイルの近くに設置することで高周波交流の流れる線路長を短くできるため，配線・コイルの損失が少ない構成を実現できます．漏洩磁界対策も比較的に行いやすいといえます．

◆本研究では短いコイルを採用

筆者らは(2)の構成を採用することにしました．

図B.1に示すように，系統電源からAC-DCコンバータを用いて直流に変換し，直流バスとして各路面コイルの近くに設置した各インバータへ接続します．各コイルの長さはEVの全長よりも十分小さく設計し，必ず路面コイルと受電コイルで1対1の給電を行います．

◆1つのコイルに1つのインバータ

各インバータは，それぞれ1つのコイルを駆動します．ここでは前述したインバータ容量の問題に加えて，車両検知および送電制御における制御自由度を考慮しています．

1コイルで1インバータの構成とすれば，各インバータは受電コイルがいるときのみ送電し，それ以外では不要に送電しない制御が可能です．これに対して，複数コイルを1インバータで動作させる場合には，対となる受電コイルが存在しない送電コイルでの損失および漏洩磁界を低減する工夫が必要になります．

◆車両が存在しないときに送電すると…

本研究では，ワイヤレス給電方式としてSS方式の磁界共振結合を利用しています．しかし受電コイルが存在しない場合，すなわち車両が路面コイル上に存在しない場合には送電時に大電流が流れてしまい，これによる大きな電力損失と磁界漏洩を避けなければなりません（本誌No.6でも紹介）．

◆他の方式でも車両検知・送電制御は必要

また，他の方式を利用したとしても，車両が存在しないときに送電してしまうと漏れ出る電力を0にすることはできません．そのため，長距離に及ぶ走行中給電設備ではいずれの手法を使ったとしても，待機電力を削減するために接近する車両を検知して，適切に送電する制御が必要となります．

◆車両検知専用のセンサは使わない

本研究では，センサレス車両検知・送電ON/OFF制御を採用し（本誌No.6を参照），各インバータに実装しています．この方法では路面コイルに流れる電流値から車両の有無を検出して送電をON/OFFするため，車両検知専用のセンサを必要としません．

そのため，追加のコストがかからないだけでなく，センサの信頼性などを考慮せずに設計できます．

◆路面側から見たインピーダンスで判断

図B.2に車両検知と送電制御の概要を示します．ここでは路面側から見たインピーダンスを利用し，路面コイルに流れる電流から車両の接近を検出しま

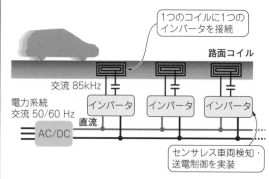

図B.1　本研究における路面設備の構成

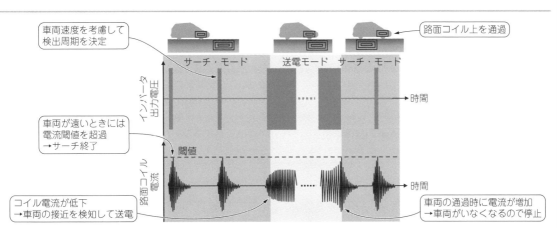

図B.2 路面設備における車両検知と送電制御の概要

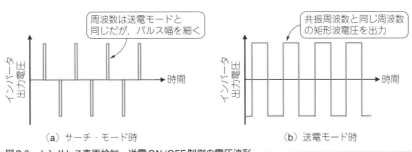

図B.3 センサレス車両検知・送電ON/OFF制御の電圧波形

す．

(1) 車両が路面コイルから遠いとき

インピーダンス小 → 電流が急激に増加

(2) 車両が路面コイルに接近したとき

インピーダンス大 → 電流がゆっくりと増加

このとき，十分に効率良く電力伝送できる位置で「送電開始/終了」するため，適切な閾値を設計しています．この閾値と電流値との比較から送電を「開始/終了」するタイミングを決定し，高効率な動作を実現します．

また，車両検知時は動作連続的に行う必要がないため，想定される車両速度に応じて検出する周期をあらかじめ設計しておき，検出できる分解能を十分に確保してから間欠的な動作を実現します．

◆**サーチ・パルスで待機電力を低減**

車両検知時には待機電力を低減したいため，本研究でも本誌No.6と同様に，車両検知用の3レベル電圧出力（サーチ・パルス）を導入しています．サーチ・パルスは送電時の矩形波電圧と同じ周波数で動作しますが，パルス幅を細くして電圧実効値を十分小さくすることで待機電力の低減を図っています（図B.3）．

◆**走行実験時の待機電力は数十W以下**

最後に，実際の走行実験における待機電力を紹介します．実験条件によっても値が変動しますが，車両検知時にサーチ・パルスを出力する時間は1回当たり1ms以下とごく短時間であるため，数kW程度の走行中給電実験でも数十W以下の消費電力で車両検知を実現できることを確認しています．

しかし，実用に向けて十分な結果とは言えないため，今後は電流閾値や検出周期などの設計パラメータを最適化することで，さらなる損失低減を検討中です．

(2) LiCのSOC制御
● 車体用AC-DCコンバータの動作手法
次に，車体用AC-DCコンバータを用いたLiCのSOC制御系を構築していきます．ここで，車体用AC-DCコンバータは第1世代W-IWMと同様に2つの動作モード（図12）を利用し，これらの割合であるデューティ比を使って制御します．

また，車体側との位相制御によってIWM側から車体側に回生できる点も同じであるため，動作手法としては第1世代と変わらず，ここでは制御系の設計法のみを変更します．

● 電圧制御系がカバーできる帯域に注意
車体用AC-DCコンバータを利用したLiCのSOC制御では，式(2)に基づいてP_{WPT}を操作することでP_{LiC}を間接的に変化させますが，式(2)はV_{DC}が安定化されている状態，すなわち前述の電圧制御系が定常状態となる場合にのみ成り立ちます．

したがって，電圧制御系の制御帯域よりもAC-DCコンバータを速く動作させてしまうと，式(2)を満たさずにP_{LiC}が変化してしまうだけでなく，ホイール側直流リンク電圧の安定性を損なってしまう可能性があります．そのため，LiCのSOC制御系を構築する際には電圧制御系と比較して十分遅く動作するように制御器を設計します．

● SOC制御系も基本はフィードバック制御
次に，SOC制御系に必要な動作を考えてみましょう．簡単に述べてしまえば，SOCの目標値に対して実際の値が小さければLiCを充電し，大きければLiCを放電すればよいため，目標値と測定値の差分を利用するフィードバック制御器を用いれば所望の動作を行うことが可能です．

ここで，LiCはキャパシタとしての特性を有するため，LiCのSOCは端子電圧V_{LiC}を測定すれば簡単に把握できます（$E = 1/2\ CV^2$なので）．そのため，本稿ではLiCのSOC制御としてV_{LiC}のフィードバック制御系を構築します．

● SOC一定制御の定常状態ではP_{WPT}とP_Lが釣り合う
ここではSOCの目標値を一定として，定常状態ではSOCが変化しない制御系を検討します．つまり，負荷電力P_Lや走行中給電による電力P_{DWPT}が一定となる条件ではLiCを充放電する電力$P_{LiC} = 0$にする制御を実装します．

このとき，走行中給電が存在しない場合には$P_{LiC} = 0$，$P_{DWPT} = 0$であるため，車体用AC-DCコンバータは式(1)より，$P_{WPT} = P_L$となるように動作します．したがって，負荷電力があまり変化しない定常走行では，車載バッテリが主に電力供給を行う想定どおりの制御系が設計できます．

● SOC一定制御における過渡動作
次に，車体用AC-DCコンバータの過渡動作を考えてみます．ここでは，簡単のために走行中給電がない状態で負荷電力P_Lが変化する場合を示します．なお，負荷変動前の定常状態では$P_{LiC} = 0$であることに留意してください．

まず，P_Lが増加するとき，DC-DCコンバータの電圧制御がP_{LiC}を増加させることで式(1)の電力バランスを保ちます．このとき，LiCのSOCは徐々に減少していきますが，V_{LiC}のフィードバック制御器がこれを補償するために車体用AC-DCコンバータを操作してP_{WPT}をゆっくりと増加させます．すると，式(2)に従ってP_{LiC}が徐々に減少していくため，いずれP_{LiC}が負となってLiCを充電するように動作してSOCを目標値に戻します．

また，P_Lが減少するときも同様な動作を行うため，図13に示すように，LiCのSOCが目標値に戻るようにフィードバック制御器がP_{WPT}を適切に操作します．そして，いずれの場合も，SOCが目標値に達すると$P_{WPT} = P_L$となるように動作して，定常状態では常に$P_{LiC} = 0$となってSOCを一定に保ちます．

● SOC制御系の設計
それではSOC制御系のフィードバック制御器を設計していきますが，SOC制御系は電圧制御系と比較して速い応答性が不要であるため，安定して動作するPI制御器を試行錯誤的に設計する手法も選択肢として挙げられます．

第2世代W-IWMの開発では，直流リンク電圧がDC-DCコンバータの電圧制御によって安定化されると仮定し，複数の電流源を利用したホイール側パワー・フローの簡易モデルを導出し，先程と同様に極配置法を用いてフィードバック制御系を設計しています．ここでの詳しい制御器設計は参考文献(16)を参考にしてください．

(3) 制御帯域の違いを利用した制御
● ホイール側制御系のブロック線図
以上の検討より，直流リンク電圧制御系およびLiC

図13 SOC一定制御における動作例

負荷電力が増加 ⇒ P_{LiC}が増加 SOCが減少 ⇒ SOCを一定値に戻すため 車体からのWPT増加

負荷電力が減少 ⇒ P_{LiC}が減少 SOCが増加 ⇒ SOCを一定値に戻すため 車体からのWPT減少

特集　EVと電池の充電・放電・給電

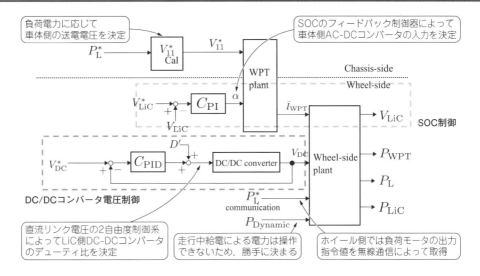

図14 第2世代W-IWMのブロック線図

のSOC制御系が設計できました．これら2つのフィードバック制御系をまとめた，第2世代W-IWMの制御のブロック線図を図14に示します．

なお，2つの制御系の制御帯域の違いを巧みに利用することで，第2世代W-IWMはIWMに内蔵したLiCと車載バッテリをそれぞれ有効に使う制御系となります．

● 短時間の電力バランスはLiCを使用

直流リンク電圧制御（V_{DC}のフィードバック制御）は，高応答な制御系設計によって短時間の電力バランスを保持するパワー・フロー制御となっています．

そのため，加減速時や走行中給電への進入時などの比較的速い電力変動には，DC-DCコンバータがパワー密度に優れるLiCを積極的に利用して，ホイール側システムの安定動作を実現します．

● 車載バッテリはエネルギー・マネジメントに利用

一方，LiCのSOC制御（V_{LiC}のフィードバック制御）では，速い電力変動に対して無理に追従させないことで，LiCに蓄えたエネルギーを短時間のパワー・フロー制御に利用することを許容しています．

しかし，ゆっくりとした動作でもSOCを目標値に追従させる制御を行うことで，航続走行時などの定常動作ではLiCのSOCを管理するエネルギー・マネジメント制御を実現します．

この制御では，車体用AC-DCコンバータが，エネルギー密度に優れる車載バッテリからのワイヤレス給電電力を利用してLiCの充放電量を決定します．

● 2種類の蓄電デバイスに適した動作を実現

以上の制御系によって，ホイール側システムを安定して動作させるだけでなく，2種類の蓄電デバイスの特性を賢く利用し，より高効率・長寿命となる動作を実現しています．

電力とエネルギー，これらの違いを正しく理解して蓄電デバイスを選択し，それらに適した制御系を設計することが重要といえます．

■ 3.4　ミニモデルの製作

● 第2世代W-IWMの模擬実験装置

提案する制御系の有効性を検証するために製作した小電力規模の実験装置（ミニモデル）を紹介します．回路構成を図15，装置の外観を写真1に示します．

なお，実際の実験車両と比較してミニモデルと称していますが，数kW程度の電力を扱える構成としています．

また，ホイール側直流リンク電圧の目標値は200Vと実験車両への応用も視野に入れた値としています．

● 各電源および負荷は直流電源とEDLCで構成

今回の実験では車載バッテリおよび路面側DCバスへの回生動作は想定しないため，ミニモデルではそれぞれ直流電源を用いて模擬しています．また，ホイール側は，下限電圧がなく取り扱いが容易なEDLC（2300F，24直列）をLiCの代わりに用いて構成しました．

負荷モータは回生型直流電源（Myway plus製 pCUBE）を用いて定電力動作を行い，モータ駆動と回生動作を模擬しています．

● 送受電コイルは前世代を流用，電力変換回路は新作

車体–IWM間の送受電コイルは第1世代W-IWMで製作したものを流用し，それぞれリッツ線やフェライトなどを利用しています（詳しくは本誌No.8に）．これらのコイル間ギャップは実車における設計と同様に100 mmとしました．

各電力変換回路は2 in 1のフルSiCパワー・モジュール（SiC-MOSFET + SiC-SBD）を用いて製作し，制御用コントローラとしてDSP（Mywayプラス製

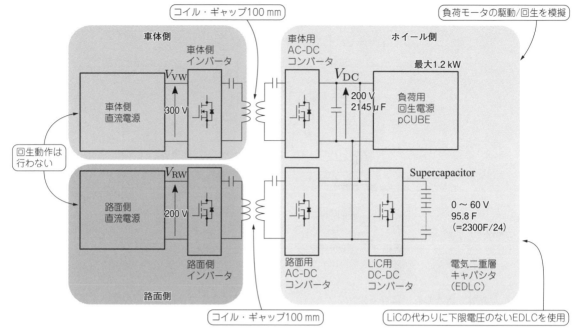

図15 第2世代W-IWMの模擬実験装置(ミニモデル)の回路構成

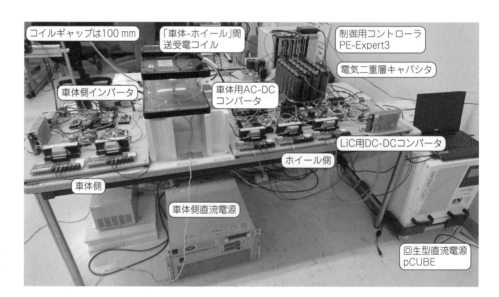

写真1
第2世代W-IWMの
模擬実験装置(ミニ
モデル)の外観

PE-Expert3)を利用しました．

● 走行中ワイヤレス給電の模擬実験装置

　本実験で走行中ワイヤレス給電を模擬する実験装置を写真2に示します．この装置は，受電コイルを約18 km/hで路面コイル上を通過させて，走行中ワイヤレス給電と同じように移動する受電コイルへの電力伝送実験を行うことが可能です．

　実験車両の設計と同様に，今回の実験でも路面コイルと受電コイル間のギャップを100 mmとしました．

● 前回の装置よりも多様な実験に対応

　今回の装置は，本誌No.6で紹介した前回の装置と比べて全長を長くしたため，実際の路面コイルを使って走行中給電実験ができるようになりました．また，移動させる受電コイルはホイール側を模擬した電力変換回路から遠く離れてしまうため，ケーブルキャリアを用いて配線の取り回しを確保しました．

　このほか，模擬装置の機械共振を励起しない速度軌道を生成するなど，前回製作した装置よりも多くの工

特集　EVと電池の充電・放電・給電

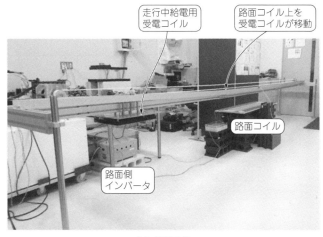
(a) 装置外観

(b) 送電コイル

(c) 受電コイル

写真2　走行中ワイヤレス給電の模擬実験装置

夫を凝らしています．

● 路面コイルは実車実験用を想定して製作

　今回，実験に使用する路面コイルは実車実験用の設計データを基に手巻きで作成しました．線材は第1世代W-IWMで使用したリッツ線を流用し，背面のフェライトは今回配置していません．そのため，送電コイルのQ値や受電コイルとの結合係数が小さくなり伝送効率がやや低下しますが，動作確認には支障がない設計となっています．

　走行中給電用の受電コイルは第1世代W-IWMのものを流用するため，車体からIWMへの受電コイルと路面からIWMへの受電コイルは同じ設計となっています．

● 第2世代W-IWMを想定した制御系を適用

　この実験装置は，3.3節で紹介した制御系をプログラムによって実装しています．直流リンク電圧制御系およびSOC制御系のフィードバック制御器は，それぞれの閉ループ系の伝達関数が-1000 rad/sの4重根と-6.28×10^{-2} rad/sの2重根を持つように，各ゲインを極配置法によって設計しました．

　また，走行中ワイヤレス給電を含む実験では，路面設備にコラムBに示したセンサレス車両検知・送電ON/OFF制御を適用しました．ホイール側の路面用AC-DCコンバータは路面設備からの送電を検知してから（受電コイル電流から容易に検知可能），図12(b)の短絡モードを図12(a)の整流モードに切り替えて受電動作を行います．

● 実験データにおける注意点

　本稿で示す実験結果は，電圧センサおよび電流センサによって取得した電圧・電流値から算出しており，実験データを適切に解析するため，適宜フィルタ処理を行っています．

　まず，ホイール側の車体用AC-DCコンバータでは図12に示した動作モードを利用して2モード方式の制御（本誌No.8でも紹介）を採用するため，電力の計算時にはノイズ除去のために移動平均フィルタを適用しています．このほか，各電流の測定にそれぞれ1 kHzの一次ローパス・フィルタを適用しました．

4. ミニモデルによる動作確認実験

4.1　負荷電力のステップ変動実験

● 実験条件

　まず，走行中ワイヤレス給電による電力を$P_{DWPT}=0$とし，走行中給電路のない通常走行時におけるパワー・フロー制御とSOC制御の動作確認について示します．

　実験条件として，負荷電力P_Lを1.2 kW→0.2 kW→1.2 kWと連続的にステップ変動させた場合に，ホイール側直流電圧V_{DC}を安定化しながら，キャパシタ（EDLC）のSOCを一定値に制御できることを確認します．なお，実車実験と表記を統一するため，EDLCの電圧・電力もV_{LiC}・P_{LiC}として示しています．

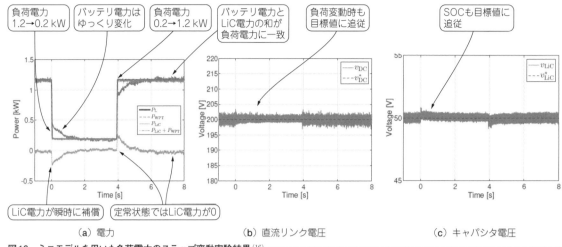

図16 ミニモデルを用いた負荷電力のステップ変動実験結果[16]

(a) 電力　　(b) 直流リンク電圧　　(c) キャパシタ電圧

● P_{LiC} が電力バランスを瞬時に補償

実験結果を図16に示します．図16(a)はホイール側に入出力される各電力を示していますが，P_L の急峻な変動に対して P_{LiC} が瞬時に応答し，P_{WPT} がこれに遅れて動作していることが確認できます．このとき，図16(b)に示す V_{DC} は目標値付近に制御されているため，3.3節で示した直流リンク電圧制御が適切に動作していることが分かります．

また，全ての時間において P_{LiC} と P_{WPT} の和が P_L に一致していることから，直流リンク電圧制御によってホイール側のパワー・フロー制御を実現できています．

● V_{LiC}（SOC）は一定に制御されている

図16(a)に示す P_{WPT} の応答は P_{LiC} に対して遅くなっていますが，定常状態においては $P_{WPT} = P_L$ と $P_{LiC} = 0$ となっているため，SOCを一定化する想定どおりの動作を実現できています．これは，図16(c)に示すキャパシタ電圧 V_{LiC} が一定の目標値に追従していることからも確認でき，3.3節で紹介した制御系設計の有効性が示されました．

以上の結果から，図14に示す提案制御系を適用することで，負荷電力が急峻に変動する場合においても，ホイール側のパワー・フロー制御およびキャパシタのエネルギー・マネジメント制御が安定して動作できることを実験的に確認できました．

4.2 SOC制御の目標値を可変とした実験

● 実験の目的

次に，SOC制御の目標値を変化させた場合の実験について示します．これまではSOCを一定として検討しましたが，実際には走行状況に応じてキャパシタのSOCを適切に制御できることが好ましいといえます．

SOC制御系の応答性は直流リンク電圧制御系などと比較してさほど速くないため，SOC制御系が追従できる程度の速さであれば，目標値を変化させても，直流リンク電圧制御系を含む他の制御系を不安定化させずに動作させることができます．

● 実際の走行でもSOCの変化はさほど速くない

通常のEV走行を考えるとき，高速走行時には減速時のエネルギー回生に備えてSOCをなるべく減らし，停止時や低速走行時には次の加速に向けてSOCを高く保つと効率的にエネルギーを利用できます．

ここで，車速の変化は走行パターンにもよりますが，通常の走行であれば，SOCの目標値は数秒程度のオーダで変化させれば十分なことがほとんどです．また，ホイール側に搭載するキャパシタのエネルギー容量にも依存しますが，加減速時などの負荷変動によってキャパシタ内のエネルギーが急に空になったり，満タンになったりすることは想定しにくいため，やはりSOC制御の目標値はゆっくりと変化させればよいといえます．

● 実験では V_{LiC} をゆっくりと変化

本実験では，SOCの目標値として V_{LiC} が 50 V → 49 V → 50 V となるように目標値をゆっくりと変化させました．ここで，走行中給電による電力 $P_{DWPT} = 0$，負荷電力 $P_L = 0.6$ kW として検討しています．

実験結果を図17に示します．ここでも，P_{LiC} と P_{WPT} の和が P_L に一致しているため，ホイール側のパワー・フロー制御が実現されています．このとき，図17(b)に示す V_{DC} は目標値付近で安定化されており，図17(c)に示す V_{LiC} もまた目標値に追従できています．

したがって，目標値を可変とした場合でもSOC制

特集　EVと電池の充電・放電・給電

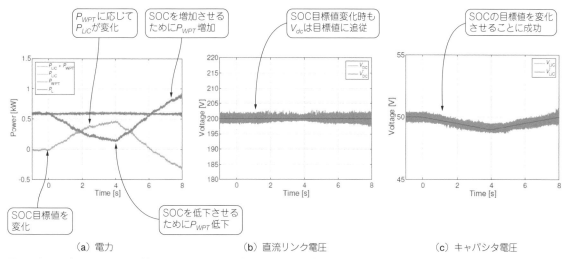

図17　ミニモデルを用いたSOC制御における目標値を可変とした実験結果[16]

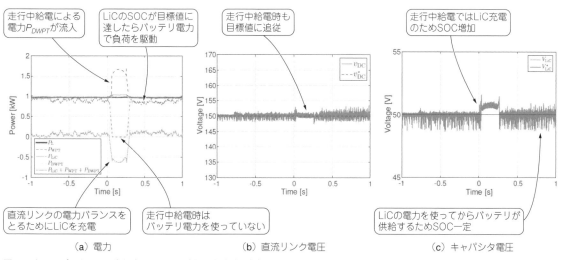

図18　ミニモデルを用いた走行中ワイヤレス給電の実験結果[16]

御が適切に動作し，所望の動作を実現できることが確認できました．

● P_{LiC}はP_{WPT}に応じて変化

ここで，SOC制御の動作を見てみます．まず，DC-DCコンバータを用いた直流リンク電圧制御によって，本条件における式(2)の関係式は常に満たされています．このとき，車体用AC-DCコンバータがP_{WPT}を操作すると，図17(a)に示すようにP_{LiC}は式(2)に従って変化していることが確認できます．これを利用して図17(c)に示すV_{LiC}を目標値に追従させることに成功しています．

以上の結果から，直流リンク電圧制御系がV_{DC}を安定化できる範囲内でSOCの目標値を変化させれば，他の制御系に影響を与えることなく，キャパシタのSOCを目標値に追従させられることを示せました．

4.3　走行中ワイヤレス給電実験

● 実験条件と注意事項

最後に，EVが走行中給電路に進入した際に，路面設備から適切に電力を受電できることを検証します．ここでは負荷電力P_L = 1.0 kWで力行しているときに，走行中ワイヤレス給電による電力P_{DWPT} ≈ 1.6 kWを受電した場合について実験しました．

なお，走行中ワイヤレス給電で送電している時間は約0.3秒と極めて短いため，これまでの実験結果と比較して，横軸の時間を短くして表示しています．

● 走行中給電電力は負荷で利用，残りはキャパシタに

実験結果を図18に示します．図18(a)より，P_{DWPT}

を受電している区間では，その電力をまずP_Lで利用し，残りの余剰分はキャパシタに充電しています．このとき，ミニモデルでは車体側への回生を行わないためP_{WPT}は0となっていますが，ホイール側の電力バランスはパワー・フロー制御によって適切に調整されています．これは図18(b)に示すV_{DC}が走行中給電時を含む全ての時間できちんと安定化されていることからも確認できます．

● 路面コイル通過後はキャパシタのエネルギーを利用

図18(a)，(c)より，$P_{DWPT}=0$となった後は走行中給電時にキャパシタを充電したエネルギーを優先して負荷に供給し，キャパシタのSOCが目標値に達してから車体からの送電を再開しています．

そのため，負荷→キャパシタ→車載バッテリ，の順でエネルギーを利用できており，走行中給電が存在する場合にも，最も効率的な動作を実現できています．

● パワー・フロー制御もSOC制御も安定して動作

以上の結果から，直流リンク電圧制御系は走行中給電時を含む全ての時間において，SOC制御系は過渡的な走行中給電時を除いて，それぞれが適切に動作できることが確認できました．

したがって，提案する制御系を適用することで，走行中ワイヤレス給電が存在する場合でも制御の切り替え等を行うことなく，安定かつ高効率な動作を実現できることを実験によって示せました．

◆参考文献◆

(1) 赤穂大輔，中津慎利，勝山悦生，高桑佳，吉末監介，「インホイール・モータ車の車両運動制御開発」，自動車技術会学術講演会前刷集，No.120-10, pp.1-6, 2011.
(2) 藤本博志，「航続距離を延長する電気自動車の制御システム」，自動車技術，Vol.66, No.9, pp.61-66, 2012.
(3) 福留秀樹，「インホイール・モータによる車両前後振動軽減」，自動車技術会秋季大会学術講演会講演予稿集，pp.448-453, 2015.
(4) 勝山悦生，大前彩奈，「インホイール・モータを用いたばね下逆スカイフックダンパ制御による乗り心地の研究」，自動車技術会論文集，Vol.48, No.2, pp.349-354, 2017.
(5) 佐藤基，山本岳，郡司大輔，居村岳広，藤本博志，「磁界共振結合方式を用いたワイヤレス・インホイール・モータの開発」，自動車技術会秋季大会学術講演会講演予稿集，No.113-14, pp.9-12, 2014.
(6) M. Sato, G. Yamamoto, D. Gunji, T. Imura, and H. Fujimoto, "Development of Wireless In-Wheel Motor using Magnetic Resonance Coupling", IEEE Transactions on Power Electronics, Vol.31, No.7, pp.5270-5278, Jul. 2016.
(7) 佐藤基，Giuseppe Guidi，居村岳広，藤本博志，「ワイヤレス・インホイール・モータの高効率化および高応答回生の実現に関する研究」，電気学会論文誌D, Vol.137, No.1, pp.36-43, 2017.
(8) 藤本博志，山本岳，佐藤基，郡司大輔，居村岳広，「ワイヤレス・インホイール・モータを搭載した電気自動車の実車評価」，自動車技術会春季大会学術講演会講演予稿集，S267, pp.1389-1394, 2015.
(9) H. Fujimoto, M. Sato, D. Gunji, and T. Imura, "Development and Driving Test Evaluation of Electric Vehicle with Wireless In-Wheel Motor", in Proc. EVTeC & APE Japan, 2016.
(10) Utah State University, "Electric Vehicle and Roadway (EVR)", https://select.usu.edu/evr/
(11) KmatriX, "Wireless Charging Electric Bus", https://kmatrix.kaist.ac.kr/wireless-charging-electric-bus/
(12) A. Kurs, A. Karalis, R. Moffatt, J. D. Joannopoulos, P. Fisher, and M. Soljacic, "Wireless power transfer via strongly coupled magnetic resonance", Science Express, Vol.317, No. 5834, pp.83-86, Jun. 2007.
(13) 居村岳広，『磁界共鳴によるワイヤレス電力伝送』，森北出版，2017.
(14) JMエナジー株式会社，http://www.jmenergy.co.jp/
(15) 竹内琢磨，居村岳広，藤本博志，堀洋一，「複数電力源を用いるワイヤレス・インホイール・モータのシステム構成法」，電気学会産業応用部門半導体電力変換/モータドライブ合同研究会，SPC-16-004/MD-16-004, pp.19-24, 2016.
(16) 竹内琢磨，居村岳広，藤本博志，堀洋一，「走行中ワイヤレス電力伝送を適用したワイヤレス・インホイール・モータのシステム制御に関する基礎研究」，電気学会産業応用部門半導体電力変換/モータドライブ合同研究会，SPC-17-017/MD-17-017, pp.33-38, 2017.
(17) C. C. Mi, G. Buja, S. Y. Choi, and C. T. Rim, "Modern Advances in Wireless Power Transfer Systems for Roadway Powered Electric Vehicles", IEEE Transactions on Industrial Electronics, Vol.63, No.10, pp.6533-6545, Oct. 2016.

筆者紹介

畑　勝裕（はた　かつひろ）
東京大学大学院 新領域創成科学研究科／
日本学術振興会特別研究員

居村 岳広（いむら　たけひろ）
東京大学大学院 工学系研究科 特任講師

藤本 博志（ふじもと　ひろし）
東京大学大学院 新領域創成科学研究科／
大学院 工学系研究科 准教授

佐藤 基（さとう　もとき）
東洋電機製造（株）研究所 技術研究部

郡司 大輔（ぐんじ　だいすけ）
日本精工（株）自動車技術総合開発センター
パワートレイン技術開発部

第11章

~実車試験＆路面設備の製作と実証実験~

ワイヤレス給電仕様のインホイール・モータ搭載EVの開発＜後＞

畑 勝裕／居村岳広／藤本博志／佐藤 基／郡司大輔

この章の前半では，実際に製作した第2世代ワイヤレス・インホイール・モータの実車試験ユニットおよび路面設備の製作について紹介する．第1世代から大幅に改良した点，走行中ワイヤレス給電に向けた新たな取り組みについても触れる．後半は，製作した実車と路面設備での実証実験について述べる．　　（編集部）

1. W-IWM実車ユニットの製作

■ 1.1 開発ユニットの仕様

● 第1世代W-IWMから大幅に大出力化

2015年に開発した第1世代ワイヤレス・インホイール・モータ，以下W-IWM）では，1輪当たり最大3.3kWの一次試作ユニットを製作しました．後輪2輪に搭載時の総出力は6.6kWです．これから目標性能を総出力48kWと，大幅に大出力化します（表1）．

そのため，第1世代W-IWMの一次試作で得たノウハウを基に，1輪当たり最大12kW，4輪装備時で総出力48kWを目指して研究・開発に取り組みました．

● 4輪装備時に市販EVと同等の性能

今回開発した第2世代W-IWMの仕様を表2に示します．1輪当たりのモータ出力は目標と同じ12kWとし，4輪装備時には総出力，総ホイール・トルク共に市販EVと同等の性能を実現しました．

なお，今回開発した第2世代W-IWMも減速機方式のIWMであるため，モータ・トルクは減速機を介してホイールに伝達されます．そのため，総ホイール・トルクは76.4Nm（モータ・トルク）×4.4（減速比）×4（モータ数）→1344Nmとなります．

● 第2世代W-IWMでは前輪ユニットを製作

第1世代W-IWMの一次試作では，筆者らの研究室所有の実験車両FPEV4-Sawyer[1]の後輪サブユニットに適合させるように製作しました．このとき，後輪操舵は検討していなかったため，一次試作ユニットでは安定した力行・回生動作さえ実現できればOKとしていました．

第2世代W-IWMでは，将来の4輪装備を見据えて，操舵機構が必須となる前輪サブユニットの製作に取り組みました．そのため，これまでのサスペンション動作に加えて操舵時についても再検討しました（コラムA参照）．

■ 1.2 送受電コイルの製作

● 車体−ホイール間は同サイズで大電力に対応

第1世代W-IWMでは送電コイル（350×218mm）と受電コイル（300×218mm）は異なる設計でした．今回では，写真1(a)に示すコイルを「車体-ホイール」間で2つ利用し，送受電コイルで同じ形状（350×250mm）としました．

各コイルの線材は，第1世代W-IWMと同様にリッツ線を用いました．ただ，線材全体の断面積を大きくすることで12kW以上の大電力化に対応するととも

表1　第1世代W-IWMの一次試作ユニットの仕様

	目標性能	一次試作仕様
モータ数	4	2（後輪）
モータ出力	12kW	3.3kW
総出力	48kW	6.6kW
総ホイール・トルク	1300Nm	475Nm

（市販EVの性能までは大電力化が課題）

表2　第2世代W-IWMを4輪装備時の性能比較[*1]

	ワイヤレスIWM 4輪装備時	（参考） M社製 市販EV[*2]
モータ出力	12kW	47kW
モータ・トルク	76.4Nm	160Nm
減速比	4.4	7.065
モータ数	4	1
総出力	48kW	47kW
総ホイール・トルク	1344Nm	1130Nm

[*1]：現在は前輪2輪のみ
[*2]：Webサイト掲載の諸元表より

に，より素線の細いリッツ線を使って交流抵抗を低減し，さらなる高効率化を図っています．

● **走行中給電用の受電コイルは巻き数を増加**

走行中給電用の受電コイルを**写真1（b）**に示します．「車体-ホイール」間の送受電コイルと比較して，送電側となる路面コイルとの形状の差異が大きくなるため，コイル間の結合係数を大きくすることが難しく，高効率伝送のために十分な結合を確保することが課題となります．

そこで，受電コイルの巻き数を29→40巻きに増やすことでコイルの自己インダクタンスを増加させ，路面コイルとの結合が大きくなるようにしています．

● **送受電コイルの構造は配線の取り回しを考慮**

送受電コイルの構造を**図1**に示します．第1世代W-IWMと同様に樹脂プレート内の溝にリッツ線をはめ込み，樹脂カバーなどを利用して成形しています．

今回の開発では，コイル背面に取り出す配線の取り回しを考慮して，**図1（c），（d）**に示すようにコイル背面に配置するフェライトの位置を中央部と周辺部で変更する工夫をしています．

このフェライトは，送受電コイルの結合を強めるほか，コイル周辺の金属が与える影響の低減，外部への

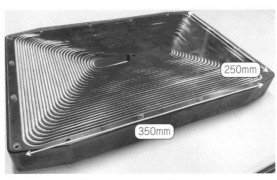

（a）「車体-ホイール」間の送受電コイル　　（b）走行中給電用の受電コイル

写真1　第2世代W-IWMの送受電コイル

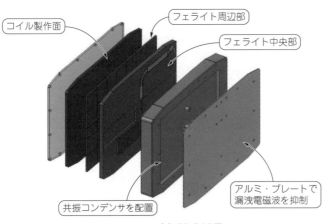

（a）3D CAD図

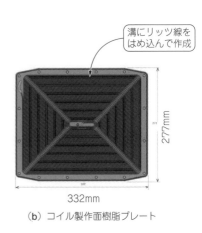

（b）コイル製作面樹脂プレート

（c）背面フェライト（周辺部）

（d）背面フェライト（中央部）

図1　送受電コイルの構造

特集　EVと電池の充電・放電・給電

漏洩磁界の抑制などの目的で利用しています．

● 共振コンデンサは送受電コイルと一体化

今回もワイヤレス給電方式として，磁界共振結合方式を利用しています．このため，送受電器の共振周波数を調整するために共振コンデンサを接続する必要があります．

これらの直列共振時には，送受電コイルと共振コンデンサに極めて高い電圧がかかるため，それらの両端で放電（絶縁破壊）が生じないように注意しなければなりません．

そのため，共振コンデンサを送受電コイルのケース内部に配置して，これらを一体化させることで，コイル・ケース内で高電圧配線を適切に取り回し，ケース外部では高電圧がかからない工夫をしています．この工夫は路面コイルの設計でも重要となります．

■ 1.3 電力変換回路／機電一体構造IWMの製作

● 車体側の基本構成は同じでも大出力化

今回製作した電力変換回路を写真2に示します．車体側では第1世代W-IWMと同様に，双方向の昇降圧

コラムA　実際の動作を考慮した検証

◆前輪搭載を目的とした送受電コイル位置ずれの検討

本文で紹介する第2世代W-IWMは実験車両の前輪に搭載されるため，車体-ホイール間の送受電コイルは走行時のサスペンション動作によって上下方向に位置変化するだけでなく，操舵時のステアリング動作によってホイール側のキングピン軸を回転中心とした回転方向にも位置変化が生じます．

そのため，写真A.1に示すように各動作の最大値を考慮して，送受電コイルの位置ずれ条件を模擬しました．このとき，送受電コイル間の相互インダクタンスL_mの低下により，ワイヤレス給電の伝送効率が低下したり各コイルに流れる電流が増加したりするため，各条件におけるL_mの変化を測定しました（表A.1）．

◆L_mの最悪値から各装置の定格値を設計

表A.1に示したL_mの測定値は操舵時の左右で違いが生じていますが，これはサスペンション構造のスペース制約によって，送受電コイルを水平に対向させず，ホイール側の受電コイルを回転させて配置したことが原因となっています［写真8(b)参照］．

今回のは，測定したL_mが最悪となる条件で最大出力を発揮した場合でも各装置が破損しない（特に定格電流を超えない）ように設計しています．

表A.1　送受電コイル位置ずれ時の相互インダクタンスL_mの特性

	位置ずれなし	ホイール側 ＋50mm オフセット	ホイール側 －50mm オフセット
操舵なし	60.1μH	45.5μH	48.4μH
右操舵（最大）	45.5μH	32.0μH	33.3μH
左操舵（最大）	45.0μH	30.2μH	38.2μH

（サスペンションによる位置ずれ時に相互インダクタンス低下）
（操舵時に相互インダクタンス低下）
（最悪値を設計に利用）
（左右の操舵でわずかに異なる）

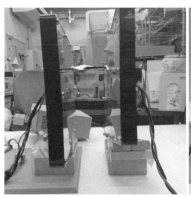 (a) 右操舵，＋50mmオフセット

 (b) 通常時

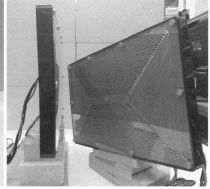 (c) 左操舵，－50mmオフセット

写真A.1　車体-ホイール間送受電コイルの位置ずれ

チョッパおよびフルブリッジ・インバータを基本構成としています．しかし，モータの大出力化に応じて，電力変換回路をフルSiC化しています．

これにより，走行中給電がない道路でも，車体からIWMへのワイヤレス給電で十分な電力を供給でき，定常的に1輪当たり12kWのモータ出力が可能です．

● ホイール側には4つの電力変換回路を搭載

ホイール側の電力変換回路では第1世代で搭載した①車体用AC-DCコンバータ，②三相PWMインバータに加えて，③路面用AC-DCコンバータ，④LiC用DC-DCコンバータを追加しているため，合計で4つの電力変換回路を搭載します．

また，ホイール側には電力変換回路だけでなく，駆動用の永久磁石同期モータや蓄電デバイスであるLiCも搭載するため，これまで以上にスペースの制約が厳しくなります．

その中で1輪当たり12kWという大出力化を図るため，今回の開発でも極めて難しい課題となりました．

● オフセット軸減速機内蔵ハブ軸受ユニットで小型化

第2世代W-IWMも，機電一体構造のIWMとしてモータの背面に電力変換回路やLiCを配置することで小型化を図っています．また，減速機方式のIWMとすることで，駆動に必要なモータ・トルクを小さくでき，省スペース化を実現しています．

さらに，モータ回転軸とホイール回転軸をずらした減速機構造を持つ「オフセット軸減速機内蔵ハブ軸受ユニット（図2）」を採用することで，駆動性能に必要な減速比を確保しながら，より小型化を実現しました．

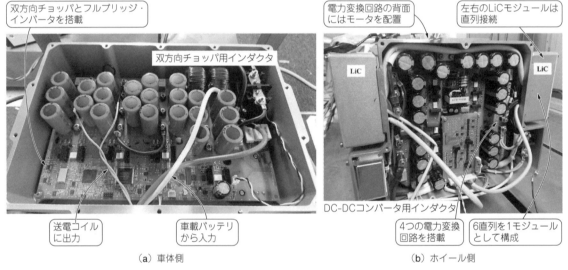

写真2　車体側およびホイール側の電力変換回路（東洋電機製造製）

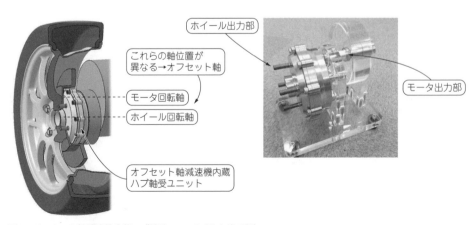

図2　オフセット軸減速機内蔵ハブ軸受ユニット（日本精工製）

特集　EVと電池の充電・放電・給電

● LiC用DC-DCコンバータではインダクタが必要

第2世代W-IWMではホイール側に搭載すべき電力変換回路が多いため，機械構造的なアプローチだけでなく，電気回路的なアプローチでも小型化を検討しています．特に，4つある電力変換回路の中でもLiC用DC-DCコンバータは他の回路と異なり，受動部品である「インダクタ」が必要です．

通常，DC-DCコンバータに用いるインダクタは電流リプルを十分に抑えるため，ある程度大きなインダクタンス値を持ち，LiCの充放電に伴う大電流にも対応できるものを採用します．しかし，このインダクタの体積・重量が大きくなってしまうため，ホイール側に搭載することが難しくなります．

● SiCを使った高周波化によって受動部品を小型化

今回の試作では，電力変換回路をフルSiC化しているため，従来のSi-IGBTを用いた場合と比較して，電力変換回路の動作を高周波化することが可能です．

DC-DCコンバータの動作を高周波化することで，インダクタンス値の小さいインダクタを採用しても，電流リプルをあまり大きくせずに動作できます．

そのため，電力変換回路のフルSiC化は大出力化だけでなく，高周波化によって受動部品であるインダクタの小型化にも貢献しています．

■ 1.4　ホイール側LiCの容量設計

● LiC容量もむやみに大きくできない

これまで検討したように，ホイール側はスペースの制約が厳しいため，IWMに内蔵するLiCもむやみに大きな容量を詰め込めません．そのため，第10章で示した所望の制御動作を実現できる程度に，適切なLiCの容量を設計する必要があります．

ここでは，実際の走行動作を考慮するため，モード走行を利用した容量設計の一例を示します．

● モード走行時の回生エネルギーを考慮して設計

今回の設計では，「JC08モード」における減速エネルギーを回生ブレーキによって全て回収し，このエネルギーをLiCに蓄電できることを目標とします．

例えば，図3(a)に示すモード走行後半の80 km/hから30 km/hへの減速では大きな回生エネルギーが回収できます．

これを全てLiCに充電すると，図3(b)に示すようにLiCの電圧，すなわちSOCが急激に増加します．そこで，回生動作時に回収できるエネルギー量より，ホイール側に搭載すべきLiCの容量を設計します．

● 4輪搭載時に必要なLiCの容量は？

今回の検討では，第2世代W-IWMを4輪全てに装備し，減速は全て回生ブレーキで行うと仮定してLiCの容量設計を行いました．なお，走行抵抗や回生エネルギー等の計算には実験車両のパラメータ（代表値）を用いています．

その結果，1輪当たりに搭載するLiCの容量を1500 F × 12直列とすれば，前述の回生エネルギーを全て回収できることが分かりました．なお，写真2(b)に示す開発品では6直列のLiCモジュール2つに分割し，ホイール側電力変換回路の両側に搭載しています．

● JC08モードでは全ての回生エネルギーを回収可

このとき，12直列としたLiCモジュールの静電容量は125 F，動作電圧範囲は28.8～43.2 Vとなります．図3(a)のJC08モードで走行する際に，回生エネルギーを全てLiCに充電し，加速では積極的にLiCのエネルギーを利用したとすると，図3(b)に示すように

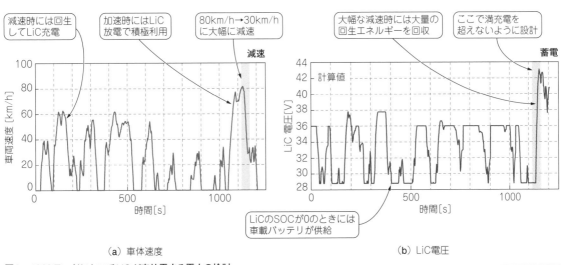

(a) 車体速度　　　　　　　　　　　　　　　　(b) LiC電圧

図3　JC08モードにおいてLiCが充放電する電力の検討

走行状況に応じて変動するLiCの電圧を計算できます.

ここで,最も減速した場合でも上限電圧を超えない範囲を維持できていることが分かります.

● LiC用DC-DCコンバータは高昇圧比・大電流に対応

先ほどの設計ではLiCを全て直列接続としましたが,それでもLiCの動作電圧は最大43.2 Vであるため,目標値が500 V程度となるホイール側の直流リンクとは大きな電圧差が存在します.

そのため,LiCと直流リンクを適切に接続するためには,LiC用DC-DCコンバータで10倍以上の極めて高い昇圧比を実現する必要があります.

また,低電圧のLiCを用いて大電力を出力するためには大電流を扱うことになります.しかし,前述したインダクタの体積・重量も課題となることから,これらのバランスをとるような回路設計がとても重要です.

■ 1.5 路面側装置の製作

● 路面コイルはEV1台が存在する長さ

今回の試作では,実験車両に搭載する第2世代W-IWMの開発に加えて,走行中ワイヤレス給電に向けた路面設備の開発にも取り組んでいます.

第10章のコラムBで示したように,路面コイルはEVが1台しか存在しない長さで設計するため,図4に示す路面コイルは長さ1300 mm,幅400 mmとしています.

線材は撚り線径0.05 mm,撚り線数5650のリッツ線をさらに2×63で束ねたもの(5.9×4.0 mm)を使用し,巻き数は14としました.

なお,路面コイルの設計には自身のコイルQ値および受電コイルとの結合,フェライト等の影響も考慮するため,複雑な計算が必要となります.

● 今回は樹脂ケースで製作(将来的には道路下に埋設)

まず,一次試作した路面コイルを写真3(a)に示します.図4で示した設計データを基に,フェライトを配置するための樹脂ケース,リッツ線を埋め込むために溝加工を行った樹脂プレートを組み合わせて構成しています.ここで,樹脂ケースを含む一次試作コイル

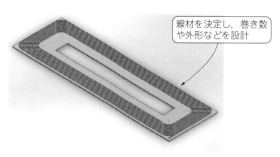

(a) 3D CAD図

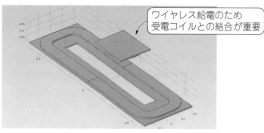

(b) 受電コイルとの結合の検討

図4 走行中ワイヤレス給電に用いる路面コイルの設計

(a) 路面コイル

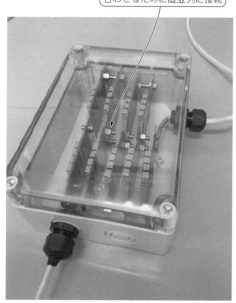

(b) 共振コンデンサ(外付け)

写真3 走行中ワイヤレス給電に用いる路面コイルの一次製作

の外形寸法は1400×500 mmとしています．

今回の試作では，動作検証のために樹脂ケースを用いた構造を採用しましたが，将来的には道路下に埋設する構造を検討しています．

● 車両に踏まれても耐える路面コイルの構造

今回試作する路面コイルは実車実験用なので，車両に踏まれても耐えられるコイル構造を検討しました．

ここでは樹脂の中でも耐衝撃性に優れるポリカーボネートを使用し，各部が面で力を受ける構造とすることで十分な強度を実現しました．

このほか，リッツ線をコイル・ケース外に取り出す構造や雨天時の防水性能など，運用時の利便性を向上させるためにさまざまな工夫を凝らしています．

● 外付けの共振コンデンサが必要

実験車両における送受電器の設計でも述べましたが，磁界共振結合によるワイヤレス給電では送電コイルだけでなく，共振現象を利用するための外部共振コンデンサが必要です．

しかし，路面コイルは道路に設置するので，コイル背面に共振コンデンサを配置すると厚みが大きくなり，埋設が課題となってしまいます．

そのためやむを得ず，一次試作では外付けの共振コンデンサはコイル・ケースの外側に設置することにしました．路面コイルと同様に防水性能を持たせるために専用のケースへ封入し，走行中給電実験時には次節で示すU字溝の内部に共振コンデンサを配置しました．

● 路面コイルでの放電現象が課題

路面コイルの一次試作では送電コイルと共振コンデンサを一体構造としなかったため，各部分の両端に生じる放電現象の対策が重要となります．写真4に示すように，開発初期には路面コイルの端部付近で放電現象が生じ，一部の部品が破損することもありました．

このとき，送電時の共振現象によって，コイルの両端部に生じた高電圧が背面フェライトを伝って放電を引き起こしていました．そこで，コイルとフェライト間に十分な絶縁耐性を持つシート材を挟むことで，現在も運用可能な路面コイルが製作できました．

コラムB　付帯設備も含めた路面設備の環境構築

◆U字溝などの鉄筋を含む構造材の影響

ここでは，路面設備をより簡易的に敷設するため，U字溝などの鉄筋を含む構造材が与える影響を検証しました．これまでは鉄損の影響を抑えるため，なるべく樹脂材料などを利用していましたが，実用を考えれば，従来の構造材が使える方が好ましいといえます．

写真B.1の実験では，路面コイル直下にU字溝が存在する条件で，路面コイルとU字溝の重なりを−20，−10，0，10，25，50 mmと変化させました．このとき，路面コイルの抵抗分（損失となる分）はいずれの条件でも大きく変化しないことを確認できました．

◆コイル敷設時の工法も検討すべき対象

この実験によって，第3節で示した走行中ワイヤレス給電設備の設計でもU字溝を用いた構造を採用でき，さらには路盤・舗装工事において特別な工法を使うことなく建設できました．今回設計した路面コイルでは背面にフェライトを配置したことで，電力伝送に寄与する主磁束がU字溝内部の鉄筋までほとんど届かず，効率に影響しない結果となりました．このように，電力伝送を行う設備そのものだけでなく，それを構築するための工法などに関する検討も，実用化に向けた重要な課題といえます．

（a）路面コイルとU字溝の配置

（b）路面コイルからの距離を変えて測定

写真B.1　U字溝配置時における路面コイルの特性変化の検証

(a) コイル配線 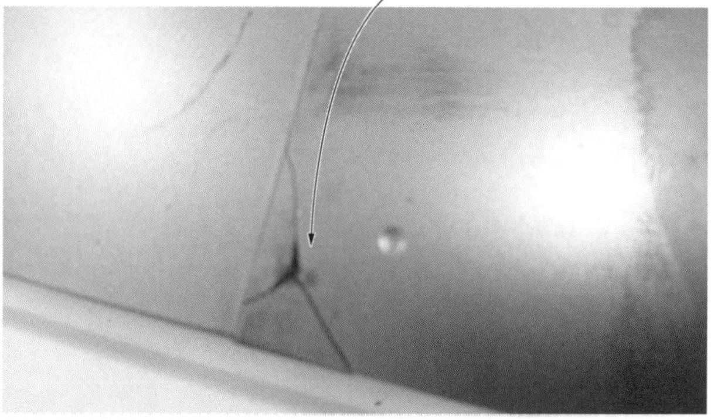　　　　(b) 背面フェライト

写真4　一次試作した路面コイルにおける放電現象の様子

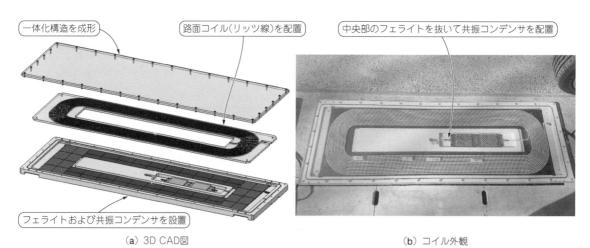

(a) 3D CAD図　　　　(b) コイル外観

図5　共振コンデンサを一体化した路面コイル

● 共振コンデンサを一体化した路面コイルの製作

　先程の対策によって，一次試作における路面コイルも運用可能となりましたが，路面コイルと共振コンデンサの接続，これらの配線の取り回し等を考慮すると，やはり一体構造として設計した方が実際の運用にも適した路面コイルといえます．

　今回は，図5に示す新たな路面コイル構造を設計しました．ここでは電力伝送時の効率にあまり寄与しないコイル中心部の背面フェライトを抜いて，空いたスペースに共振コンデンサを配置する構造としました．

　これによって，コイル・ケース外部に高電圧配線が出ないほか，路面コイルと路面インバータの接続が極めて簡単になります．なお，一体型の路面コイル外形は1500×500 mmとなっています．

● 共振コンデンサ一体化に向けた電力伝送実験

　路面コイルと共振コンデンサを接続する高電圧配線の取り回しを容易にするため，これらを一体構造とした新たな路面コイルを検討しましたが，理論的に可能であっても実際の動作環境において問題が生じないことを確認しなければなりません．

写真5　共振コンデンサ一体型路面コイルの開発に向けた検討

特集　EVと電池の充電・放電・給電

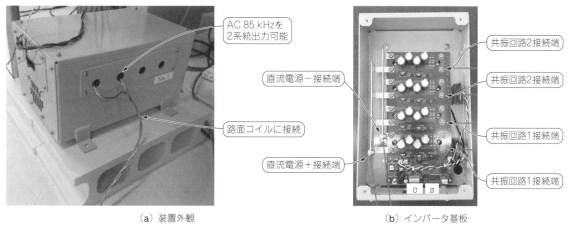

(a) 装置外観　　　(b) インバータ基板

写真6　走行中ワイヤレス給電に用いる路面インバータ（東洋電機製造製）

写真5では共振コンデンサを路面コイル中央部に配置したときの発熱を実験的に検証し，走行中給電のように短時間給電であれば問題がないことを確認しました．また，このときの効率低下は1％未満であり，さらにフェライト層と同じ深さに共振コンデンサを配置すればほぼ効率低下がないことも確認しています（実験時は路面コイル上に配置）．

● 路面インバータは1つの装置で2インバータを搭載

最後に，路面設備に利用する路面インバータを写真6に示します．通常の動作では路面側DCバスからAC 85 kHzに電力変換を行い，路面コイルに電力を供給します．このほか，第10章のコラムBで示したセンサレス車両検知・送電ON/OFF制御，実験用のデータ測定機能などを実装しています．

また，実験車両を用いた実車走行試験では当初，1輪当たり9 kWの走行中ワイヤレス給電を目標としましたが，写真6に示す路面インバータの定格容量は1つ当たり約十数kW，さらに1つの装置で2つのインバータ（左右輪をそれぞれ駆動）を搭載しています．

2. 走行中ワイヤレス給電の効率評価

● ベンチ試験の目的

ここではベンチ試験装置を用いた走行中ワイヤレス給電の効率測定実験について示します．実験車両を使った走行実験では，路面コイルからIWMへの伝送効率を正確に測定することが困難なので，ベンチ上で両コイルを静止させた状態で伝送効率を測定しました．

また，試験用モータや回生型直流電源等を利用することで，再現性の良い実験データを収集しやすくなります．そのため，より詳細な実験データの取得や新しい制御手法の動作確認など，多くの場面でベンチ試験

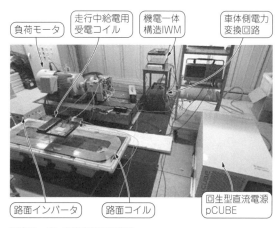

写真7　ベンチ試験装置の外観

を行う利点があります．

● ベンチ試験装置の構成

ベンチ試験装置の外観を写真7に示します．今回の実験では直流電源を路面インバータに接続し，この直流電圧値を変化させて伝送電力を調整しています．IWM側には任意の負荷電力を与えるため，モータ駆動用インバータの代わりに回生型直流電源（Mywayプラス製pCUBE）をホイール側直流リンクに接続し，定電圧モードで動作させました．

路面インバータの動作周波数は送電コイルの共振周波数である89 kHz（実測値）とし，路面側の入力電力（直流側）とIWM側の直流リンク電力をパワーメータで測定しました．

これらの値からDC to DCの伝送効率を求めているため，測定した伝送効率は路面インバータとIWM側の路面用AC-DCコンバータの変換器効率も含んでいます．

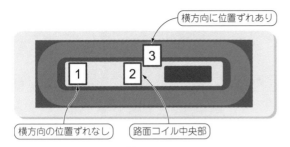

図6 ベンチ試験における受電コイルの位置

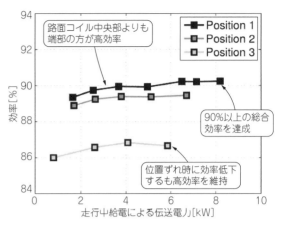

図7 ベンチ試験の効率測定結果[2]

● 効率評価の実験条件

IWM側の受電コイルは図6に示す路面コイル上の⟨1⟩，⟨2⟩，⟨3⟩の位置とし，コイル間のギャップはおよそ100 mmとしました．このとき，各条件における伝送電力を変化させた場合の入出力電力をそれぞれ測定し，これらの結果から伝送効率を求めました．

なお，受電コイルを図6の⟨1⟩の位置とした場合が最もコイル間の結合が強く，⟨2⟩，⟨3⟩の順で結合が弱くなっています．

ここでは，負荷電圧値（ホイール側直流リンク電圧）を路面側直流電圧に応じて調整し，各伝送電力点で伝送効率が最大となるように条件を設定しました．

● 多少の位置ずれがあっても高効率で動作

ベンチ試験の実験結果を図7に示します．コイル間の結合が強い⟨1⟩→⟨2⟩→⟨3⟩の順番で高効率となっていますが，最も位置ずれの大きい⟨3⟩の位置においても86 %以上の伝送効率が得られました．

したがって，実際の走行中給電において，多少の位置ずれがあってもある程度は許容できるといえます．

また，路面側電圧およびIWM側電圧の組み合わせを最適化した場合，伝送電力によらず最高効率はほぼ変化しないことが分かります．

● 電力変換回路を含めて総合効率90.24 %を達成！

最後に，最も大電力かつ高効率が得られた条件での測定結果を図8，表3に示します[2]．

ここで路面側の直流入力電力は8.196 kW，IWM側の直流リンク電力は7.396 kWであり，90.24 %の高効率動作を実現できました．

前述のように，この効率は，送受電コイル間の伝送効率だけでなく，路面側とIWM側の電力変換回路の効率も含んでいます．つまり，極めて高い総合効率を達成することができました．現在は，さらなる大電力化・高効率に取り組んでいます．

3. 実車での走行中ワイヤレス給電実験

■ 3.1 第2世代W-IWMを搭載した実験車両

本節では，これまでに紹介した実車用の開発ユニッ

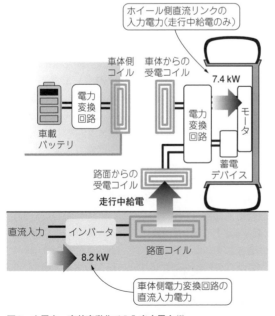

図8 大電力・高効率動作での入出力電力[2]

表3 最大電力・最大効率時の測定結果[2]

受電コイル位置	Position 1
動作周波数	89 kHz
相互インダクタンス（推定値）	37.0 μH
路面側直流リンク電圧	448.7 V
ホイール側直流リンク電圧	451.6 V
路面側直流入力電力	8.196 kW
ホイール側直流リンク入力電力	7.396 kW
DC to DC伝送効率	90.24 %

特集　EVと電池の充電・放電・給電

（a）実験車両FPEV4-Sawyer　　　（b）前輪に搭載した第2世代W-IWM

写真8　第2世代W-IWMを搭載した実験車両FPEV4-Sawyer

トを実験車両に搭載し，走行実験によって走行中ワイヤレス給電の動作を確認した結果を示します．

写真8は，第2世代W-IWMを前輪に装着した実験車両FPEV4-Sawyer[1]です．今回の走行実験では開発した第2世代W-IWMを用いて，前輪2輪で駆動します．なお，本稿では取り上げませんでしたが，第2世代W-IWMの開発に合わせて新しい前輪サブフレームを製作しており，各部品が干渉することなく安定して走行できるように工夫を施しています．

■ 3.2　走行中ワイヤレス給電設備の構築

● 走行中給電レーンは基礎実験に対応した構造

新しく構築した走行中ワイヤレス給電設備を紹介します．今回の実験では路面コイルを道路下に埋設するのではなく，専用のコイル・ケースを用いて製作したため，走行中給電レーンもこれに対応した構造としました．

設計では，通常の舗装路面と同様に走行中給電レーンの走行面をフラットに保つことを意識して，路面コイルの厚み45 mmと滑り止め用シートなどの数 cmを合わせた，深さ50 mmの給電レーンを製作しました．

● 走行中給電レーンには12セットのコイルが設置可能

構築した走行中給電レーンの全長は20 mであり，この中には12セット（左右で24個）の路面コイルを設置できます．

この長さは，1周125 mの周回デモを想定して設計しており，15 km/hで走行する実験車両が給電区間（20 m）で受電した電力を使えば，残りの非給電区間（105 m）は車載バッテリを使わずに走行できる，という試算を基に決定しました．

なお，この試算は走行中給電によって受電できる電力によって大きく変化しますが，第2世代W-IWMを前輪2輪に搭載した場合には1輪当たり9 kW程度を送電できれば，車載バッテリのエネルギーをまったく使わない走行デモが可能です．

● 十分な電源容量を持つ実験環境を構築

走行中ワイヤレス給電によって十分な電力を実験車両へ供給するためには，電源設備の構築も重要となります．そこで，東京大学柏キャンパス電気自動車実験場に給電ガレージを新設し，各装置の仕様も一から設計して，新たに環境構築を行いました．

ここでは，電源系統から引き込んだ3相200 Vを絶縁トランスを用いて3相400 Vに昇圧し，回生型AC-DCコンバータを用いて交流から直流に変換します．この電圧を用いて直流電源装置は任意の直流電圧（最大750 V）を路面側DCバスに供給し，各路面インバータが路面コイルを駆動させます．

路面コイルに供給された電力は実験車両の受電コイルへ伝送され，走行中のワイヤレス給電を実現します．

● 走行中給電レーンおよび給電ガレージの建設

今回検討した走行中給電レーンと給電ガレージを建設した際の様子を**写真9**に示します．まずは給電ガレージの基礎工事や組み立て，電気工事などを行い，実験車両が走行する走行中給電レーンは路盤工事・舗装工事を経て完成します．

走行中給電レーンは路面コイルを配置する溝構造をなるべく長期間にわたって維持するため，半たわみ性舗装（セメントミルクを入れるため，他のアスファルト舗装と比較して白くなっている）を利用しています．

また，走行路面に溝加工を施して，給電ガレージから路面コイルに接続する配線を通しています．

このほか，給電レーン中央部にU字溝を設置して排水機構を持たせるなど，実際の運用を考慮した工夫を施しています．

（a）給電ガレージの完成　　　　　　　　　　（b）走行中給電レーンの舗装工事

（c）走行中給電レーンの完成

写真9　東京大学柏キャンパスの走行中ワイヤレス給電設備の構築

3.3 実験車両を用いた走行中ワイヤレス給電実験

● 第2世代W-IWMで実車走行

走行実験の様子を**写真10**に示します．今回の実験では第2世代W-IWMを搭載した実験車両と走行中ワイヤレス給電設備を利用して，路面設備から実験車両に走行中ワイヤレス給電を行いました．また，**図9**に示すように，走行中給電がない道路では車載バッテリを利用して走行します．

ここで，実験車両を駆動させるためのIWMのトルク指令値は運転者のアクセルペダル操作から生成し，左右輪ともに同じトルク指令値を与えました．これに応じてそれぞれのホイール側制御器が駆動用インバータを制御し，各IWMを駆動して走行します．

● 3 cm程度の移動量で車両の有無を検知

路面設備は第10章のコラムBで述べた手法で車両検出を行いました．車両検出時の3レベル電圧波形（サーチパルス）は電圧実効値を小さくするために路面インバータのデューティ比を絞って，1回の検出でのパルス出力時間は400 μs，出力する間隔は10 msとしました．

今回の実験は12 km/h以下の走行速度であったため，10 ms間隔であれば3.33 cmよりも短い車両移動量ごとに路面コイル上の車両の有無を判定していることとなります．

● 今回は右輪のみに給電（両輪同時給電も可能だが…）

次に，走行中給電レーンにおける路面コイルの配置を**図10**に示します．本実験では各路面コイルは進行方向に1.6 m間隔で配置し，左右両輪で合計6個の路面コイルを設置しました．それぞれは路面インバータ

特集　EVと電池の充電・放電・給電

写真10　走行中ワイヤレス給電の実車走行試験

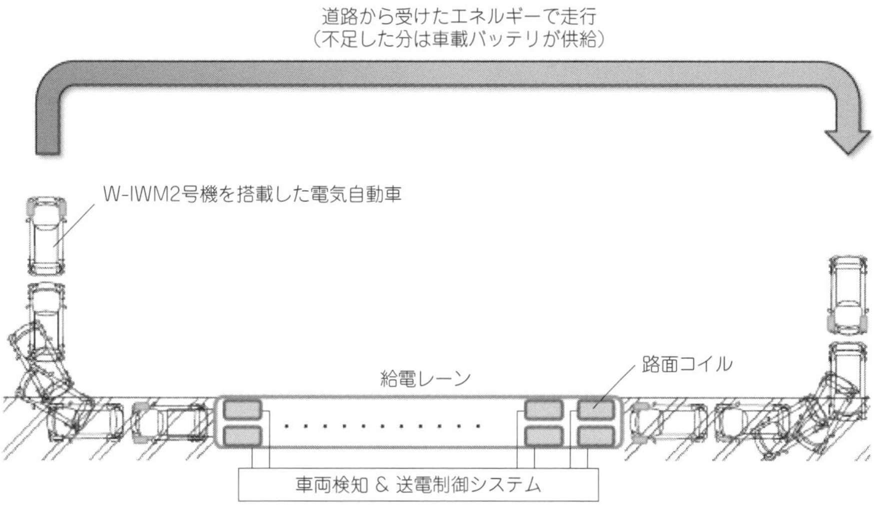

図9　走行中ワイヤレス給電を用いた周回走行試験

に接続され，車両検出時に実験車両への送電を開始します．

なお，左右両輪への走行中給電も可能ですが，本稿では右輪側に設置した3つの路面コイルのみを動作させた実験結果について示します．

● 各パラメータの設定値と制御目標値

本実験では，路面側DCバスとして回生型直流電源（Mywayプラス製pCUBE）を用いてDC 200 Vを出力し，各路面インバータに供給しました（路面設備が構築中だったため）．

ホイール側の制御系は第10章で示したとおりの構成とし，直流リンク電圧制御の目標値は500 V，LiCのSOC制御の目標値は38 V（SOC 50 %）で一定値としました．走行中給電時は送電された電力を全て受電し，制御系の動作に応じてIWMの駆動等に適宜利用します．

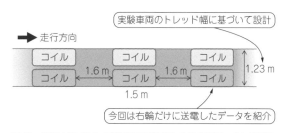

図10　走行中ワイヤレス給電の実車実験における路面コイルの配置

● 実車走行実験における注意点

今回の走行実験でもホイール側の制御に起因するノイズを除去するため，ミニモデルの実験と同様に移動平均フィルタを適用しています．また，測定に用いた各電流センサが未校正であったため，伝送効率については今回評価しておらず，今後測定する予定です．

コラムC 雨中での走行中ワイヤレス給電実験

◆磁界共振結合方式は雨が降っても動作可能

当然のことながら，一般の道路は雨や雪の降る環境にさらされるため，走行中ワイヤレス給電設備は悪天候に対しても安定して動作できなければなりません．もし，雨が降っているときに給電できなければ，EVの利便性はまったく改善されず，使い物になりません．

磁界共振結合方式では電力伝送を行う媒体として磁界を利用するため，磁性体でない雨や雪（主成分は水）の影響はほとんどありません（理論上では）．

しかし，大電力を扱うシステムであるため，しっかりと防水対策を施したうえで漏電等を引き起こさない設計が必要です．

◆路面コイルは十分な防水性能・強度性能を確保

今回製作した路面コイルはいずれも実際の運用を考慮して設計しているため，走行実験を行う前にさまざまな試験を行っています．

まず，コイル・ケース内部に水没管理シールを貼り付けた状態で散水試験および水没試験を行い，これらの試験において浸水が発生せず，十分な防水性能が確保できていることを確認しました（写真C.1）．

また，乗用車を用いて微速・低速・加速時の踏み試験を行い，コイル・ケースおよび内部のコイル・フェライトに損傷がなく，十分な強度性能があることも確認しました（写真C.2）．これにより，ケースの割れ等による浸水も生じることがなく，十分な雨対策を施すことができています．

◆大雨が降る中での動作検証

このような対策を施したうえで実験環境を構築しているため，雨天時においても走行中ワイヤレス給電実験を行う準備はできていました．しかし，再現性のあるデータの取得や万が一の事態も考慮すると，やはり雨天時には進んで実験できなかったのが実情です．

しかし，見学会や取材対応などを行う中で，どうしても雨天時に実験を行う必要性が生じました．理論上および構造上は問題がないため，想定外の大雨が降る中で実験準備を行い，タイミングを見計らって走行中ワイヤレス給電実験を実施しました．

◆雨天時にも支障なく送電できることを実証

写真C.3に雨天時の実験準備および走行中ワイヤレス給電実験の様子を示します．実験車両を格納しているガレージから実験場までは前輪に搭載した第2世代W-IWMで走行したため，車体－ホイール間のワイヤレス給電も問題なく動作できることを確認できました．

走行中ワイヤレス給電の実験は路面コイル上に大きな雨粒が残るほどの悪条件で行いました．写真C.3に示したとおり，前輪IWMに配置された受電コイルが路面コイル上に接近すると受電中という表示が点灯し，無事に実験が成功しました．

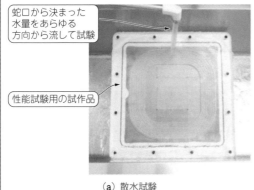 

(a) 散水試験　　　(b) 水没試験

写真C.1 機械構造検証用路面コイルの防水性能評価試験

● 第2世代W-IWMでの実車走行に成功

走行実験の結果を図11に示します．図11(a)は右輪に搭載した第2世代W-IWMのトルク指令値を示しており，運転者のアクセルペダル操作に応じて，トルク指令値を各IWMに与えています．今回も第1世代WIWMと同様に，車体側からIWM側へBluetoothを

特集　EVと電池の充電・放電・給電

◆長時間の停車中給電も可能

雨天時の走行実験という想定外からのスタートでしたが，このタイミングで新たに走行中給電から停車中給電へと移行する実験も行うことにしました．

ここでは，交差点手前での信号待ちを想定し，走行している実験車両を路面コイル上で停止させ，給電状態をそのまま維持できるかを確認しました．

この結果，これまでの走行中ワイヤレス給電と同様にきちんと車両を検知したうえで送電が開始され，実験車両が停車して路面コイル上にとどまっても路面設備は車両の存在を常に検知しながら，連続した停車中給電へと移行することに成功しました．

◆想定外も得られた成果は大きい

想定外の雨から始まった実験車両の走行実験でしたが，終わってみれば多くの成果が得られました．今では天候にかかわらず走行デモを実施できるようになり，実用化に向けての大きな自信となりました．

今後はさらなる性能改善を目指して，基礎研究だけでなく応用実験にも取り組み，この技術が実用化される未来に向けて，研究・開発を進めていきます．

（高さをそろえて，踏み位置を変化させて試験）
（a）微速・低速・加速で実施

（定速走行のほか，前輪で踏んでいる状態にアクセルワークで加速）
（b）乗用車で踏み試験

写真C.2　機械構造検証用路面コイルの強度性能評価試験

「受電中」の表示が点灯
前輪IWMに搭載した受電コイルが路面コイル上を通過中に給電
（a）走行中給電の様子

路面コイル上で停車中給電も実施
U字溝が濡れて変色している
（b）停車中の給電も可能

写真C.3　雨天時の走行中ワイヤレス給電実験

用いて指令値を無線通信で与えています．

ここで，図11(b)に示す車両速度が徐々に増加（加速）していることから，第2世代W-IWMによる実車走行に成功していることが分かります．

●3つの路面コイルから順次走行中給電

次に，図11(d)に示す右輪IWM側の走行中給電用

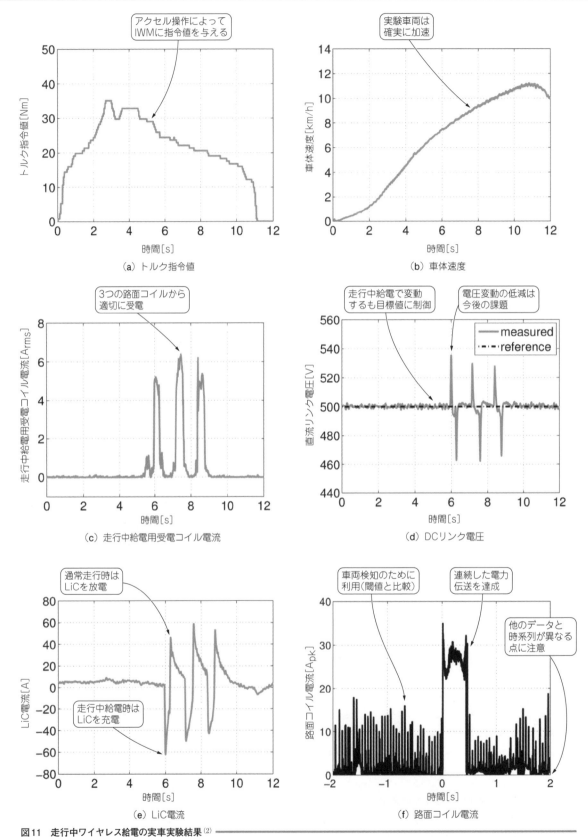

図11 走行中ワイヤレス給電の実車実験結果[2]

特集　EVと電池の充電・放電・給電

の受電コイル電流より，5.5秒頃から3つの路面コイルから順次走行中給電されていることが確認できます．

ここで，図11（c）に示すIWM側の直流リンク電圧が走行中給電の前後で変動していますが，開発した制御手法によって目標値に追従するように，適切に制御されていることが分かります．

今後は走行中給電時の電圧変動を抑制するように制御系を改良し，より安定した動作の実現を目指します．

● 走行中給電時にはLiCを充電

図11（e）はLiCに流れる電流値を示しており，負の数値はLiCが充電されていることを表します．本実験では簡単のためにLiCのSOC目標値を一定としていますが，走行中給電時にはLiCを充電し，路面コイルの間ではLiCのエネルギーを使って走行しています．

以上の結果より，走行中給電による短時間の電力変動はLiCを使った制御（パワーフロー制御）が積極的に動作することで，ホイール側の電力バランスを調整して直流リンク電圧を安定化していることが分かります．

● SOC制御系も適切に動作

また，走行中給電が行われていない区間の5.5秒以前と10秒以降では図11（e）のLiC電流がほぼ0となっており，電力変動がほとんどない定常状態ではLiCのSOCを一定に保ち，車載バッテリによる航続走行を実現できています．

したがって，実車走行においても提案する制御系が適切に動作しており，走行中給電の有無にかかわらず，その有効性を検証できました．

● 路面設備もセンサレス車両検知/送電制御を実現

次に，路面設備の動作を確認していきます．図11（f）は2つ目の路面コイル電流を示しており，他のデータとは時系列が異なる点に注意してください（車両側と路面側はそれぞれ独立して計測しているため）．

時刻0から0.5秒程度の間，路面コイルに連続した電流を流していることが確認でき，このタイミングで実験車両に走行中給電を行っていることが分かります．

また，給電前後で生じているスパイク的な電流は車両検知に利用しているもので，設計した閾値とこれらを比較することで送電動作を適切に切り替えられていることが確認できます．

● 車両検知時の消費電力は70 W

最後に，車両検知時および送電時の電力について示します．概算値ではありますが，直流電源装置の表示値より，今回の実験における車両検知時の消費電力は1つのコイル当たりおよそ70 W，走行中給電時の電力はおよそ3.8 kWであることを確認しました．

給電時と比較して待機時の電力を2桁程度小さくできていますが，実用化に向けて，さらなる省電力化を実現しなければなりません．

今後は走行中ワイヤレス給電の安定動作だけでなく，より低損失な動作を達成する研究・開発に取り組みます．

おわりに

● 本研究のまとめ

本研究では「インホイール・モータ（IWM）」と「走行中給電」をキーワードとして未来のEVの理想形を描き，IWMならではの新しい走行中給電のかたちを提案しました．

第2世代ワイヤレス・インホイール・モータ（W-IWM）では，第1世代W-IWMで実現した車体–IWM間の双方向ワイヤレス給電に加えて，路面からの走行中ワイヤレス給電に対応し，IWM側の蓄電デバイス（LiC）による回生効率の向上と高度なパワーフロー制御を実現しました．

さらには，実験車両を用いた走行実験にも成功し，路面からIWMに直接ワイヤレス給電できることを世界で初めて実証しました．

● やはり課題は多いが…

本誌No. 6では走行中ワイヤレス給電技術，本誌No. 8ではIWMを取り上げ，それぞれ実用化に至るまでに多くの課題が残されていることを紹介しました．本稿で取り上げた第2世代W-IWMはこれらの先にある技術であるため，簡単には達成できない大きな壁が幾つも存在するといえます．

しかし，リチウムイオン電池一辺倒で進んできたEV開発に対して，真に持続可能な未来のクルマ社会にあるべき理想的なEVを実現するべく，今後はさらに研究・開発を加速させなければなりません．

走行中給電技術の発展はこれまでの道路インフラを大きく変化させ，将来のEV社会に適した新しいものへと変わっていくでしょう（図12）．

● 本技術が創造する新たなEV社会を期待して

本研究室の走行中ワイヤレス給電技術は2017年4月に記者会見を行い，最近ではメディア露出も増えてきました．見学依頼も殺到しており，現在では全てに対応しきれないほどの注目を集めています．しかし，実用化に向けてはこれからが正念場です．私たち大学・企業のほか，国や公共団体なども含めた産学官の連携がより重要となっていくでしょう．

本稿で紹介した技術がIWMの普及・実用化の大きな後押しとなり，究極のEVとしてクルマ社会の安全・安心，さらには地球環境の保全に貢献することを期待しています．

(a) 高速道路（航続距離が無限大に）　　　(b) 市街地（家での充電も不要に）

図12　走行中給電のある未来の道路のイメージ図

写真11
共同研究者での
記念撮影

◆参考文献◆

(1) 藤本博志，天田順也，宮島孝幸，「可変駆動ユニットシステムを有する電気自動車の開発と制御」，自動車技術会春季大会学術講演会前刷集，No.8-13，pp.17-20，2013.

(2) 藤本博志，竹内琢磨，畑勝裕，居村岳広，佐藤基，郡司大輔，「走行中ワイヤレス給電に対応した第2世代ワイヤレスインホイールモータの開発」，自動車技術会春季大会学術講演会講演予稿集，pp.277-282，2017.

筆者紹介

畑　勝裕
東京大学大学院 新領域創成科学研究科／
日本学術振興会 特別研究員

居村 岳広
東京大学大学院 工学系研究科 特任講師

藤本 博志
東京大学大学院 新領域創成科学研究科／
大学院 工学系研究科 准教授

佐藤 基
東洋電機製造（株）研究所 技術研究部

郡司 大輔
日本精工（株）自動車技術総合開発センター
パワートレイン技術開発部

製作実験レポート

永久磁石による回転型「磁気浮上・走行装置」
~"磁気車輪"の動作原理・実験・製作~

藤井 信男

磁気浮上を実現するには「超電導を使う」ことが必要だと思いがちだが,ここで紹介する「磁気車輪」はネオジム磁石と電磁コイルによる誘導反発磁界を使って常温で駆動する.磁気車輪が高速に回転することで浮上力を実現し,その一部を推力にも充てている.今回の実験では,1000rpmの回転で35kgの実験車両の浮上走行に成功している.この磁気車輪の浮上を,鉄道総合技術研究所の公開日で見た方もいるであろう.

(編集部)

はじめに

"リニア・モータ"というと,東京―名古屋間で建設中の磁気浮上型の"超電導リニア新幹線"を思い浮かべる人が多いでしょう.

しかし,「浮上しない」リニア・モータもあり,すでに東京・大阪・福岡など全国の一部の地下鉄路線で採用されています.この技術を本誌No.9[(2)]で解説しました.一方,超伝導型リニア・モータでなくても「磁気浮上する回転体も考案され,実現されています.

ここでは,筆者らが実際に設計製作した「磁気浮上回転型の走行装置」について実験レポートを示します.なお,この磁気浮上の回転体を「磁気車輪」と呼んでいます.

1. 安定した「誘導反発型」の磁気浮上

磁気浮上の場合,「浮上ギャップが小さくなると反発力が大きくなり,その結果,接触しないようにギャップを広げるので,制御なしで自動的に安全なギャップに保つ自己安定性を有する」というのが,安定/安心できる方式と言えます.

これを実現できるのが「誘導反発型磁気浮上」で,超伝導リニア新幹線の浮上方式も同じです.

■ 1.1 静止型の誘導反発磁気浮上の原理

● 交番磁界を生成する浮上体を導体板上に置く

磁気車輪の浮上原理から説明します.図1のような極めて単純なモデルを考えます.これは,導体板上で浮上体を磁気浮上させる方法の1つです.

● 浮上体には巻き線か電磁石を装備し磁界を発生

浮上体には「巻き線」や「電磁石」を装備し,これらに交流電流を流して「交番磁界」や「回転磁界」または「移動磁界」の時間的に変化する磁界を発生させます.

● 導体板で発生した誘導磁界と浮上体の磁界が反発

浮上体で発生した磁界を導体板に「鎖交」させ,導体板中に「誘導電流」を発生させて浮上体の磁界と誘導磁界間に反発力を発生させる方式です.

これには,時間で変化する磁界を作るのに浮上体を機械的に動かす必要がないという利点があります.

● この方式では浮上体を浮上させられない!?

しかし,この方法では浮上体の自重よりも大きな磁気反発力を発生させることはできません.

その理由は,巻き線に電流を流すと発熱によって電流密度が制限され,浮上に必要な大きな起磁力を作ることができないためです.

● 磁力が足りない!

超電導巻き線だと可能性はありますが,現段階では小型軽量の冷却で比較的高い周波数で安定に使用できる交流用超電導線材はありません.

■ 1.2 静止型の誘導反発磁気浮上

● 磁気浮上させるには…

実用性がある誘導反発型磁気浮上装置としては,次

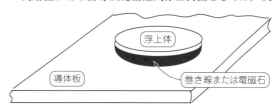

図1 静止型の誘導反発磁気浮上装置

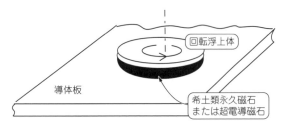

図2 導体板上で希土類永久磁石あるいは超電導磁石を回転させる誘導反発磁気浮上装置

のようなことが要求されます．
(1) 最低限，装置の自重よりも大きな反発浮上力を発生できること．
(2) 磁界の発生源および誘導された電流でのジュール損による電力消費量が問題にならないほど少ないこと．

● 上記要件の解決策

これらの要件を満たすためには，
①軽量の浮上体から強力な磁界を発生できること
②そのために大きなエネルギー積をもつ希土類の
　永久磁石または超電導磁石を使用すること
が考えられます．しかし，これらはいずれも時間的に変化しない磁界のため，導体板上でこれらの磁石を機械的に運動させる方式になります．

■ 1.3 運動型の誘導反発磁気浮上

● 浮上体を回転させる

図2に，永久磁石または超電導磁石を円板に装着した浮上体を導体板上で回転させる，誘導反発型磁気浮上の概略を示します．

● 導体板の代わりに短絡コイルを使うと

一方，誘導電流を流すのに導体板の代わりに短絡コイルを使用することもできます．

図3に直線状に配置した短絡コイル上で永久磁石ま

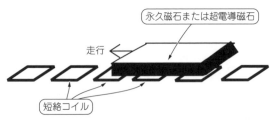

図3 短絡コイル上で永久磁石または超電導磁石を直線走行させる誘導反発磁気浮上装置

注1：磁極の裏側から出入りする磁束を他の磁極の裏側に通すための通路として使われる鉄類を「ヨーク(yoke, 継鉄)」という．モータなどのヨークには，成層鉄心が使用されることが多いが，ここでは時間的に変化する磁束がほとんどないため，ヨークへ鉄板を用いている．

たは超電導磁石を動かす誘導反発型の磁気浮上方式の概略を示します．

この超電導磁石を用いる方式はJRの超電導リニア新幹線に使用されている浮上・案内装置の原型です．

＊

しかしこれは，基本的に回転しない方式です．ここでは，回転にこだわります．そこで，次節からは導体板上で「希土類の永久磁石を回転させる」誘導反発型磁気浮上方式の動作原理について説明し，その能力と実用性について検討します．

2. 導体板上で永久磁石を回転させる方式

■ 2.1 基本モデル

● 導体板上で永久磁石を回転させるモデル

今回の磁気車輪の基本モデルを図4に示します．導体板上で「永久磁石(以下，PMと略す)」を機械的に回転させるPM回転体モデルです．

● 2極の永久磁石がある円形ヨークが空中回転する

PM回転体には「円形のヨーク[注1]」にPMが2極で取り付けられています．PM回転体は十分広い導体板上に（浮き上がった形で）平行配置されて速度vで左回転しているとします．

■ 2.2 発生する誘導起電力と電流

● PMから磁束が導体板に交差する

基本モデルで発生する誘導起電力電流を考えます．

まず，PMが図4に示す位置にあれば，PMから導体板に鎖交する磁界（磁束）は図5(a)のようになります．ここで×印は磁界の方向が導体表面から奥へ，◉印は奥から手前方向の磁界を表しています．

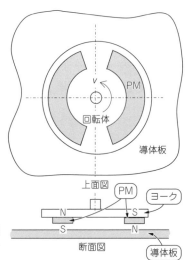

図4
導体板上で永久磁石(PM)が回転するモデル

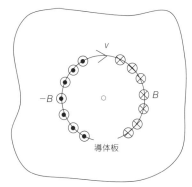
（a）静止したPMから導体板に交差する磁束方向

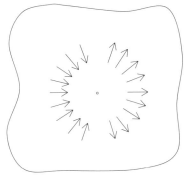
（b）導体板に誘導される起電力の分布

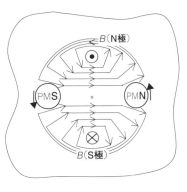
（c）導体板での誘導起電力と同位相で流れる渦電流

図5　基本モデルの動作を考える

● フレミングの法則で回転方向が決まる

　これらのPM磁界を回転体から眺めると，相対的に導体板は右方向に回転することになります．

　図5（a）のように，磁束密度Bが鎖交している導体板が速度vで運動すると，導体板には

　　　起電力$\dot{e} = v \times B$（フレミングの右手の法則）

が誘導されます．その分布の様子を図5（b）に示します．

　起電力はPM下だけに半径方向に発生し，方向は鎖交磁束の方向に対応して，左右それぞれで図5（b）に示した方向になります．

● 誘導起電力と同位相の渦電流が導体板中に流れる場合

　この場合の電流は，図5（c）に示すように，図5（b）の起電力を結ぶ電流ループ線でイメージ図を描くことができます．なお，電流の方向は起電力の方向で決定され，PM回転面の上半分と下半分のそれぞれで渦電流の向きが異なります．

　これらの導体板の渦電流によって，●印と⊗印で示す方向の磁界が上下半分それぞれに発生し，このときの磁極の中心は上と下でそれぞれN極とS極になります．なお，磁極はPM側の導体表面において磁束が導体に入る方向を「S極」と呼んでいます．

● この状態では浮上しない

　図5の段階での回転体PM磁極のN極とS極は，図5（c）に示すように，それぞれ右と左に位置します．図（c）のように，PM回転体の磁極と導体板電流での磁極が$\pi/2$の位置関係にあるとき，PM回転体は左回転しているので，回転体のN極と導体板のN極間による反発力が働くとともに，回転体のN極と導体板のS極間の吸引力を引き裂こうとする力，すなわち制動ト

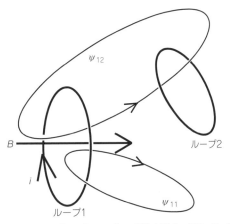

図6　2つのループからなるモデルの電流と磁束，漏れインダクタンスとなる漏れ磁束との関係

ルクが最大になります．

　すなわち，図6のような位相関係の場合は，誘導電流は発生しますが浮上力は発生しないので磁気浮上装置としては使用できません．

■ 2.3　インピーダンスと電流の位相

● 電流とインピーダンス

　該当回路のインピーダンスについて検討します．まず，本モデルでの電気回路の要素を考えます．電気回路の要素としては，①抵抗，②インダクタンス，③キャパシタンスの3種類があります[注2]．

　このうち，インダクタンスLは，電流iと鎖交磁束ψとの関係として次のように定義されています．

注2：電気回路の要素は，抵抗（resistance），インダクタンス（inductance），静電容量またはキャパシタンス（capacitance）の3つで，これらの要素を持つ部品や素子は，以下のように呼ばれている．
　抵抗部品：抵抗（resistor）または抵抗器（resistor）
　インダクタンス部品：インダクタ（inductor），リアクトル（reactor），またはコイル（coil，導線をらせん状に巻いたもの）
　キャパシタンス部品：キャパシタ（capacitor）またはコンデンサ（ドイツ語Kondensator）

$$L = \frac{\psi}{i} \quad \cdots\cdots 式(1)$$

● 漏れインダクタンスの存在

電流iと鎖交磁束ψの関係について，**図6**のような2つのループがあるモデルで考えます．

いま，ループ1に電流iが図示の方向に流れているとすると，アンペアの右ネジの法則で図の方向のループ内に磁界Bができます．ループ1の面積をSとすると，ループ1が作る磁束ψ_1と磁界Bの関係は次式で与えられます．

$$\psi_1 = \int_s B \cdot dS \quad \cdots\cdots 式(2)$$

ループ1から放射されるψ_1は，
① ループ2内を通る磁束ψ_{12}
② ループ2内を通らない磁束ψ_{11}

の2種類に分けられます．②の磁束で自身のループ1とだけ鎖交する磁束は他のループ回路に影響を及ぼさないので「漏れ磁束」と呼ばれます．

漏れ磁束に対応するインダクタンスは「漏れインダクタンス」と呼ばれ，次式で定義されます．

$$l = \frac{\psi_{11}}{i} \quad \cdots\cdots 式(3)$$

なお，ループ1以外のループ2等がない場合は$\psi_{11} = \psi_1$となります．

● 電流が流れるところは必ずインダクタンスが存在する

導体板の場合，電流ループは目には見えないためループを定めることは困難ですが，電流は必ず閉回路を作るので，その電流路を電流ループと見なします．

このように，コイル[注3]やリアクトルなどの素子のインダクタがなくても，電流が流れるところではインダクタンスは必ず存在します．

● 誘導される起電力と電流との位相関係

電流ループ回路には起電力eがあり，必ずインダクタンスlが存在すると述べましたが，電流ループ回路における抵抗rも必ず存在します．したがって，この電気回路は**図7**のように表されます．ここでnはPM回転体の毎秒当たりの回転数を表します．

● PM回転体の回転速度とリアクタンスと遅れ位相角

当モデルの起電力や電流の周波数fとPM回転数nとの関係は，極数をpとすると次のようになります．

$$f = \frac{p}{2}n \quad \cdots\cdots 式(4)$$

回路のリアクタンスは$pn\pi l$となり，電源電圧に対する回路電流の遅れ位相角φは次式で与えられます．

$$\varphi = \tan^{-1}\left[\frac{pn\pi l}{r}\right] \quad \cdots\cdots 式(5)$$

したがって，
(1) 抵抗分が小さい（導体の抵抗率が小さい，導体板が厚い）ほど
(2) 回転速度が高くなるほど
遅れ位相角は大きくなります．

■ 2.4　磁気浮上を実現させる電流の位相

● 遅れ位相角と浮上力と制動力の関係

図8(a)に遅れ位相角が$\pi/4$のときの導体電流による磁極とPM回転体の磁極との関係を示します．

図5(c)の場合と比べ，両者の同極が近づき，異極は遠ざかっているので，両極間の反発力が強まり，

注3：コイル（coil）とは，導線を輪状に巻いたものの呼称．具体的にはインダクタンスや電磁石を作るために導線を巻いたものなど．また，コイルはモータの「巻き線（winding）」の構成要素として使用されることも多々ある．その場合，巻き線は個々のコイルを接続して構成される．このように，コイルと巻き線は本来異なるものである．

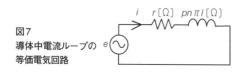

図7　導体中電流ループの等価電気回路

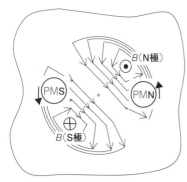

（a）起電力から$\pi/4$位相が遅れた電流の場合の磁極関係

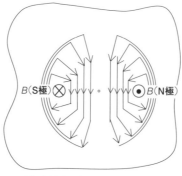

（b）起電力から$\pi/2$位相が遅れた電流の場合の磁極関係

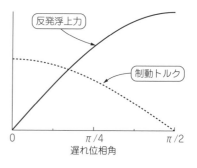

（c）電流の遅れ位相角と浮上力，制動トルクの関係

図8　磁気浮上を実現させる電流の位相

（反発）浮上力が大きくなる一方，制動トルクは減少することが推考できます．

さらに位相が遅れてπ/2になった時の磁極関係図を同図（b）に示します．このときは，導体電流による磁極とPM回転体の磁極とは同じ位置で同極同士が向かい合うので，反発浮上力だけが発生し，制動トルクはありません．

● 遅れ位相角がπ/2では誘導電流は流れない

この状態は，磁気浮上装置として理想的かもしれませんが，式（5）から分かるように，導体板の抵抗分が零でなくてはなりません．

また，R−L回路でR＝0の場合，時定数は

$$\tau = \frac{L}{R} \qquad \qquad 式(6)$$

から無限大になるため，導体板に誘導起電力が発生しても電流は立ち上がらず，流れません．したがって，抵抗がない超電導板を使用したとしても，浮上力も制動トルクも発生しないことになります．

図8（c）は，起電力に対する電流の遅れ位相角に対する反発浮上力と制動トルク特性をそれぞれ示しています．このグラフでは導体電流の大きさが一定という条件で描いています．

上述のように位相角が完全にπ/2では誘導反発浮上装置は成立しないので，π/2よりも少し小さな位相の動作点で最大の浮上力が得られるということになります．

● 安定のためには適度なダンピングも必要

しかし，安定な浮上には，適度なダンピングとして振動エネルギーを吸収する抵抗分も必要です．ここでいう"ダンピング"とは，「浮上力振動の制動」です．

位相角がπ/2に近いほどダンピング時定数は大きくなり，ダンピング係数は小さくなってダンピングは弱くなります．一方，ダンピングを強くすると制動トルクが増大し，その制動トルクに打ち勝つ動力を供給するための電力消費量が増大することになります．

すなわち，大きな反発浮上力とダンピングはトレードオフの関係にあります．

● 永久磁石回転体が回転すると浮上力が生じる

以上のように，導体板上で永久磁石を回転させると，磁気浮上用の誘導反発力が得られる可能性があることを説明しました．

次に，実際にどの程度の大きさの永久磁石回転体でどの程度の浮上力が得られるかを実験で確かめました．

3. 希土類永久磁石「回転体」の製作と実験

■ 3.1 実験装置の製作

● ネオジム磁石を使用して回転体の製作

実際に浮上できるかを検証するための予備実験を行いました．つまり，回転体の浮上力が予想どおりに得られるか，前記モデルで磁気車輪を製作してみます．永久磁石（PM）には保持力926kA/m，最大エネルギー積345kJ/m³の「ネオジム系希土類永久磁石」を使用しました．

その磁石形状と寸法を図9（a）に示します．辺は直

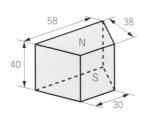

（a）回転体に取り付けた希土類PM単体の寸法

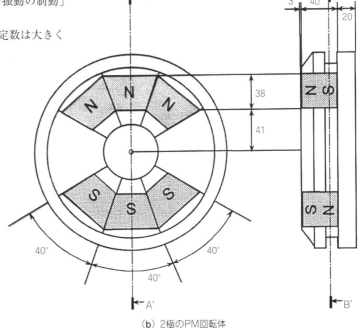

（b）2極のPM回転体

図9 ネオジム磁石を取り付けた回転体の製作

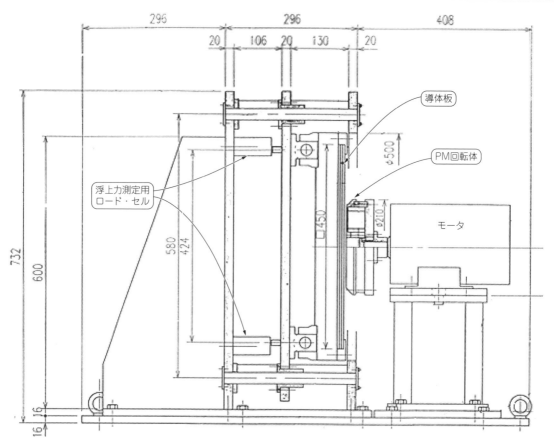

図10 永久磁石回転磁気浮上の実験装置

写真1 製作した2極のPM回転体の外観

写真2 永久磁石回転磁気浮上の実験装置の外観

線で台形状とし,磁化方向の厚さは40mmです.これを同図(b)のように,1磁極に3個配置して2極構成にしました.20mm厚の円形ヨーク以外は全て非磁性のステンレスを使用しており,PM表面には保護用に3mm厚のステンレス板のカバーを設けています(写真1).

● アルミ合金で導体板を製作

回転体と対抗する導体板には,5mmと10mm厚の銅板,および5mm厚のアルミ合金板(抵抗率は銅の2.94倍)3枚を組み合わせて5mm,10mm,15mm厚として用いました.なお,縦横の寸法は450×450mmです.

● 実験装置の製作

実験装置の全体を図10に示します.浮上力としての反発力を測定しやすいように,導体板は垂直に取り

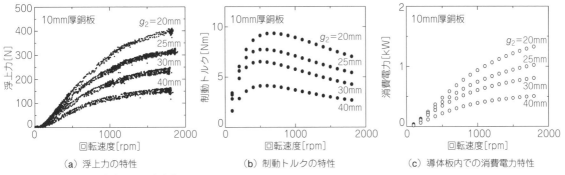

図11 導体板を10mm厚の銅にして実験する

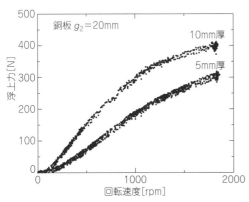

図12 銅板の厚みを変えたときの浮上力比較

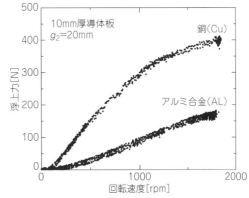

図13 銅板とアルミ板との浮上力比較

付け，後方で浮上力測定用のロード・セル4個で力を検出する構造としました．

また，PM回転体は回転させるためのモータへ取り付けられ，モータの取り付け台は，PM回転体と導体板とのギャップを調整できるようになっています（**写真2**）．

■ 3.2 回転速度と浮上力／制動トルクの実験

● 10mm厚の銅の導体板での浮上力の測定

導体板の素材と厚さとPM回転体の回転速度で，回転体の「浮上力（反発力）特性」がどうなるか測定します．

図11（a）に10mm厚銅板での浮上力特性を示します．図中の「ギャップg_2」とは，回転体表面と導体板間の「機械的ギャップ」です．

それぞれのギャップで，回転体の回転速度を徐々に増しながら短い時間間隔で浮上力を測定しています．図中の黒丸の1点1点がそのときの実測値です．なお，回転速度は回転数／分（rpm）で表示しています．

● 導体板を10mm厚の銅板にして浮上力を測定

図11（b）は10mm厚の銅板の場合の「制動トルク特性」を示します．これらのトルクT（Nm）は，モータ駆動電力からモータ損失を差し引いた動力P（W）との次式の関係から求めています．

$$T = \frac{P}{\omega_m} \quad \cdots\cdots\cdots\cdots\cdots\cdots\cdots\cdots\cdots\cdots\cdots\cdots\cdots\cdots 式(7)$$

ここで，ω_m（rad./s）は回転角速度を表しています．

図11（c）は，磁気浮上力を発生させるために必要な電力を示します．浮上力に比例して消費電力が増大しています．

● 銅板の厚さ／素材を変えると

図12は銅板の厚さを5mmにしたときの反発浮上力を10mmの場合と比較して示しています．5mmでは浮上力は小さくなりますが，回転速度に対する飽和も小さくなります．

図13は同じ10mmの厚みの銅板と抵抗率が銅の2.94倍のアルミ合金板との浮上力を比較して示したものです．抵抗率が大きなアルミでは銅に比べて浮上力は小さいですが，2000rpm程度の回転速度では浮上力の飽和は見られず，回転速度に比例して増加しています．

● 銅板とアルミ合金板で特性がどう変わるか

図14（a）に，アルミ合金板の厚みを5mm，10mm，15mmと変えたときの浮上力を10mm厚の銅板と比較して示しました．

これらのうち，10mm厚の銅板と5mmおよび15mm厚のアルミ合金板との制動トルクと消費電力特

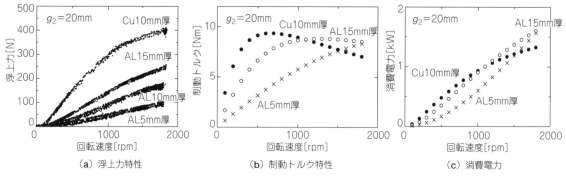

図14 アルミ板の厚みを変えて特性の比較

性について，それぞれ同図(b)と(c)に示します．

制動トルクは，導体抵抗が小さいほど低い回転速度で最大値が見られ，高速回転になるほど制動トルクは減少します．

一方，消費電力は高速回転になるほど増加しますが，浮上力に比例するので，抵抗が小さいほど飽和傾向が見られます．1800rpm付近の高速回転では3者の浮上力には大きな差があるのに，消費電力はあまり差がありません．消費電力当たりの制動トルクの値は，3者ともに5.30（Nm/kW）と完全に等しくなっています．

● 実験から実際に浮上できるかを考察

PM回転体での誘導反発型磁気浮上は，強力なPMの利用により巻き線のジュール損なしで大きな磁束を導体板に鎖交させることが可能なため，大きな反発浮上力を制御なしで簡単に実現できることが分かりました．

さらに，実験結果から，

(1) 外形が直径21cm厚み約6cmの希土類PM回転体で，ギャップ20mmで400Nの浮上力を発生し，約40kgのものを持ち上げることが可能．すなわち，浮上体の自重よりも十分大きな浮上力を得ることができ，

　　　ペイロード＞0

を実現できる．

(2) 浮上力発生には制動トルクが附随し，制動トルクは導体板の抵抗分で発生するために電力消費を伴う．

(3) 安定な磁気浮上にはダンピングとして振動エネルギーを吸収する抵抗が必要であり，それは電力消費を意味する．

(4) 高速回転での消費電力当たりの制動トルクは，導体板抵抗に無関係にほぼ同一になる．

以上，メリットは分かりましたが，デメリットとして，

(5) 誘導反発型の磁気浮上には大きな消費電力を伴う．

という問題があることも分かりました．

● 制動トルクを非対称にして「推力」を得る

そこで，消費電力の問題を緩和するために，図15に表すように「PM中央の円周に沿った制動トルク分布を左右で非対称にすることによって推力を取り出す」方法を考案しました．

これによって，無用な制動トルクに付随する駆動電力を有用な推力の動力に変換します．つまり，浮上のための力の一部を，推力として進行方向の移動に使うことができるのです．

● 「磁気車輪」の理論の誕生

このように，「PM回転体での誘導反発型磁気浮上で発生する制動トルクの分布に偏りを持たせて，そこで推力を得ることにより，"反発型磁気浮上"と"推力"を同時に発生できるようにした装置」を実現する目処が立ち，筆者らはこれを「磁気車輪」と名付けたのです．

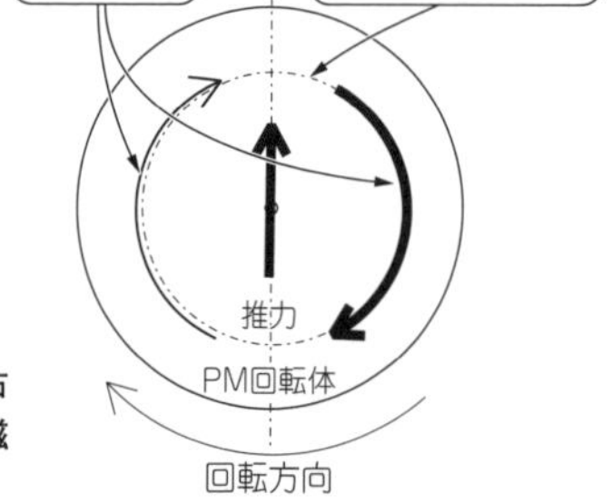

4. 制動トルクを推力に変換する
～PM回転型磁気車輪の種類と動作原理～

制動トルク分布に「偏り」を持たせる方法を考えます．筆者らは，以下のような「傾斜式」と「偏倚式」の2種を提案しました．

■ 4.1 傾斜式磁気車輪

● PM回転体を導体板に対し傾かせる方式

図16に示すように，傾斜式とは，導体板とPMとのギャップを変えるために，PM回転体を導体板に対して傾斜させて回転させる方式です．

磁気車輪でのPM回転体を，以下では「磁気車輪ヘッド」と呼びます．この場合，磁気車輪ヘッドの導

図15 制動トルク分布を左右で非対称にする～「磁気車輪」の基本原理

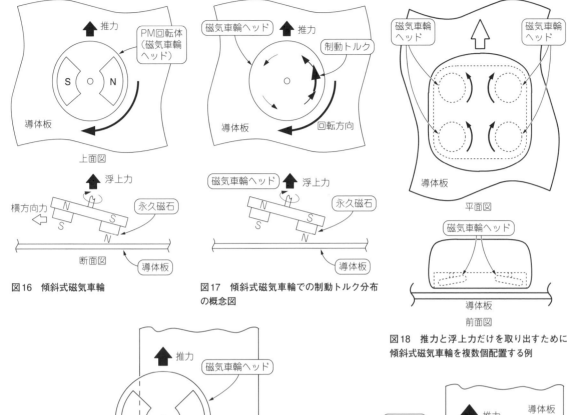

図16 傾斜式磁気車輪

図17 傾斜式磁気車輪での制動トルク分布の概念図

図18 推力と浮上力だけを取り出すために傾斜式磁気車輪を複数個配置する例

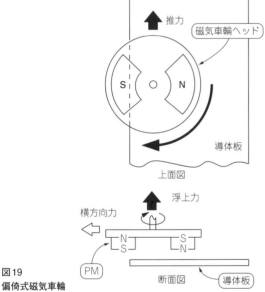

図19 偏倚式磁気車輪

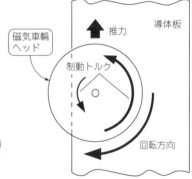

図20 偏倚式磁気車輪での制動トルクのイメージ図

体板に近い箇所ほど大きな制動トルクが働き，トルク密度に大きな偏りが生じるはずです．

図17に傾斜式磁気車輪での制動トルク分布のイメージ図を示します．

● 磁気車輪を複数個にして回転モーメントを消す

左側に比べて右半分の制動トルクが圧倒的に大きいときは，差の制動トルク方向と反対の，図示方向の推力を取り出すことができます．磁気車輪ヘッドが単体だとトルク成分も残っているため，回転させるトルク成分（モーメント成分）を打ち消して，浮上力と推力だけを取り出すための偶数個を配置した例を**図18**に示します．

この場合，左右の傾斜角度を違えると左右の推力に差が出るために，進行方向を変更できると考えられます．

■ 4.2 偏倚式磁気車輪

● 導体板のない場所とある場所で偏りができる

一方，導体板の縁付近でPM円板を平行回転させると，導体中の縁付近の電流は流れる方向が制限されるために，制動トルクをほとんど発生しないと考えられます．

したがって，**図19**のような配置を提案して，これを「偏倚式磁気車輪」と呼びます．

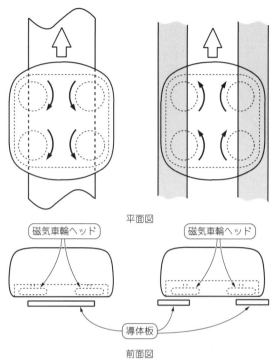

図21 推力と浮上力だけを取り出す偏倚式磁気車輪の配置例

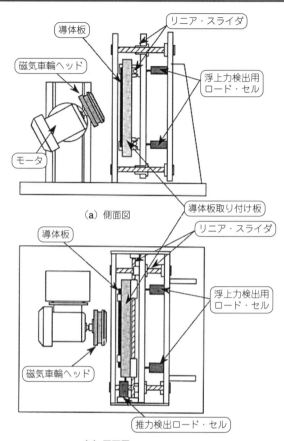

(b) 平面図

図22 磁気車輪の評価実験装置

● 制動トルクの発生

磁気車輪ヘッドを右方向に回転させるとそれに逆らう左回転方向に制動トルクが発生します．その様子を図20に示します．

磁気車輪ヘッド右半分の下には導体板があるので制動トルクが生じます．一方，左半分での電流は導体板縁に沿って流れ，磁気車輪ヘッドの回転方向と同方向成分が多いこと，また，回転方向と垂直な電流成分が存在してもPM領域と重なる部分が少ないことから，制動トルクは非常に小さいと考えられます．

この場合，全体として，磁気車輪ヘッドは右半分の制動トルク方向に力を発生し，図示方向の推力として取り出されます．

● 2枚の導体板を線路状に伸ばす

なお，同時にトルクや横方向力成分も少し存在します．図21のように，この構成を左右対称に線路状に並べて互いに逆回転で回転させることで，トルクや横方向力成分をキャンセルできます．つまり，推力と浮上力だけを利用できます．

5. 磁気車輪の評価実験装置の製作

● 磁気車輪の浮上力・推力を評価するために

磁気車輪ヘッドの開発に当たって，それを評価・測定するために図22の磁気車輪評価実験装置を製作しました．

導体板とその取り付け板は，後方と横方向に変位できる構造とし，取り付け板後方の4個のロード・セルで浮上力を，また，取り付け板側面の2個のロード・セルで推力を検出しています．

● 導体板と磁気車輪の傾斜角を設定できる

PM回転体の磁気車輪ヘッドを装着したモータ台は，導体板に対して角度と距離を設定できる構造になっています．導体板は，前述の誘導反発磁気浮上実験で使用したものを用いました．

● 評価する磁気車輪ヘッド――2P6M/4P4M/4P8M

評価する磁気車輪ヘッドは図23に示す3種です．同図(a)のヘッドは図9に示したもので，2極でPMを6個使用しているので「2P6M」と名付けます．

同図(b)は図(a)のヘッドのPMを4個用いて新たに4極構成にしたもので「4P4M」とします．

図(c)のPMは図(b)のものと同じ特性ですが，PM単体の寸法が異なり，磁化方向の厚さは半分の20mmです．他の寸法も小さくなっています．PM表面のステンレス・カバーは全て同じ3mm厚です．4極構成で8個のPMを等間隔に配置した「4P8M」です．

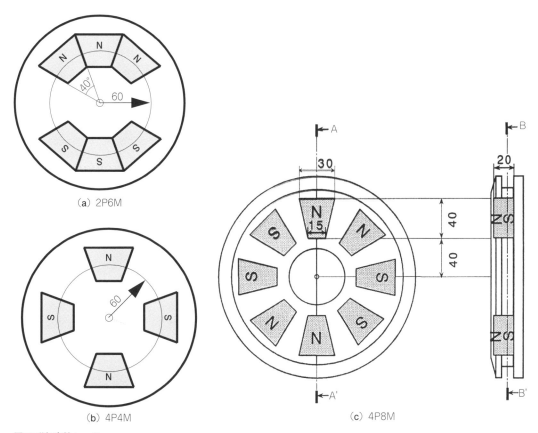

(a) 2P6M

(b) 4P4M

(c) 4P8M

図23 磁気車輪ヘッド

写真3　8個のPMを等間隔に配置した

写真4　傾斜式磁気車輪の実験装置の外観

外観は，どれもほぼ同じです（**写真3**）．

6.「傾斜式」磁気車輪の実験

■ 6.1　傾斜角度を調整可能な実験装置の製作

磁気車輪の評価実験は傾斜式から行いました．

傾斜式磁気車輪の実験時の様子を**写真4**に示します．なお，モータ台は必要に応じて**写真2**のものも使用しています．

実験は，磁気車輪ヘッドの種類や導体板を変更し，それぞれについて，**図24**に示す傾斜角度や最小ギャップ $g_{2,\,min}$ を変えて行いました．

■ 6.2 銅板と2極回転体と浮上力/推力の関係

● 回転速度と浮上力/推力の特性図

今回も図10で行った平行回転実験時と同じように実験を行いました．

図25は，2極の磁気車輪ヘッド2P6Mと10mm厚銅板を用いて，最小ギャップ10mmの条件で，傾斜角度10°，15°，20°のそれぞれについて実測した結果です．同図（a）は浮上力で，図（b）は推力を示します．

● 推力特性は制動トルク特性と同じだが浮力は減少

推力特性曲線の形は図11の平行回転時の場合に似ており，推力は制動トルク曲線の形状と類似しています．

一方，傾斜角度が大きくなると浮上力は減少しますが，推力の値はほとんど変わりません．

■ 6.3 アルミ板と2極回転体と浮上力/推力の関係

図26は，導体板の材料をアルミ合金に変更した場合の特性を示します．

磁気車輪の回転速度が2000rpmくらいまでであれば，回転速度が増加すると浮上力とともに推力も増加する特性になります．ここで，推力は銅板の場合と同等になりますが，アルミ板では浮上力に飽和の傾向が見られませんでした．

● 導体板としてはアルミ板の方が良い！？

実験では装置の安全性の面から測定できませんでしたが，より高速回転させると，浮上力も銅板と同程度になると考えられます．したがって，傾斜式磁気車輪としては，銅板よりもアルミ板の利用が好ましいと考えられます．

図26（b）の推力特性では，傾斜角度5°の場合が若

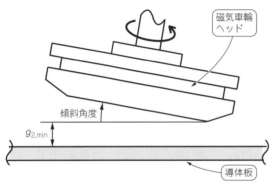

図24　傾斜式磁気車輪の傾斜角度と最小ギャップ

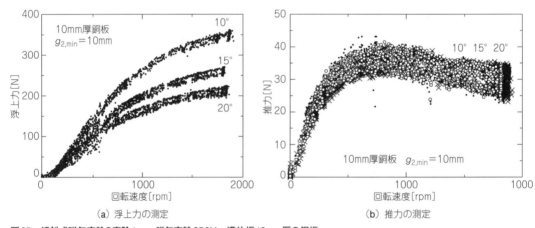

図25　傾斜式磁気車輪の実験1――磁気車輪2P6M，導体板10mm厚の銅板

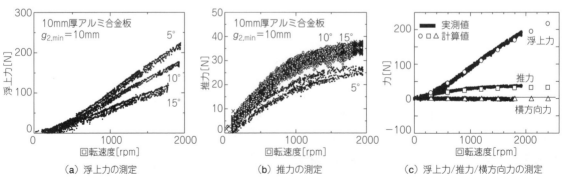

図26　傾斜式磁気車輪の実験2――磁気車輪2P6M，導体板10mm厚のアルミ合金板

干小さいものの，傾斜角度にはあまり関係しません．
● 考察 —— 銅板よりもアルミ板の結果がいいのは…
図26(c)は，2極のヘッド2P6Mと10mm厚アルミ合金板を用い，傾斜角度10°の場合の浮上力や推力，横方向力特性を1つのグラフで示したものです．横方向力はほとんど発生していません．

また，推力値の振れ幅は浮上力の場合よりも小さくなっています．図には計算値も示していますが，その3次元の数値解析では，浮上力には時間的に小さな脈動が見られます．しかし，推力や横方向力はほとんど脈動していません．

したがって，図25(b)や図26(b)および以下の推力特性において値の幅が大きく振れていますが，これは表示感度を高くしていることと測定装置の問題だと考えられます．なお，数値として用いる場合は平均値を採っています．

● 今後の実験はアルミ合金板で進める
上述のように，傾斜式磁気車輪としては銅板よりもアルミ合金板の利用が好ましいと考えられるので，以下は主にアルミ合金板使用時の特性について述べます．

■ 6.4 アルミ板と4極回転体と浮上力/推力の関係

● 回転体極数を変えたため浮上力は大きく減少
図27は，4極構成の4P4Mヘッド[図22(b)]を用いた傾斜式磁気車輪の浮上力と推力特性を示します．
図26のPMが6個の(2P6M)場合と比べて4個になったために浮上力は減少しますが，個数比率以上に減少しています．

また，傾斜角度に対する浮上力の減少も大きくなっています．一方，推力は図26(b)と比べてPM個数比率ほど減少せず，この範囲での傾斜角度ではほぼ同じになっています．

■ 6.5 4極8PM回転体と浮上力/推力の関係

4極構成でPM厚さと個数および配置を変えたヘッド4P8M[図22(c)]の場合の浮上力と推力特性を図28に示します．

この場合，傾斜角のわずかな増加に対して浮上力の低下が大きくなっています．推力値も大きく低下していますが，傾斜角度に対してはほとんど変化していません．

■ 6.6 PMの体積で比較してみる

● PM体積当たりで特性比較すると…
ヘッド2P6M，4P4M，4P8Mは，それぞれPMの体積が異なることは明らかなので，図29ではPM体積当たりの浮上力と推力について調べました．

● 極数が多くなると…
2極に比べ，4極では傾斜角度が大きいほど浮上力の減少が大きくなり，PMの磁化方向厚みが薄いほどPM体積当たりの浮上力が小さいことを示しています．

一方の推力は，傾斜角度が15度以下では2極の2P6Mよりも4極の4P4Mの方が大きくなります．

■ 6.7 消費電力と浮上力と推力の関係

● 浮上力当たりの駆動電力の比較
駆動電力に対する効率について考えます．図30(a)は，傾斜式磁気車輪における浮上力当たりの駆動電力を調べたものです．この値はPM構成や傾斜角度に無関係なことを示しています．すなわち，
(1) 平行回転の場合は，浮上力を得るための駆動電力は単に消費電力になる
(2) 傾斜式磁気車輪の場合は，同じ浮上力を得る同じ駆動電力で，傾斜角度に応じた推力を発生できる

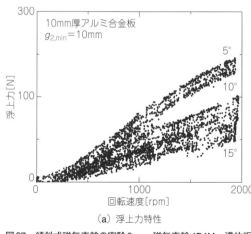
(a) 浮上力特性

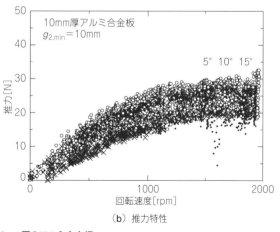
(b) 推力特性

図27 傾斜式磁気車輪の実験3——磁気車輪4P4M，導体板10mm厚のアルミ合金板

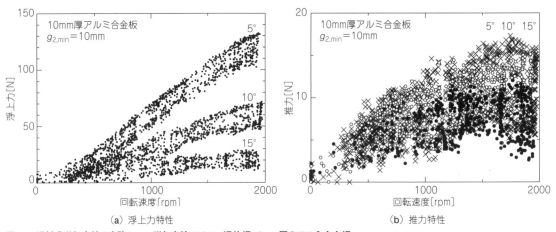

図28 傾斜式磁気車輪の実験4――磁気車輪4P8M, 導体板10mm厚のアルミ合金板

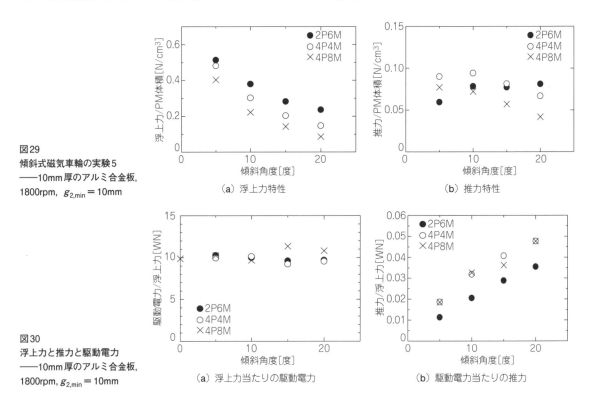

図29
傾斜式磁気車輪の実験5
――10mm厚のアルミ合金板,
1800rpm, $g_{2,min}=10$mm

図30
浮上力と推力と駆動電力
――10mm厚のアルミ合金板,
1800rpm, $g_{2,min}=10$mm

ことを意味しています．

● 駆動電力当たりの推力の比較

図30(b)は，傾斜角度に対する駆動電力当たりの推力を示しています．傾斜角度が大きくなるほど推力も増加しています．また，この値は2極よりも4極構成の方が大きいことを表しています．

■ 6.8 傾斜式磁気車輪での結論

以上より，傾斜式磁気車輪では導体板はある程度抵抗が大きなアルミ板の方が，また，磁極構成は2極よりも4極の方が好ましいと考えられます．

7. 偏倚式磁気車輪の実験

■ 7.1 偏倚式磁気車輪評価実験の概要

● 評価実験装置の概要

偏倚式磁気車輪の評価実験には第3節で述べた装置を用い，導体板を偏倚式用に変えて行いました．この偏倚式用の導体板は，推力の発生を行う磁気車輪に適した10mm厚の「アルミ合金板」を使用しています．

磁気車輪ヘッドについて，まず，傾斜式の場合と同

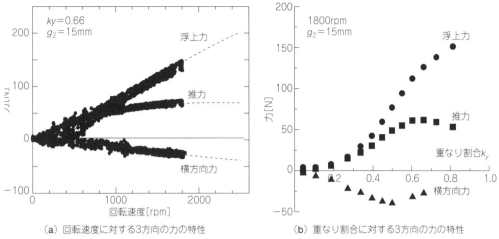

(a) 回転速度に対する3方向の力の特性　　(b) 重なり割合に対する3方向の力の特性

図32　偏倚式磁気車輪での発生力（2P6Mヘッド，10mm厚のアルミ合金板）

じ2P6M/4P4M/4P8Mの3種について述べます．

● 磁気車輪ヘッドと導体板の「重なり割合」の定義

偏倚式磁気車輪では，「磁気車輪ヘッドと導体板と重なる面積の割合」が重要なパラメータになります．そこで次の定義をします．

図31に示すように，磁気車輪ヘッドが回転した時のPM部分が作る面積をS，その面積のうち導体板と重なる部分の面積をS_2として，重なり割合k_yを

$$ky = \frac{S_2}{S}$$

と定義します．

■ 7.2　浮上力と推力と横方向力の特性（2P6M）

● 回転速度に対する3つの力の特性

偏倚式の場合でも，回転体の回転速度で浮上力と推力は変化します．新たに回転体に掛かる横方向の力についても測定します．

図32(a)は，2P6Mヘッドで重なり割合k_y = 0.66，ギャップ15mmの時の回転速度に対する浮上力，推力，横方向力特性を示します．

回転速度の増加に対して推力はあまり増加しませんが，浮上力はこの速度範囲では直線的に増加しています．横方向力も直線的に増加していますが値は小さく，実際の左右2個の利用では打ち消し合う力なので重要ではありません．

● 重なり割合に対する3つの力の特性

図32(b)は，2P6Mヘッドで回転速度1800rpm，ギャップ15mmの時の重なり割合に対する三方向力の特性を示します．推力は重なり割合が0.6～0.7で最大になっています．

● 磁気車輪ヘッド3種の体積当たりの特性比較

次に効率を考えます．図33(a)は，偏倚式の場合

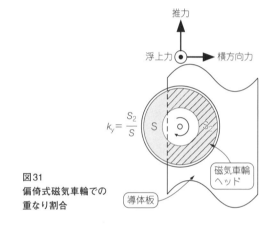

図31
偏倚式磁気車輪での重なり割合

の磁気車輪ヘッドの違いによる特性を調べたものです．PM体積当たりの「浮上力」を示しています．

大差はありませんが，重なり割合が0.6以下で4極構成の方が大きくなっています．

図33(b)は，PM体積当たりの「推力」について調べたものです．各ヘッドの推力比較では，重なり割合が0.6以上で2極構成の方が大きくなっています．

● 考察——重なり割合0.6～0.67で最大推力を得る

一方，最大値となる重なり割合は，2極構成ではk_y = 0.5～0.7のやや広い範囲で表れています．そして，k_y = 0.6～0.67の範囲では，これら3種のヘッド全てでほぼ最大推力が発生しています．

したがって，最大推力を発生する重なり割合の値はヘッドの磁極構成に関係しないと考えられます．

● 浮上に関する効率は重なり割合によらず一定

浮上力当たりの駆動電力について見ると，図34(a)に示すように，磁気ヘッドの種類および重なり割合にかかわらず一定です．すなわち，重なり割合で発生推力が変化する偏倚式でも浮上に要する電力は変化しないことを意味しています．

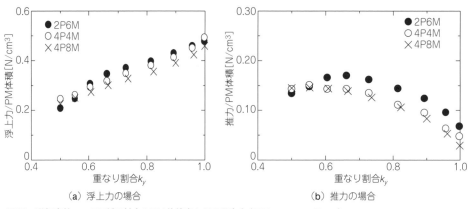

図33 磁気車輪ヘッド3種に対するPM体積当たりの発生力（1800rpm, g_2 = 15mm）

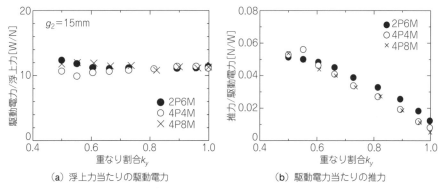

図34 重なり割合に対する特性比較（1800rpm, g_2 = 15mm）

駆動電力当たりの推力は，同図（b）に示すように，重なり割合が0.6以上では若干2極構成が大きくなります．

■ 7.3 磁気車輪ヘッドの補足実験

● 新たに2P4Mのヘッドを製作

以上の3種の磁気車輪ヘッドでは2極と4極構成の明白な優劣判断ができませんでしたので，新たに図35に示すヘッドを製作して追加実験をしました．

このヘッドは2P4M構成です．実は，4P4Mの4個のPMを配列変更して2極構成にしたもので，両者は極数以外は同一です．

● 追加で行った評価実験結果

この2P4Mの磁気車輪ヘッドを使った実験結果を図36に示します．図36（b）の結果からは，測定誤差を考えると，浮上力および推力特性共に，2極と4極の優劣の判断はできません．

図36は，重なり割合に対する浮上力と推力について，2極と4極構成の比較を示しています．重なり割合が0.6以下では4極構成が有利になる傾向が見られます．

■ 7.4 磁気車輪実験のまとめ

同一駆動電力で供給する場合のPMを導体板上で平行回転させる，通常の誘導反発装置と磁気車輪の発生力の比較を図37に示します．

同じ駆動電力では三者の浮上力は等しく，磁気車輪では推力も発生できる特徴を持ちます．

磁気車輪の特徴は以下の4つといえます．
(1) 安定な磁気浮上のための制御が不要
(2) 浮上体の重量以上の浮上力を得ることが可能
(3) 誘導型だが駆動系での低力率の心配が不要
(4) 誘導型でありながら電力消費の問題を緩和できる

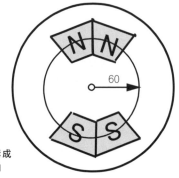

図35
4P4MのPMで2極構成した磁気ヘッド2P4M

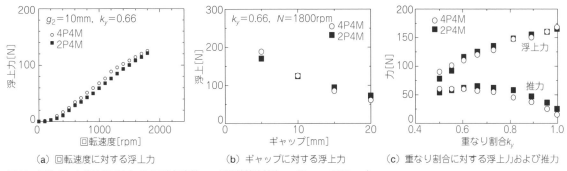

(a) 回転速度に対する浮上力　　(b) ギャップに対する浮上力　　(c) 重なり割合に対する浮上力および推力

図36　偏倚式における2P4Mと4P4M磁気車輪ヘッドの特性比較（g_2 = 10mm，1800rpm）

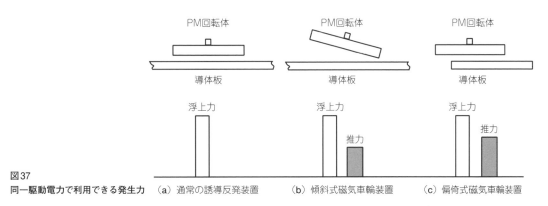

図37　同一駆動電力で利用できる発生力　(a) 通常の誘導反発装置　(b) 傾斜式磁気車輪装置　(c) 偏倚式磁気車輪装置

8. 自己回転型の磁気車輪ユニット

■ 8.1 自己回転する磁気車輪ユニットの製作

磁気車輪での評価実験を終え，実現の目処がついたので，実際に空中浮遊する磁気車輪実験車を製作します．まず，「磁気車輪ユニット」の製作からです．

● 自己回転のための同期モータを内蔵

回転をどのように実現するかは述べていませんでしたが，図38に示すような，モータ機能を内蔵した自己回転型磁気車輪ユニットを製作しました．磁気車輪用とともに，PMを駆動用としての内蔵同期モータの界磁用としても用いています．

● ネオジム永久磁石を4極構成で作成

PMはFRP製の円板に埋め込まれており，直径120mmの円上に4極構成で配置されています．1磁極の寸法は60度相当の長さで，幅は40mm，磁化方向の厚さは20mmです．

なお，PMには保持力926kA/m，最大エネルギー積352kJ/m³のネオジム系希土類永久磁石を使用しました．

● 磁気車輪ユニットの重量は6.5kg

ヨーク部は巻き鉄心で，電機子巻き線は3相4極を

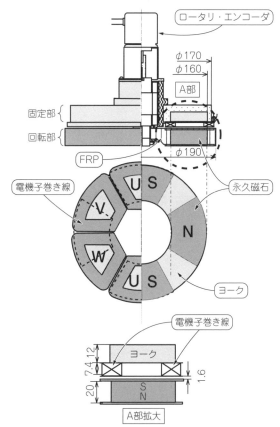

図38　自己回転型磁気車輪ユニット

写真5 自己回転型磁気車輪ユニットの外観

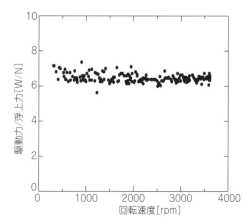

図40 磁気車輪ユニット1個の浮上力当たりの実効駆動電力

6個の集中巻きコイルで構成し，鉄心表面に配置するギャップ・ワインディングにしています．また，同期モータの駆動制御のために回転軸にはロータリ・エンコーダを取り付けています．

本自己回転型磁気車輪ユニットは直径190mmで，重量は6.5kgです．その外観を写真5に示します．

■ 8.2 自己回転型ユニット1個の偏倚式での特性

● 浮上力特性と推力特性

自己回転型磁気車輪ユニット1個を偏倚式で用いたときの浮上力と推力特性を図39(a)に示します．導体板には，導電率が$3.31×10^7$S/mの10mm厚のアルミ板を用いています．このときの駆動電力を図39(b)に示します．

● モータ効率は80%と期待よりも良くなかった

駆動電力は，浮上力のために導体板内渦電流で発生するジュール損を供給する「実効駆動電力」，電機子巻き線における「抵抗損」，および「機械損」や「鉄損」等の回転損失に分けられます．

この自己回転型磁気車輪ユニット内蔵のモータ効率は3600rpmで約80%とあまりよくありません．

図40には，自己回転型磁気車輪ユニットでの浮上力当たりの実効駆動電力を示します．

9. ついに浮上した偏倚式磁気車輪

■ 9.1 偏倚型磁気車輪実験車と軌道の製作

● 実験車には磁気車輪ユニットを4個装備する

磁気車輪ユニット1個で，浮上力と推力の他，回転させようとするトルク成分も含んだエネルギーが必要です．

また，トルク（モーメント）成分を打ち消すのに，進行方向に対称に2個の磁気車輪ユニットを配置する

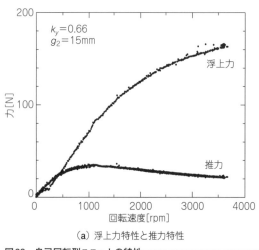

(a) 浮上力特性と推力特性

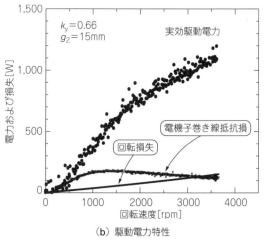

(b) 駆動電力特性

図39 自己回転型ユニットの特性

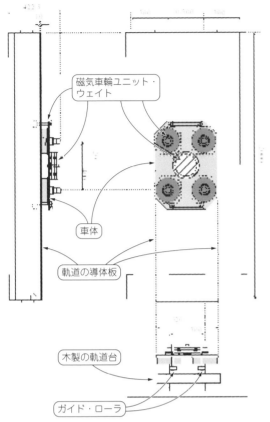

図41 偏倚式の車両形磁気浮上実験車と軌道

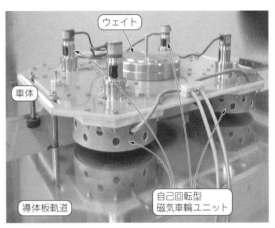

写真6 偏倚式の車両形磁気浮上実験車の試験装置

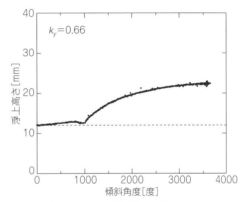

図42 偏倚式での車両の磁気浮上実験

必要があります．また，磁気浮上で安定に走行させるため，進行方向に2個以上が必要です．

これらを考慮して，車両側に4個の自己回転型磁気車輪ユニットを装着した，図41に示す実験車両を製作しました(写真6)．

● 実験車の車体概要

車体は長さ720mm，幅520mmのFRP板からなり，磁気車輪ユニットは長さ方向に400mm，幅方向に300mmの間隔で，前後左右に2個ずつの計4個が取り付けられています．

なお，この車両用磁気車輪ユニットの回転部は安全のために穴を開けたFRPカバーで覆っています．

それぞれのユニットは，インバータでベクトル制御運転します．車両の重量は35.8kgで，うち磁気車輪ユニット4個分の重量は26kgです．

車両の中央には荷重用のウェイト5kg/個を5個付加して，車体総重量を60.8kgにできるようにしています．また，案内のためにガイドローラを前後左右に4個装備しています．

● 軌道（導体側）の製作

軌道側には，幅300mmの10mm厚のアルミ板（導電率3.31×10^7S/m）を左右に配置して間隔を調整でき

る構造にしています．

■ 9.2 1000rpmで35kgもある車体が浮上した！

● 重なり割合0.66，初期ギャップ12mmで回転させる

いよいよ浮上できるかです．4個の磁気車輪ユニットで回転体の回転速度を上げて，浮上力を上げていきます．重なり割合は0.66で，初期ギャップを12mmにした状態で回転速度を増加させていきました．果たして総重量35.8kgもある車両が本当に浮くのでしょうか…．

● 浮上の瞬間は約1000rpmに達したとき

そして，回転速度が1000rpm程度に達したとき，車両が浮上を始めたのです．

図42は，偏倚式磁気車輪4個で磁気浮上する様子を示しています．

浮上しながら推力を発生している時の様子を写真7に示します．車両は走行しないように左側のロープで引っ張られています．

回転速度が3600rpmになると浮上高は22.8mmとな

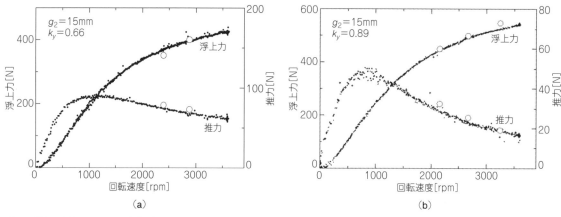

図43 重なり割合0.66での偏倚式磁気車輪車両の浮上力と推力（ギャップ15mm）

写真7 推力を発生して浮上している車両

り，とても安定した浮上を確認できました．なお，そのとき，45.8Nの推力が発生しています．

● 重なる割合0.66と0.69での特性

図43は車両全体の浮上力と推力特性を，それぞれ重なり割合が0.66と0.89の場合について示します．曲線はユニット単体での特性値を4倍にしたもの，○印は車両に働く力を示しています．

なお，ここでは計算値は示していませんが，解析に使用した市販の3次元磁場解析ソフトウェアELF/MAGIC（空間の分割が必要ない，特殊な積分方程式法）では実測値との良い一致が見られ，種々の検討で有効に活用しました．

まとめ

● 実験結果の総括

今回の磁気車輪の実験結果を箇条書きで示します．
(1)「誘導反発型磁気浮上」は，無制御で安定な浮上が可能です．また，浮上力の発生に電力消費を伴う制動トルクが付随します．今回の磁気車輪ではこの制動トルクから推力を取り出して利用するので，電力を効率的に動力に変換できます．
(2) 導体の抵抗は電力消費に直接関係するが，その抵抗は浮上力のダンピングに貢献しているので，安定な浮上に役立っています．磁気車輪ではこの抵抗分を推力に変換しているので，導体板を適度な抵抗にすることで，安定な磁気浮上と必要な推力を得られます．
(3) 誘導反発型磁気浮上を交流巻き線等で直接行うと一般に低力率を招くが，今回開発した「自己回転型磁気車輪ユニット」では同期モータ駆動を仲介させているので，ほぼ力率1で駆動できます．

● 磁気車輪の将来性

(1) 浮上のペイロード（可搬重量）を大きくするには，安全なギャップで導体板に高い磁束密度を鎖交させる必要があります．参考文献(1)の方法は，高磁束密度化の手助けとなる可能性があります．
(2) 磁気車輪は，長ギャップでの磁気浮上走行が可能なので，ケースで覆った磁気車輪ユニットを適当な間隔で床に設置する構成で，塵を嫌う場所で，導体板等を装着した可動子のみを浮上走行させる方式も考えられます．

◆参考文献◆
(1) 藤井信男，水間毅，寺田充伸：高磁束密度リニア同期モータ，電気学会論文誌D，131巻3号，pp.412-413 (2011)
(2) 藤井信男，浮上しないリニア・モータの駆動原理と利用，MOTORエレクトロニクス，No.9，CQ出版社

筆者紹介　ふじい のぶお
藤井 信男

九州大学大学院（電気工学）修了後，同所に勤務．電気機器学が専門で，輸送用リニア誘導モータ，磁気車輪，多次元運動アクチュエータ，高力密度リニア・モータなどの研究に従事．途中，NSERC（カナダの自然科学・工学研究評議会）からの費用でカナダ・クイーンズ大学の訪問主任研究員としてリニア誘導モータの設計に関する研究のために1年間勤務．九州大学定年退職後，現在，九州工業大学の非常勤講師

2018年 CQ EVミニカート筑波レース 秋大会

カウル装着可能な大会で記録は大幅アップ！
ユニーク・ボディの26台が筑波サーキットに集まった

青山 義明

毎年秋に筑波サーキットで開催

「CQ EVミニカート」と「CQブラシレス・モータ＆インバータ」を使用したワンメイクレース「CQ EVミニカート・レース」は，30分間のレース時間でいかに長く走ることができるかを競います．

本大会は2014年に第1回が開催され，2017年までは年に1回，秋に開催していました．開催から5年目を迎えた2018年は，6月と10月の2回の開催となりました．

レース自体に大きな変更はなく，これまでと同様の30分間で行われる耐久レースです．

● ワンメイクのレース規則
(1) 車両仕様

車両はCQ EVミニカート（**写真1**）のキットのみで，全車が同一のシャーシを使用します．ただし，ブレーキやアクセル，タイヤ／チューブ（サイズおよびリムの変更は不可），チェーン，速度計の変更は可能です．また，スプロケットの歯数変更も可能です．

(2) モータ仕様

モータも，CQブラシレス・モータ＆インバータ・キット（**写真2**）のモータ部を使用します．このモータは，モータ・コイルの巻き方が自由に設定できます．

具体的には，このモータのステータは18スロット（コイル）で3相の交流で入力するため，1相当たりは6つのコイルになります．接続方法も，6直列／2直3並列／3直2並列／6並列のどれでもOKです（**図1**）．

当然，その線径と巻き数も自由となります．

(3) コントローラ仕様

一方，コントローラは自由です．先に示したキット同梱のコントローラでも，市販コントローラでも，自作コントローラでもOKです．

(4) 電池仕様

電池は，鉛（12V×2）またはリチウム・イオン（25.2V／指定機種のみ／電池パックのBMS設定変更不可）から選択します（**写真3**）．

● レースは「筑波サーキット（コース2000）」で

レースの舞台は，CQ EVミニカートの2016年大会から使用している「筑波サーキット（コース2000）」です．

筑波サーキットは高低差のあまりないコースです

(a) 組み立てた「CQ EVミニカート」

(b) 2018年夏大会優勝者，柳原氏の運転姿

(c) 2018年 秋大会のレース風景

写真1　CQ EVミニカート

(a) はんだ付け/組み立て完成後　　(b) モータ部の組み立て前

写真2　CQブラシレス・モータ&インバータ

(a) 6直列　　(b) 3直列2並列　　(c) 2直列3並列

図1　18スロットのモータ・コイルの接続法

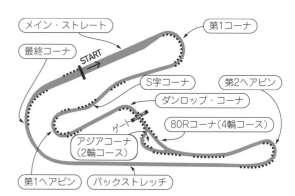

図2　筑波サーキット（コース2000）
JAF公認の本格的レース場

写真3　レースで使用できる「CQリチウム・イオン電池パック/EVミニカート用」

が，それでもホームストレートから1コーナにかけて若干上がっており，それを抜けるとS字コーナに向けてまた下がっていく楽しいコースです．コース全体の高低差は5.8mです．

このコース2000には大小7つのコーナがあります（CQ EVミニカートでは4輪コースを使用）が，コース幅も十分広く，コーナのRはいずれもCQ EVミニカートにとってはそれほどタイトなものでもないので（ゴーカート場よりも高速走行可能），ライン取りも戦略の1つといえます（**図2**）．

カウル装着で記録は伸ばせるか

● **制限付きながらカウル装着が可能に！**

今回の大会では，これまでのレギュレーションに大きな変更が加えられ，「カウル（空気抵抗を減らすためのボディ）の装着が可能」となりました．

ただしカウルには制限があります．
- 幅500mm以内
- 高さは地上600mm以内
- 全てのタイヤが露出していること
- 車両シャーシの機構的/構造的改造はNG

● **レースの勝敗はエレキ中心から総合技術力に**

これまで必要とされてきたのは「モータ設定技術（コイルの巻き数など）」，「モータ制御技術（エレクトロニクス技術）」，「車両整備技術（メカニカル技術）」といった要素です．

カウル装着が可能となったことで，これら以外に

「カウルの設計技術（空力技術）」およびその製作技術という要因が増えました．

これにより，これまで以上に各チームの総合力が試されることとなります．

● カウルの効果が見えるか――夏大会との比較

カウルの装着は，高速走行時の空気抵抗を減らすためですが，そのカウルの分だけ重さが増えてしまいます．それほど高速ではないカートにおけるカウル効果はどうなのかが注目されていました．それは，今回は比較評価ができるからです．

というのも，秋大会の3カ月前に開催された夏大会（6月24日）は，場所も同じ筑波サーキットで，カウルなしのレースが行われていたからです．そのレース結果との比較に関心が高まっていました．

夏大会には15台のエントリがあり，優勝者は柳原健也（鉛電池を使用）氏で，優勝記録は9周（平均時速33.54km）でした．この最多周回9周の記録を上回ることができるか，平均速度は上がるのかが注目だったのです．優勝タイムだけでなく，15台の多くが秋大会にも参加したので，各チームも自分たちの記録をどう伸ばせるのか期待したのです．

全国から26台のミニカートが参集

● 過去最多の26台のエントリ（学生チームは15！）

今回は過去最多の26台のエントリでした．そのうち，学生チームは15チームを数え，参戦最若手ドライバーは，長野県中野立志館高校の15歳です（**写真4**）．そしてリチウム・イオン電池搭載車は4台．

また，近畿，中部，東北など遠方からの参加もあって，総勢100名を超す参加チーム・メンバとなり，ピット（指定された場所は屋根がなかったが）はにぎやかで熱気がありました．

レース車検前の最後の調整をするチームの中では，「肝心の○×を忘れてきた！」，「△□が動かない…」などのトラブルもあったようです．そこはレース仲間，違うチームから部品を融通してもらったり，アドバイスをもらったりで，解決できたようです．

ノミネートされていた26台は全て筑波まで来ていたのですが，車検通過でスタート・グリッドに並んだのは24台でした．

● カウルはプラ段製がほとんど

グリッドに並んだ24台のうち，カウルを装着していない車両はわずか5台でした．

各チームとも，カウルの素材として，軽くて強度があり耐水性もあるプラ段（プラスチック・ダンボール）と呼ばれる中空構造のポリプロピレン樹脂を使用していました．

今回は，カウル初装着レースのためか，エコラン競技大会などでよく使われているこのプラ段が採用されましたが，今後，他の素材を使用するチームが多く出てくるかもしれませんね．

● カウル製作から運転姿勢を変更して車高を高く

カウルの形状ですが，空気を奇麗に流すことを考えて，各チームそれぞれが工夫したものを装着していました．そしてその大半が，カウルレスと同じ膝を抱えて乗る乗車姿勢です．

しかし，ゼッケン17番「EV@nda（ドライバー滝田好宏氏／Team Robotics）」と23番「MITSUBA001（ドライバー磯村 翼氏／ミツバ・SCR+プロジェクト）」の2台は，足を前方に投げ出した乗車姿勢を取る作りとなりました．特に23番はほぼ仰向けになって寝そべる形になっており，その車高は全チームの中で最も低いものでした（**写真5**）．

● 当日は季節外れの「どピーカン」で過酷な車内！

大会当日は，10月というのに最高気温が30度を超

写真4　2018年大会の最年少ドライバー汲川智哉氏（長野県立中野立志館高校）

（a）EV@nda（滝田好宏氏）

（b）MITSUBA001（磯村 翼氏）

写真5　足を前に出した運転姿勢で車高を低くしたカート

える酷暑の1日でした．密閉型のカウルの車両には，予想外の厳しい天候でした．ただ，CQ EVカートがスタートする午後3時過ぎには日も傾きはじめ，日中の暑さと比べれば幾分秋らしい気候となりました．

レース・スタート

● リチウム・イオン電池車がスタートダッシュ！

スタートできなかった1台があったものの（車両トラブル），大きな混乱もなく無事に始まりました．

スタートダッシュを見せたのが，リチウム・イオン電池搭載の25番「vol18（藤井春弥氏／立命館大学VLSI最適化工学研究）」でした（**写真6**）．カート搭載の規定のリチウム・イオン電池パックは，強固な（？！）安全対策が施されていて，そのため最大電流13Aしか使えないという大きい制約があるので，このスタートダッシュは意外であり驚きだったのです．

しかし，1周を終えてトップでホームストレートに帰ってきたのは，23番の磯村氏でした．それに続くのが20番「Tyun02（安井教郎氏／Team Y-A-T-T）」です．安井氏は常に23番のスリップ（すぐ後ろ）に着いて，電費を稼ぐ作戦のようでした（**写真7**）．

● レースの勝敗のポイントは

このレースは，30分が経過し，先頭がフィニッシュ・ラインを通過してチェッカーフラグを受けた時点でレース終了となります．同時に開催されている市販EV（JEVRA主催）のレースでも同じですが，30分間の走行の中で，電池の電力をどう使って，チェッカー時点で使い切ることができるかが重要になってきます．

その順位は，レース終了時での完了した周回数の多い順です．同周回数の場合はフィニッシュ・ラインの通過順位によります．

コース上では速度差のある他車をいかにかわしていくか，駆け引きも重要です．通常よりも電力を使って前の車をパスしなければペースが合わないこともあるでしょう．そんなレースを展開しながらも，電力を余すのでもなく，チェッカー前に「バッテリ切れ」にもしない，絶妙な使い方が求められるわけです．

勝者とその勝因

● リチウム・イオン電池車「磯村氏」が優勝

1周目にトップに立ち，そのままレースを引っ張り続けた磯村選手が見事にチェッカーフラッグを受け，トップ・フィニッシュでした．磯村氏は，これまで3回連続の2位でしたが，ついに優勝をつかみました．

以前から「ここで規定されるリチウム・イオン電池はBMSの制約が厳しすぎる．レース優勝は絶対無理」という声がありました．6月のレース後に2位のインタビューで，磯村氏は「ここ2回リチウム・イオン電池でレース参加していて（この電池では優勝無理といわれているが），何とか工夫すれば1位を狙えると思えてきた」と発言していて，そのとおりになったのです．カウル設計・製作への情熱が勝利を引き寄せたのです．

● 入賞者たち

2位には，磯村選手と同じくこのCQミニカートのモータを製造するMITSUBA（ミツバ）の社内チームで，鉛電池を搭載する14番「MITSUBA002（石田隆成氏／ミツバ・SCR+プロジェクト）」が同一ラップでフィニッシュしました．

そして3位には，その2位フィニッシュの石田選手にわずかに5秒遅れてのチェッカーで，2016年の大会から3連勝中であった1番「Z-1［柳原健也氏／小野塚レーシングZ（orz）］」が入りました（**写真8**）．

また，4番「パーソル2号（山際一朝氏／パーソルテクノロジースタッフ）」が4位に入りました．

1周目からコバンザメ作戦でトップの磯村選手に付いていった安井氏は，途中でペースダウンを余儀なくされ，結果的には磯村氏に遅れること4分30秒の5位フィニッシュでした．

今回，学生チームのトップは，7位の「Maxi（井街慧氏／明治大学コンピュータ設計研）」で順位は低いのですが9周を走破，トップと1ラップ差しかありませんでした．

レース結果を**表1**に示します．

写真6　スタート直後，立命館大学リチウム・イオン電池カートvol18（藤井氏）が第1コーナを駆け上がった

写真7　トップの磯村氏のカートにスリップ・ストリームを仕掛けるTyun02安井氏

表1 2018年秋大会の結果

順位	ドライバ	所属・エントラント	車名	モータの コイル接続	コントローラ	ラップ	平均時速 [km/h]
1	磯村 翼	ミツバ・SCR+プロジェクト	MITSUBA001●	2直3並	自作	10	38.039
2	石田 隆成	ミツバ・SCR+プロジェクト	MITSUBA002	2直3並	別製品	10	37.348
3	柳原 健也	小野塚レーシングZ (orz)	Z-1	6並	別製品	10	32.257
4	山際 一朝	パーソルテクノロジースタッフ	パーソル2号	6並	純正改造	10	35.524
5	安井 教郎	Team Y-A-T-T	Tyun02	2直3並	自作	10	33.380
6	藤澤 幸穂	TeamFURe	ふじちゃんず	2直3並	純正改造	9	33.146
7	井街 慧	明治大学 コンピュータ設計研	Maxi	3直2並	純正改造	9	32.909
8	滝田 好宏	Team Robotics	EV@nda	6並	自作	9	32.895
9	藤井 春弥	立命館大学 VLSI最適化工学研究室	vol18●	2直3並	別製品	8	31.905
10	和田 晃季	明治大学 コンピュータ設計研	Midfielder	3直2並	純正改造	8	30.282
11	汲川 智哉	長野県中野立志館高校	RK2018	6直	純正	8	30.242
12	末岐 渉	大阪大学 舟木研究室	gan-2	3直2並	自作	8	29.536
13	坂口 耀史	明治大学 理工学部 電機システム研	弐号機	3直2並	別製品	8	28.589
14	高野 寛人	筑波研究学園専門学校 MCCC	TM-1	3直2並	純正改造	8	27.389
15	大山 湧万	明治大学 コンピュータ設計研	Precious	3直2並	純正改造	7	31.574
16	木村 紀子	BNプロジェクト with トヨタ東自大	琵琶byBNプロジェクト	3直2並	純正改造	7	27.715
17	右江 陸人	愛知工業大学 AIT-PELMoD	MU号	3直2並	純正	7	25.546
18	本名 敦	工科大EVプロジェクト	シリウス1号	3直2並	純正	7	24.027
19	樋口 克則	CQレーシング	ブラック魔王●	3直2並	純正改造	7	24.003
20	佐野 博一	CQレーシング	マッハ49	2直3並	純正改造	7	23.126
	白石 岳	勝田3F	C-Four	6並	自作	5	28.945
	内田 康介	愛知工業大学 AIT-PELMoD	MU号	3直2並	純正	5	24.814
	渡邉 龍飛	東北能開大	SSB号	2直3並	純正	4	34.126
	井上 仁之	パーソルテクノロジースタッフ	パーソル1号	6並	純正改造	0	−
	東 康平	東海大学 NSテクノロジーズ	青いイナズマ	2直3並	純正改造	−	−
	小坂 充裕	明治大学 設計工学研究室	3Dチャレンジャー●	2直3並	純正	−	−

・ラップ6周以下(優勝ラップの6割以下)は規則により着外となる．
・ベスト・ラップは石田隆成氏の9周目，平均時速46.919km/h．
・コントローラ純正とはCQブラシレス・モータ&インバータ・キットのインバータ部を使用．
・車名に●があるのはリチウム・イオン電池クラス．　ドライバ欄にアミがかかっているのは学生チーム．

写真10　レース直前のドライバーとピット要員の集合写真

（a）チェッカーに応えている2位のMITSUBA002（石田氏）

（b）筑波で負け知らずだったZ-1（柳原氏）は3位

（c）4位の初参加のパーソル2号（山際氏）は技術奨励賞

（d）学生1位の明治大学Maxi（井街氏）

写真8　入賞したカートたち

● カウルの効果は想像以上に大きかった

　結果，上位5台が最多周回数10周を記録するというレースとなりました．5台ともカウル装着車でした．何らかのカウルがあることで，9周から10周に増やすことができたといえそうです．

● 勝者インタビュー

　エコランのカウル製作の経験をもとに，今回のCQ EVミニカートのカウルも設計・製作したという磯村氏．「1回目のCQ EVミニカート大会から出場しています．今回はカウルの効果がめちゃくちゃあって優勝できて純粋にうれしいです．ただ次回以降，前チャンピオン柳原選手が同様のカウルを作ってきたらヤバいですね，負けちゃうかもしれません」とコメントしてくれました．

写真9　表彰式の磯村氏（中央）と石田氏（左），柳原氏（右）

総評

　今回は，優勝車両の70％以上（今回は7周以上）走行した車両を完走車両とする扱いです．したがって出走したうちの20台が完走という結果になります．

　磯村氏は総合優勝とリチウム・イオン電池クラス優勝，石田選手は総合2位および鉛電池クラス優勝，学生部門1位は井街 慧氏，技術奨励賞は山際一朝氏，学生特別賞は藤井春弥氏に贈られました．

筆者紹介　　　　　　　　　あおやま よしあき
　　　　　　　　　　　　　　青山 義明
　　　　　　　　　　　　　　自動車ジャーナリスト

　数々の自動車雑誌で編集者として渡り歩き，いつの間にかエントリ・レースや草レースの取材を中心に自動車全般を取材するフリーランスのレース＆自動車ジャーナリストという職業に就いていた．EVに関しては，日産リーフの開発取材を重ねている際に，リーフの開発主査から「われわれのクルマは，喫煙でいえば，ノンスモーカーなんですよ．タバコの本数を減らす（つまり，ハイブリッド車）のではないのです．禁煙するんです」という言葉に感化され，ピュアEVの取材にのめり込む．現在はEV，そしてEVレースを中心に取材活動を続けている．

特別連載

上位入賞を目指すための省エネ型
EVレース車の損失削減の考え方＜下＞
車体構造とタイヤ周りのレイアウト

中村 昭彦

省エネ型レース「エコノムーブ」を例にして，レース上位を狙うための車両設計の考え方を示す．前回のモータ制御編に続いて今回は車体構造とタイヤ周りのレイアウトについて解説する．筆者は，エコノムーブ・レースで優勝経験も多い．ここでは，筆者の車両開発の進化過程も見える． （編集部）

1. 競技用の車体構造

前号（MOTORエレクトロニクス No.9）に引き続き，エコノムーブ車両を前提とした省エネ型EVレース車の開発方法について述べます．今回は，車体の開発を中心に述べます．つまり，車体の本体と車輪周りを含めて搭乗者を支える構造物，これをどのようにレイアウトするかを考えます．

車体は必要な強度や剛性を確保しつつ，できるだけ軽量であることが望ましいのです．

● 車体構造には2つの方式から考える

車体構造としては，
①パイプを組み上げた「パイプ・フレーム構造」
②複合素材を使った「モノコック・フレーム構造」
などがよく採用されます．「優れた材料を使えば，軽くて良いものができる」と思われるかもしれませんが，材料の選択以上に，その車体構造のレイアウトによる影響が大きいのです．

パイプ・フレームでは軽くて剛性の高いパイプを使い，その組み合わせ配置を考えます．

複合素材でできたモノコック・フレームも同様で，その部材の配置によって大きく変化します．単純に考えると部材を離して配置します．

筆者らのチームが最初にオリジナルで作った車体を写真1に示します．

2. モノコック・フレーム構造の変遷

● 外皮がフレーム構造に

ここで例を示します．写真1は，筆者らのチームが2002年に初めて作った車両です．複合素材であるモノッコック・フレームを使用しています．

図1に示すように，特徴は，外皮がフレームとして機能していることです．つまり，前輪のすぐ横の外皮もフレームとして考えているので，本体と一体になるのです．

■ 2.1 第1世代車両の問題点

● 外皮をフレームと一体にした構造

写真1の前輪付近を見ていただくと分かるように，前輪のすぐ横の外皮もフレームとして考えたので，外皮と本体は一体です．

ただしこの場合，タイヤのメンテナンス時に問題が発生しました．

写真1 筆者らのチームの初代マシン

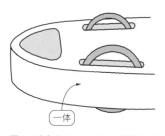

図1 外皮をフレームとした構造での前輪足回り部

● 車輪が簡単に外せない

　この車は，前輪の足回りがサブフレームで構成されており，タイヤのメンテナンス時にはサブフレームごと左右前輪を一体として本体から外す必要がありました．

　もちろん，この点は設計時に分かっていました．その当時は，タイヤのメンテナンス頻度はそんなに多くないと思っていたからです．

　しかし，実際のレースでは，タイヤを頻繁に取り外す必要があり，実戦向きではないと反省しました．

写真2　筆者らの2代目の車両

■ 2.2　第2世代車両の改良

● 前輪車輪を上方に取り出しやすく改良

　写真2は2007年に作った車両です．前回同様，車体構造として，タイヤ外皮部分が一体のフレームです．

　ただし，前輪の車軸は中央のボルト1本でアップライト（直立方向）から取り外せる構造としました（図2）．これで，タイヤのメンテナンス時間を短縮できます．

　中央のボルトを取り外すとハブから車軸ごとホイールが外れます．この中央のボルト1本でタイヤを外せる機構には大きな欠点がありました．

● 剛性が低くなる欠点が発生

　分解可能にすることで車軸の接続部分の剛性が低くなります．そのため大きな荷重が掛かった場合，図3の矢印方向にたわみが生じ，それに対応させるために車体からタイヤが出る開口部の大きさを大きめにせざるを得ませんでした．

■ 2.3　3代目の車両の開発

● 空気抵抗を減らすために再度改良を図る

　写真3が3代目の車両です．どこが変わったか気付かれたでしょうか．

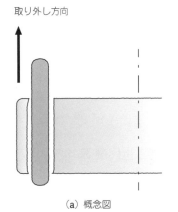

(a) 概念図

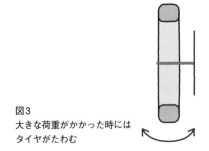

図3　大きな荷重がかかった時にはタイヤがたわむ

(b) 上面カウルを外した状態での前輪部

図2　改良して車輪を取り外しやすくした

(c) 前輪を容易に外せるようになった

写真3 3代目の車両

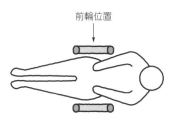

図4 レイアウト変更した車内図

写真4 前輪の位置をドライバの腰付近に移動させた（オフセットの深いタイヤ・ハウス）

写真5 前輪の車体底面とタイヤ・ハウス

空気抵抗を減らす目的で，タイヤのレイアウトを以前のものから大きく変更しました．ドライバの足付近にあった前輪をドライバの腰の直ぐ横に，つまり車体での位置がかなり後退したのです（図4）．

そのまま，タイヤをドライバの横に配置してしまうと乗員を避けてかなり外側にタイヤを配置することになり，ひいては車体全体が大きくなってしまいます．

それを避けるため深いオフセットのホイールを採用し，そのホイールの凹み部分に乗員の骨盤をもぐり込ませるレイアウトになります（写真4）．

● タイヤ・ハウスの内壁を構造体として使う

このレイアウトでは，もはやタイヤを上方向に外すことは不可能であり，タイヤは外側に向かって外しかありません．つまり，車体外皮はタイヤ部分で分断されてしまうことになります．

分断された部分の力はタイヤ・ハウス内側の壁が担うことになります．つまり，

・タイヤの前後は外皮
・タイヤ部分ではタイヤ・ハウスの内側

この2つの部分でうまく力を伝える必要があります．

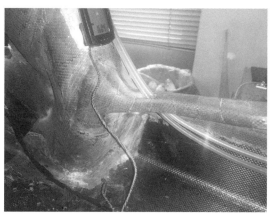

写真6 新たに設置したタイヤ・ハウスにつなぐフレーム

そこで次のようにしています．

● タイヤは外側に外す

タイヤ・ハウスの下側は，車体底面で接続されていて（強度上）問題ありません（写真5）．しかし，開口部である上側には，外皮からタイヤ・ハウス内側の面まで滑らかにつなぐフレームを設置しました（写真6）．前回の剛性不足を反省し，タイヤを外す方

写真7 タイヤ・ハウスの外側から見た車軸取り付け部

(a) 前方から見る

(b) 側方から見る

写真9 筆者らが開発した最初の車両

写真8 車軸取り付け金具

向を外側向きにしたことで，車軸の取り付け部分を剛性の高いものとしました(**写真7**，**写真8**)．

3. 空気抵抗

■ 3.1 極めて重要な抗力の公式

省エネを目的とした自動車競技は，「空気抵抗との戦い」がとても重要です．

大潟村(秋田)で行われているエコノムーブのレースでは，エネルギーのほぼ半分を空気抵抗によって消費すると計算されています．平均速度の速いソーラーカーではさらにその割合が強くなります．

● 空気抵抗(?)の公式を理解しているのか

車両を作り上げるうえでいかに空気抵抗の小さい車体とできるかが勝負です．抗力(空気抵抗?)を示す有名な式があります．

$$D = \frac{1}{2} \rho V^2 S C_D \quad \cdots\cdots\cdots 式(1)$$

D = 抗力，ρ = 流体の密度，V = 速度，

S = 代表面積，C_D = 抗力係数

この式を見て，「抗力は速度の2乗と代表面積に比例するんだな」と単純に考えて最初の車(**写真9**)を作りました．「C_Dはどうしたら小さくできるか難しそうなので，代表面積を極力小さくしよう」そんなコンセプトで製作しました．

実は，この最初に作った車両ですが，今から思えばずいぶん間違って設計していました．当時の私たちの実力を考えれば，やむを得なかったとも思います．

■ 3.2 抗力係数の謎

● 空気抵抗は速度の2乗に比例するのは本当？

間違っていたとはいえ偶然ながら良かったところもありました．先ほどの抗力の公式である式(1)は，抗力Dを求めるものですが，そもそも抗力係数C_Dは抗力から計算で求められるものなのです．その抗力係数C_Dを求める計算式は，

$$C_D = \frac{2D}{\rho V^2 S} \quad \cdots\cdots\cdots 式(2)$$

です．といっても，これは式(1)の左辺をC_Dに置き換えたにすぎません．重要なことは，この抗力係数C_Dは速度によって変化するということです．

もしD抗力が速度の2乗に比例するなら，C_Dという数値はどんな速度でも同じ数値になるはずです．つ

図5
一般的にいわれている
翼の代表面積

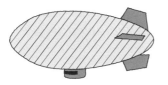

図6
一般的にいわれている
飛行船の代表面積（ガスを入れる部分の体積の2/3乗）

1. 無限の広さの板では流体は完全に止まる
2. 有限の広さの板では（前方投影）面積に比例して抗力となる

図7　平らな板と垂直に空気（流体）ぶつかると…

1. 前方投影面積はゼロなのでその抗力はゼロだが…
2. 流体の粘性によって板の表面積に比例して抗力が発生する

図8　極薄い平らな板と平行に空気（流体）がぶつかると…

まり，抗力は速度の2乗に比例しないのです．

● 抗力係数C_Dとは何か──速度によって値が変わる係数

実際に抗力を計算で出そうと思うと，その速度での抗力係数C_Dの数字が分かっていないと算出できません．

C_Dの数字が分かっている，これはすなわちその速度での抗力が分かっていることを意味します．

単純な円柱や球体などの速度，正確にはレイノルズ数の違いによってどのようにC_Dが変化するかは実験で求められていて，その数字を使って最初の抗力を求める式に当てはめて計算することができます．

われわれが作り出す車両，この場合，広い範囲の速度で抗力を求めなければ，速度ごとのC_Dすら出せません．

そもそも速度ごとの抗力が分かっているのならば，C_Dを算出してそれからもう一度抗力に戻す必要もありません．

● さらなるくせ者は代表面積S

式(1)では，代表面積Sの方がもっとくせ者です．というのは，代表面積というのは数値ではあるものの，対象となる物体に合わせていろいろあるからです．例えば，
- 自動車の場合：前方投影面積
- 飛行機の場合：翼面積（平面視での面積）
- 飛行船の場合：その体積の2/3乗

というように変わるのです．

ここで注意しなければいけないのは，「なぜそれが代表面積に選ばれているか」です．

筆者は正解を知りませんが，これらの代表面積は「大きさの異なる物体をフェアに比較しやすくするために選ばれている」と考えます．

(1) 飛行機の翼の場合

翼は飛行機を持ち上げるために存在しています．その持ち上げる量は翼面積にほぼ比例します（図5）．

(2) 飛行船の場合

飛行船本体は，下にぶら下げたゴンドラを持ち上げるために存在しています．

その持ち上げる量は体積に比例します（図6）．その物体が存在している意義の大小を代表面積としているように思えます．

(3) 自動車の場合

では，車はどうでしょうか？　代表面積として，どの面積を使えば適切なのかは自動車によっても異なってくるように思えます．

例えばソーラーカーの場合，筆者は太陽電池を貼り付けることのできる面積を代表面積にするのが良いと考えます．また，荷物を運ぶバン（van）の場合は，飛行船と同じように荷室体積の2/3乗などが適切ではないかとも思います．

● 前方投影面積が代表面積か？

ただ世間一般的には，「前方投影面積で計算されたC_Dの数値」が広く認知されています．それは慣習で，そのまま計算しているだけなのが実情ではないかと思っています．

■ 3.3 面積に比例/速度の2乗に比例する意味

空気抵抗について，もう少し考察します．まず，空気抵抗がどのように発生しているかを考えてみましょう．

● 単純な平らな無限大の板に流れがぶつかる場合

広い無限大の板を流れの中に置くと，流れはせき止められて止まります（図7）．

流体（ここでは，空気）には質量があります．ある速度を持っていたものの速度がゼロになるので，その持っていた運動エネルギーはゼロになります．

● 面積を持った平らな板に流れがぶつかる場合

有限の板でも同じように考えられます．

運動エネルギーは，速度の2乗に比例します．

せき止める流体の量は，その板の面積に比例します．

つまりこの場合，抗力は速度の2乗に比例し，前方投影面積に比例することになります．

● 前方投影面積がゼロでも抵抗がある場合

次に厚さゼロの板を流れに平行に置きます（図8）．厚さがゼロですから前方投影面積もゼロです．

また，流体には粘性というものがあります．この板に平行な流れは，板の表面に張り付き粘性によって抵抗を生みます．

この抵抗は速度と板の表面積にほぼ比例します．速度の増加とともに，この抗力も増加しますが，2乗には比例しません（説明は略すが，1.5〜1.8乗に比例する）．「前方投影面積」ではなく「表面積」であることに注意です．

● 2つの抵抗を区別して考えよう

ここで，①流体がぶつかる抵抗と，②粘性による抵抗，の2つの抵抗をイメージしてください．

もちろん，流れをせき止めた場合の方が，圧倒的大きな抵抗になることは容易に想像できます．

実際の物体はこのような単純な形ではありませんから，この2種類の抗力を足し合わせたものになります．

■ 3.4 抗力を小さくする2つの対策

● 空気抵抗の2つの要因

空気抵抗を小さくする方法を考えるのにも，上記の2つの抵抗を区別してみましょう．例を挙げます．

(1) 空気の流れをせき止めてしまうような物体

図9がその例です．この場合，抗力はほぼ速度の2乗と，前方投影面積に比例することになります．

(2) 前から後ろに滑らかに奇麗に流れる物体

図10のような奇麗な流線形状の場合，表面積と速度に比例するとまでは言えませんが，前述の物よりもこの特性が強くなります．

● 2つの要因を考慮する

前述のとおり，この2つの抗力では(1)のせき止める抗力の方が圧倒的な大きさです．しかし，(1)の抗力を徹底的に小さくすることができ，その次に(2)の粘性によって発生する抗力を小さくできれば，とても効果的です．

■ 3.5 せき止め抗力の対策

まずは，せき止めてしまうような流れをなくしましょう．

完全なせき止めであればイメージしやすいのですが実際にはなかなかイメージできません．

● せき止め型の空気の流れを見る

図11の流れを眺めてください．

この四角な物体の表面を空気が流れたとします．四角い物体の角の部分で急激に向きを変えようとしますが，前述のように空気にも質量があるので，物体の角部に沿って曲がりきることができないため，表面から離れたところを流れます．

● 流線型の空気の流れを見る

一方，図12に示すような流線型の場合，大きく向きを変えられることもなく表面に沿って流れ，元の流れとほぼ同じ状態に戻ります．飛行機の翼であれば，断面形状をこのような形にするとうまく流れます．

● 対策のポイント

ポイントは，①物体の表面から流れを剥離させずに流すこと，②流れの最後に元の流れの向きに戻すことの2つです．

車が存在して移動している以上，何らかの形で空気の流れが変わるので，その流れの向きを変えなければいけません．

● 湾曲面の内と外とで空気の流れは異なる

空気の流れの向きについてもう少し考えます．図13は，曲がった板によって空気の流れが曲げられるイメージです．

前述のように，流体にも質量があり，まっすぐ進み続けようとする惰性力が発生します．カーブで遠心力が発生するのと同じように，曲がり角には外向きの力が発生します．

図13の内側は物体の表面に支えられますが，外側

図9
空気の流れをせき止めるような車両の例
——ここで重要なのは前方投影面積

図10
空気の流れやすい流線型の車両例
——ここで重要なのは翼の面積

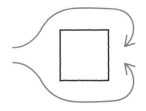

図11 せき止め型四角な物体にぶつかった流れ

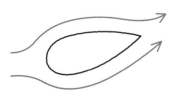

図12 流線型物体にぶつかった流れ

図13 曲がった板にぶつかった流れ

は表面から離れてしまいます．表面に向かって押えるものが何もないですからね．流れているものが空気などの流体ではなく，鉄の玉のようなものであれば，外側は必ず表面から離れてまっすぐ進むことになります．流体の場合はどうなるでしょうか？

物体の周りは流体で満たされています．また，大気中であれ海中であれ，何らかの圧力が存在しています．この圧力が内側に向かって押し付けてくれることになります．仮に，真空中で先ほどの曲がった板に液体を流せば，外側は直進してしまうでしょう．

連続して存在している流体ですから，当然圧力の高い方から低い方へと向きを変えたり流れができたりします．

ただし内側へ押える力は有限ですから限度を超えれば当然まっすぐ進みます．

4. 車両の空気の流れ

自動車の場合，3次元的に考えるとなかなか難しいと思います．そこで，少し単純化して考えましょう．

■ 4.1 エコノムーブの車両のL字角

● 角があるエコノムーブの車両形状

図14は，エコノムーブでよく見掛ける車両の形です．上面からは流線型で側面からは後ろの方が四角くなっています．

おそらく，後輪を覆うために屋根部分を水平に後ろに伸ばしたい，という意図があるものです．

奇麗な流線型のように思えるかもしれませんが，空気の流れから見ると大きな問題があります．実は図15のように，後ろの方屋根と側面の接続部分で剥離と渦が盛大にできてしまい，大きな抗力を生むのです．どこが問題か気付かれたでしょうか．

後部の屋根と側面にL字角と湾曲部があります．では，この大きな抗力，屋根と側面にL字の角があるからダメなのでしょうか？

● 角の有無ではなく空気が角を横切らない

このL字に曲がった板に対して空気を奇麗に流そうと思えば，図16(a)のように流れに対して平行に折り目を配置できれば良いはずです．

しかし同図(b)のように，折り目に対して流れが直角であったり，斜めになったりした場合は，四角の物体の周りの流れのように，表面から離れて大きな抗力を生みます．

角を横切る流れがなければ，角があったとして大きな抗力はありません．

つまり重要なことは，角を横切る流れをどうやってなくすかなのです．

■ 4.2 車両設計の基本針

● 空気は圧力の高い方から低い方へと流れる

圧力が高い方から低い方へ移動することは，流体移動の基本原則に則っています．角の問題では，角を境にして，両側の圧力や流れを対称にできれば，横切る流れができません．

● 空気の流れが車両から離れないように

この場合，流れを内向きに曲げる度合いです．これを側面と屋根部分を同一にするのが簡単な手法です．例えば高さに対して横幅の狭い車両は，図17のような形が考えられます．高さに対して横幅の大きな車両なら，図18のような形でしょうか．

● まずは単純化して渦をなくす方法を探る

いきなり3次曲面の物体を考えるよりも，このような手法で単純化した全体像を作り，そこに手を入れていくのが良いと思っています．

大きな渦や流れの剥離のない形状，これが最優先で

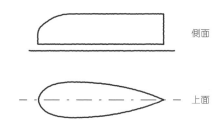

図14 あるエコノムーブ車両の側面図と上面図
——気付きにくい空気抵抗が大きくなる設計例

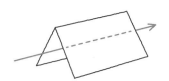

(a) この向きでは角を越える流れがない

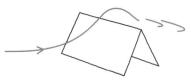

(b) この向きでは角を越える流れがある

図16 L字角がある板と空気の流れ

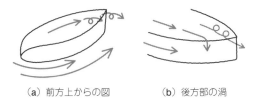

(a) 前方上からの図　　(b) 後方部の渦

図15 立体図で見ると渦ができる個所がある

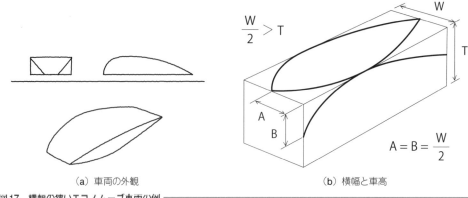

(a) 車両の外観　　　　　　(b) 横幅と車高

図17　横幅の狭いエコノムーブ車両の例

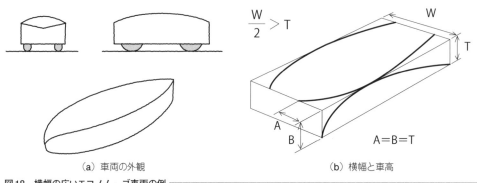

(a) 車両の外観　　　　　　(b) 横幅と車高

図18　横幅の広いエコノムーブ車両の例

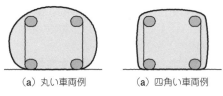

(a) 丸い車両例　　　(a) 四角い車両例

図19　エコノムーブ車両のタイヤ位置と前方断面図

す．まずはここを目指して形状を考えます．それができたら次のステップです．

● 次は粘性対策で表面性を小さくする

次は，流体の粘性による抗力を小さくします．これには表面積を小さくすることです．

● 車両形状のまとめ

(1) 車体レイアウトを工夫し，車両を小さくしつつ，剥離や渦のできない形を目指す．

(2) 角を横切る流れがあると大きな抗力を発生するので，角がない丸い形であれば大丈夫と考えることもできる．

これは，覆わなければいけない車両の各パーツのレイアウトや形状にも大きく依存します．次にそこを考えます．

5. タイヤの位置

自動車には必ずタイヤが存在します．しかも，車両デザインでタイヤの位置は，車両の形状や大きさを決める大きな要素です．

■ 5.1　車両断面を四角くするか丸くするか

● 車両断面で考えると四角が有利だが

前方断面で角のない"丸い"車両をタイヤとの関係で考えると，図19(a)のようになります．角があっても良いと考え，"四角い"車両にすると同図(b)のような形状になります．さて，どちらが有利でしょうか．

車体の表面積は，各断面の外周の周長を前後方向に積分したものですから，車輪が同じだとすると，断面の周長の短い四角断面のものが小さくなります．

ただし，粘性によって発生する抗力は，剥離や渦によって発生する抗力よりもはるかに小さいものなので，四角にしたことで渦や剥離が増加するようであれば，丸い断面の車にはまったく勝てません．

四角断面が有効なのは，車体のサイズに対してタイ

ヤの大きさが大きい場合で，かつ流れの剥離や渦の発生となりうる角を横切る流れを抑制できた場合になります．

● 同じ断面積で考えると丸い形状が有利

タイヤ以外の要件で車体サイズや形状が大きく左右されるような場合は，それらの配置などを工夫して小さくまとめ，丸い断面にした方が断面の周長が小さくなる場合が多いと思います．

断面積が同一であれば，丸い形の方が周長は短くなるからです．

エコノムーブの場合，かなり以前から車両の小型化が広まっていて，小径タイヤですらかなり限界まで小さくなってきています．

■ 5.2　3輪レイアウトを考える

● 前2輪＋後1輪レイアウトでは前が大きくなる

通常，エコノムーブでは，前2輪，後1輪の3輪レイアウトが採用されます．

このレイアウトで前述の側面と屋根の曲率を同じにしようとすると，後ろにある後輪の上側を避けた屋根は前側で大きく上がり，車体の小型化を阻むことになります（写真10）．

● 前輪部の断面は四角形で後輪部は五角形

現在の筆者らの車両の前輪付近と後輪手前の断面を並べると，図20（a）のような形になります．前輪付近の断面は四角形で後輪部付近は五角形になっているのです．

屋根中央の角は左右対象なので，この角を横切る流れはありません．側面と屋根との境界の角，この肩の部分は側面の曲率に合わせて同じように下に下げているので，ここも横切る流れはありません．

屋根の曲率は中央部分と肩の部分で大きく異なりますが，この2つの角の間はほぼ平面であり，この平面部分を横切る流れがあったとしても剥離や渦の生成はありません．

● 四角断面だけ，または丸断面だけとすると…

仮にこれを四角断面だけで処理しようとすると，図20（b）になります．つまり，前述の同図（a）より大きくなり，表面積も大きいものとなります．

これを同じく丸い断面で処理すると，同図（c）になります．これでも五角形断面のものよりも表面積が増えます．

しかし，外周が丸いので，屋根部分と側面との曲率を厳密に合せる必要がなく，うまく形状を作れれば，四角断面のものよりもおそらく表面積を小さくできることでしょう．

角があったとしても，それを横切る流れがない形状を創造できれば，角のない丸い形状よりも抗力を小さくするチャンスがあると思います．

■ 5.3　操舵空間を考慮する

● 操舵のため前輪が動く空間が必要なので…

前輪には操舵用の空間が必要です．先のレイアウトでも，この空間を確保するために，多少なりとも車体サイズを拡大していました．

前輪部を完全四角の断面で実現すると，図21（a）のようになります．上部と底部にはあまり必要ないのですが，左か右に舵を切った場合，中央部には空間が必要とされます．

● 3次曲面を採用すると断面積を小さくできる

3次曲面の車体を作ることができるのなら，図21（b）のような断面にすれば，車体サイズと表面積を小さくすることができます．

タイヤの断面も丸いものが多いですから，四角の断面の角を丸められます．角をまるめれば，多少なりとも

写真10　車両の前方と後方では断面が異なる

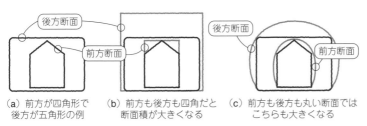

（a）前方が四角形で後方が五角形の例　（b）前方も後方も四角だと断面積が大きくなる　（c）前方も後方も丸い断面ではこちらも大きくなる

図20　車両の前方と後方の断面図

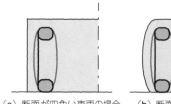

(a) 断面が四角い車両の場合　(b) 断面を丸くすると断面積は小さくなる

図21　前輪部片側の操舵空間とタイヤの関係

写真12　筆者らの現在の車両

写真11　筆者らが開発した最初の車両

も表面積を減らせます．

ここでは角を丸める理由が，「横切る流れの被害を少なくする」よりも「表面積を小さくする」ことになるのです．

このような工夫ができるように（これを"攻める"設計という），基本レイアウトをきっちりすべきでしょう．

6. 自チームの車の進化

● 最初は渦の発生を少なく前方断面積を小さくした

前2輪の3輪車を五角形断面で覆うアイデアは，筆者らが最初に製作した車両から採用していました（写真11）．

ただし，当時の筆者らの実力は低く，表面積を小さくすることを考えて採用したわけでもなく，剥離や渦の発生を極力少なく保ったまま，前方投影面積を小さくすることを狙ったものでした．

ただし，車両全体が小さくなることに違いはありませんから，五角形断面の採用で多少なりとも表面積の低減につながっています．けれども，表面積を小さくする意図はなく，レギュレーションで許された長さいっぱいの全長で，とても緩やかに絞り込まれています．

ということで，剥離や渦の生成による抗力は小さいのかもしれませんが，粘性による抗力はそれなりに大きかったのではないかと思います．

● さらに表面積を小さくしたいが…

表面積を小さくするためには，車両を細くすることはもちろん，短くすることも必要です．ただし，短くすることに注視しすぎて，剥離や渦を発生させてしまってはいけません．

剥離の発生がない範囲で極力大きく絞り込み，短くするのが狙い目です．ただ，急激な内側への曲がりは剥離します．キャッチ的に言えば「前側から滑らかに曲げつつ短くまとめる」です．

● 太いところを短くして表面積を小さくする

表面積を小さくするもう1つのポイントは「中央部分を膨らませる」と車両を短くできます．視点を変えれば，表面積を小さくするためには断面での太さを細くすることも有効ですが，太い部分を短くすることも有効だからです．

● 現在の車両

前輪が後退した現在のレイアウトを用いた車両を写真12に示します．車両上部が広く透明になっているので，ドライバと車輪の関係も見えるのではないでしょうか．

前輪をひざのあたりに配置した場合よりも横幅が広く，前方投影面積も大きくなります．そして，太い部分を車両中央に寄せることで表面積を小さくすることもできています．前方投影面積至上の思想を捨てて進歩した結果のものです．

筆者紹介	
	なかむら あきひこ 中村 昭彦 40歳を過ぎてから「エコノムーブ」へ参戦をし始めた現業系の親父です．サラリーマンのしがらみに閉口していた自分にとって，活動してきたことが結果になって表れる，言い訳のできないレースの楽しさにどっぷりハマった日々を過ごしています．

EV/モータ製作レポート

モータ・コイルの最適な巻き方を探る
～エコノムーブで「菅生サーキット」を走るために～

本田 聡

使用目的に合わせて，モータ・コイルの巻き方が自由になる「CQブラシレス・モータ・キット」がある．では，どのようにしてコイルの巻き方を決めればよいのだろうか．このモータ・キットは永久磁石同期モータで，ロータ側に永久磁石が12極，ステータ側にコイル18スロットがある．巻き方の自由度とは，コイルに巻くマグネット・ワイヤの太さ，コイル1スロット当たりの巻き数，そして1相当たり6スロットのコイルの接続法を6直列か3直2並か2直3並か6並列のどれにするかである．筆者は，このモータをSUGOサーキットで行われるエコノムーブ・レース用のモータとして採用し，3位の成績を収めた．ここでは，そのモータの巻き方をどのようにして決めたかを示す．

（編集部）

はじめに

筆者の所属する会社クラブ「Team ENDLESS」は，ガソリン・エンジンによる省燃費競技会（通称「エコラン」）に参加するため，1990年に創部されました．

その後，チームは電気自動車エコランへも参入し，1995年開始の「スポーツランドSUGO」でのエコノムーブ・レースには，初回からずっと参加しています．

正式名称「電気自動車エコラン競技大会 in SUGO」の2018年大会（8月11～12日，主催：次世代モビリティエコラン協会）への参加にあたり，自分たちのチーム記録を塗り替えようと，新たなモータで挑戦することを決めていました．その時，ある人から「"CQブラシレス・モータ"とその"低損失コア・ステータ"の組み合わせが良いのでは」と提案されました．

早速，製造元のミツバSCRのホームページ（以下HP）を見ると，そこには，モータの「定格出力：50W～1,000W程度まで巻き線仕様によりカスタム可能」の文字が確かにありました．さらに検討の末，このモータをわれわれのチームのマシン「リボンGo！」（写真1）に搭載してスポーツランドSUGOを走ることに決めたのです．

1. モータ出力の目標設定

● 目標出力を決める鍵は「勾配10％，高低差70m」

まず，モータ出力の目標を決めます．そのためには，レースのサーキット・コースを知る必要があります．サーキットがある「スポーツランドSUGO」は宮城県柴田郡に位置します．その中心にサーキットがあり，4輪車/2輪車の全日本レースも開催される，1周約3.7kmの本格的なレーシング・コースです（図1）．

このコースの特徴は，最大高低差70m，最大登坂勾配10％を誇る，他のコースにはない急坂を持っていることでしょう．

図1のコース高低差を表したグラフを見ると，平坦な部分はごく一部であり，EVにとっては登坂性能と回生性能が発揮できるコースとも言えます．

● 下り坂に制限速度65km/hの計測ポイントあり！

「電気自動車エコラン競技大会 in SUGO」では，公称423Whの鉛バッテリをエネルギー源に，2時間で走行した周回数を競います．

またこの競技会では，南側の下り坂の途中に速度計測ポイントが設けられており，そこを65km/hを超えて走ることは禁止されています．

そのため，下り坂で速度をつけその勢いで坂を登る，という作戦にも限界がありそうです．

● 自分（競技車両）の走行抵抗を知る

エコラン競技では"走行抵抗"が重要です．走行抵

写真1 筆者らのチームのエコノムーブ「リボンGo！」

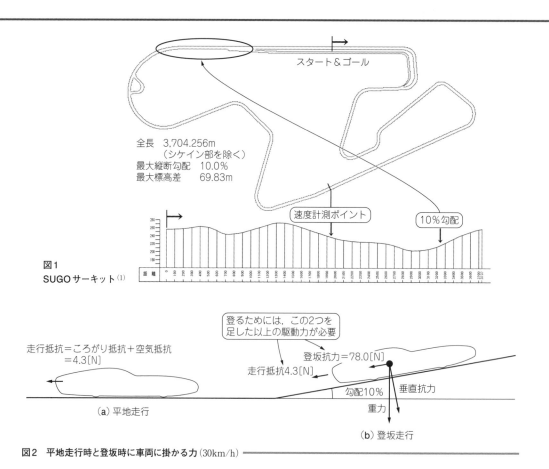

図1 SUGOサーキット[1]

図2 平地走行時と登坂時に車両に掛かる力 (30km/h)

表1 出力計算表

項　目	仕様値	計算式
車体質量（ドライバ，バッテリ含む）	80 [kg]	
駆動系伝達効率（チェーン1段減速）	0.96 [0]	
走行抵抗（平地，30km/h一定）	4.3 [N]	
登坂勾配	0.1 [0]	
登坂抗力	78.0 [N]	車体質量 [kg] × 重力加速度 9.8 [m/sec²] × sin (tan⁻¹ (登坂勾配 [0]))
目標車速 (30km/h)	8.33 [m/sec]	
目標駆動出力	686 [W]	(走行抵抗 [N] + 登坂抗力 [N]) × 目標車速 [m/sec]
目標モータ軸出力	715 [W]	目標駆動出力 [W] / 駆動系伝達効率 [0]

→ 余裕を持って「720W」を目標とする

抗とは，「走行するときに車両が受ける力」のことですが，転がり抵抗と空気抵抗，登坂抗力注などの合計となります．厳密でなくとも，およその値を知らないと，効率の良いモータは実現できません．

この走行抵抗の力より大きい駆動力（推力）がある

ことで，クルマは前へ走ることができます．

筆者チームの競技車両である「リボンGo!」を見てみましょう（**写真1**）．次のように考えました．

(1) 平地走行時

運転するドライバとバッテリ込みで約80kgの質量，これまでの実績から，平地での一定車速の走行抵抗は30km/hで約4.3Nと分かっています．

皆さんの車両はどうでしょうか？ 走行抵抗なんて調べたことがないという方も，

・効率が既知のモータで走らせ，消費電力から逆算

注：坂を登る際に車両へ加わる力は，一般的には「登坂抵抗」または「勾配抵抗」と呼ばれている．「ころがり抵抗」や「空気抵抗」は損失につながるが，"登坂" は電気エネルギーから位置エネルギーへの "変換" という現象であるため，筆者は登坂抵抗という言葉を使わず「登坂抗力」と表現している．

・惰性で走らせ，車速が下がっていくグラフから類推といった手法などで求めることはできます．また，奥の手ですが，自分の車両と似た形状を持つ車両のチームの人に尋ねるというのもあります．

(2) 登坂抗力

次に図2の右側にある登坂抗力を計算します．坂を制することができないと，SUGOのコースでは良い結果を得られません．

勾配10％というのは，水平に進んだ距離の10％を登る，例えば地図上の距離で100m進んだときに10m登るということを示します．

(3) 登坂速度と駆動出力

さらに，登坂の目標車速と駆動出力も決めてしまいましょう．これまで「リボンGo!」は，勾配10％を持つコース最終部分を25～28km/hで走っていました．

CQブラシレス・モータは今まで使っていたモータより高効率でその分出力も増やせます．仮に目標車速30km/h，目標モータ軸出力720W，その時に90％以上のピーク効率で走行することを狙ってみます．

● 走行抵抗と出力のまとめ

ここまでの数値と計算式を表1にまとめておきますので，皆さんの車両にもあてはめてみてください．

2.「CQブラシレス・モータ」の特性推定

● テストは大変，ここは経験で推定

実際にモータを作ってテストをするのは時間がかかり，また測定も厄介です．そこで，

「モータ軸出力＝電源電力－損失」

という原理式を用いて，モータの特性を推定しました．

図3のミツバSCRのHPで公開されている標準コア，標準巻き線仕様φ1.0×20T×6直列のグラフと，「低損失コア・ステータはキット標準巻き線においてピーク効率2.5％アップ」という説明を参考に，まずは標準コアの計算から始めます．

図3から効率ピークとなる電源電流3Aと，仮に2.2Aでの「回転速度」と「トルク」，「効率」を読み取ります．

これをEXCELに入力し，3A駆動でのモータ軸出力と損失を計算しました．これを「鉄損」と「銅損」の値に分離しますが，ブラシレス・モータの効率ピークでは，鉄損と銅損は近い値になるはずといいます[3]．

筆者の経験とも一致するように思い，計算で求めた損失の1/2の値を標準コアの鉄損としました．

● 低損失コアとは何が異なるか

前述のように，「CQブラシレス・モータ」キット用のオプションに「低損失コア」があります．

標準コアの銅板の板厚0.5mmに対し，低損失コア

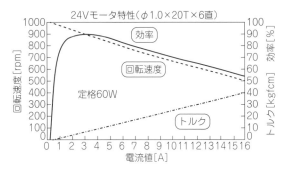

図3 「CQブラシレス・モータ」の標準特性（φ1.0mm，6直，20Tの場合）[2]

の板厚は0.2mmという薄さです．そのため，積層されているコア板の枚数が2倍以上に増えています．また，材料そのものにも低損失の鉄合金が使われているようです．コアの板厚を薄くするだけでも，鉄損のうちの渦電流損の大幅な改善が見込めます．

● 低損失コアの効果を計算してみる

その効果ですが，車両性能のところで紹介した方法と同様，モータを空転させ回転数が下がっていくグラフから性能差が比較できそうです．

しかし，またここで，計算によって低損失コアの鉄損の値を見積もってみましょう．低損失コアと標準巻き線の組み合わせは，同一の電源電流なら銅損は同じ，鉄損のみ小さくなります．

低損失コアの効率ピークの部分は，小さくなった鉄損と銅損が等しくなるよう，まず電源電流を3Aから2.2Aに変更し，銅損を小さくして計算します．

次に，鉄損の値を銅損と同じにしたうえで，標準コア，電源電流2.2Aでの軸出力に鉄損低減分を加えた値を新しい軸出力とし，損失と効率を計算し直します．この効率の値が約2.5％アップしていれば，低損失コアでの鉄損の値が計算されたことになります．

計算し直してピーク効率92.3％を得たケースを表2に示します．

● モータの定数決定（方針を決めて計算簡略化で）

モータの損失はいろいろな要素を含んでいますが，ここまで鉄損と銅損だけに絞って計算してきました．さらにもっと大胆に簡略化してみましょう．

鉄損ですが，今回は出力を上げる関係で回転速度が高くなるため，渦電流損の影響が大きくなります．他方，ヒステリシス損の影響は相対的に小さくなると考えて無視することにします．

先ほど計算した低損失コアの鉄損の値を回転速度の2乗で割って，渦電流損の定数をW/rpm^2の単位で求めます．次に電源電流から見た銅損の定数，すなわち巻き線の抵抗値を求めます．

標準コアで標準巻き線の図のうち，電流と銅損が比

表2 「CQブラシレス・モータ」の標準コアと低損失コアの比較

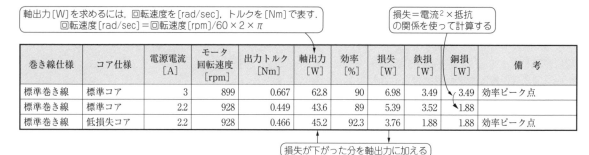

(a) 数値比較

軸出力[W]を求めるには，回転速度を[rad/sec]，トルクを[Nm]で表す．
回転速度[rad/sec]＝回転速度[rpm]/60×2×π

損失＝電流^2×抵抗の関係を使って計算する

巻き線仕様	コア仕様	電源電流[A]	モータ回転速度[rpm]	出力トルク[Nm]	軸出力[W]	効率[%]	損失[W]	鉄損[W]	銅損[W]	備考
標準巻き線	標準コア	3	899	0.667	62.8	90	6.98	3.49	3.49	効率ピーク点
標準巻き線	標準コア	2.2	928	0.449	43.6	89	5.39	3.52	1.88	
標準巻き線	低損失コア	2.2	928	0.466	45.2	92.3	3.76	1.88	1.88	効率ピーク点

損失が下がった分を軸出力に加える

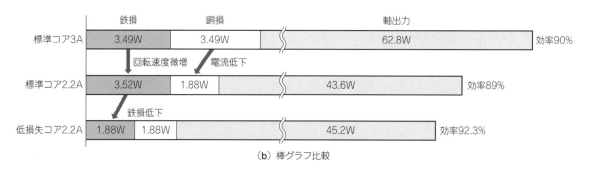

(b) 棒グラフ比較

表3 モータ定数値

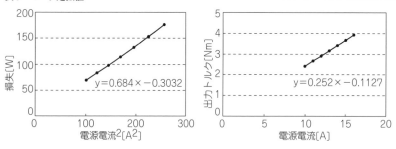

項目	仕様値
鉄損定数	2.2×10^{-6} [W/rpm^2]
銅損定数	0.684 [ohm]
トルク定数	0.252 [Nm/A]

較的大きく，鉄損が無視できる電流10～16Aの範囲で

$$損失 = モータ軸出力 \times \left(\frac{100}{効率[\%]} - 1\right)$$

の計算をしました．

　電流の2乗と損失のグラフをEXCELで書いた，その近似直線の式の傾きが巻き線抵抗に相当します．テスタで巻き線抵抗を測ってはいません．実際に測定したグラフからの方が，電源電流のリップル成分や巻き線温度の上昇による抵抗値の増加の影響を含んでおりベターだと考えています．

　同様に，電源電流と出力トルクのグラフを書いて，その近似直線の傾きであるトルク定数Nm/Aも求めておきます．

　上の過程で求めたモータ定数値を表3に示します．

3. SUGO用モータ巻き線仕様の決定

● モータ損失を増やしてでも出力を増やすか？

　公開された標準巻き線の特性図では，効率ピーク付近におけるモータ出力は約60W，最大で約115Wです．

　ここから巻き線を変更し，目標とする720W以上を出力できるようにします．モータ軸出力は「モータ回転速度」と「出力トルク」の積で表されます．回転速度を上げると鉄損が増えます．トルクを増やすには電流を多く流す必要があり，結果銅損が増加します．

　では，回転速度とトルクのどちらを増やすのが良いのでしょうか？　筆者の経験則によれば，鉄損と銅損の両方がほぼ等しくなるようにしつつ回転速度とトル

クの両方をバランス良く増やすのが，ピーク効率を高めるコツと思われます．

● 豊富な巻き線のバリエーション

「CQブラシレス・モータ」は12極18スロットの構成です．巻き線のU相/V相/W相それぞれに6スロットが割り当てられますが，この6という数字は公約数が多いため，1，2，3，6直列の巻き線を作ることができ，その違いによってモータ回転速度の範囲を大まかに選択可能です．

一方で，車両側にはモータ回転を減速して駆動輪へと伝達するチェーンの減速比の条件があります．

チェーンはJIS25サイズで，スプロケットのモータ軸側は軸径の限界から最小11T，車輪側は87Tと90Tを持っていますが，ブレーキ取り付けの関係上，こちらもほぼ上限です．

● 登坂時のモータ回転速度の目標値を決める

車輪側スプロケットを90T，これにタイヤの周長も加味し，登坂時の回転速度として3660rpmを目安としました．

モータの駆動電圧を上げると，モータの回転速度も上がります．今回は12V鉛バッテリを4直列の48Vにして，標準巻き線の24Vで効率ピークとなる約900rpmから2倍に引き上げます．さらにモータ・コイルの接続法を1相当たり6直列から「3直列2並列」(3直2並)にすると約3600rpmになります．

希望の回転速度からわずかに低めなのでターン数を減らし，その分だけ線径をφ1.2mmへと太くする方向にします．スロットの形状を測定し，図4のように巻き数を見積もったところ，17～19ターンは巻けそうです．

● モデル式から最適な巻き線仕様を探る

モータ出力のイメージをざっくりとつかむために，モデル式を使ってEXCELで計算表を作ります．

まず条件をおさらいします．モータに求められる目標性能は，モータ軸出力720Wならモータに投入する電力は800W以下，モータの損失は80W以下となります．

バッテリの電圧は定格で48Vですが，放電による電圧降下を考慮して44Vを基準電圧値としました．

これに3直2並(3直列-2並列)への変更と，線径とターン数を変える補正計算も入れて，表4の計算表を作成しました．

この計算表では，モータの起電圧定数が分からないとモータ回転速度が決まりません．そのため，

(1) 仮の起電圧定数から見積もった回転速度による「軸出力」と「効率」
(2) 電源電力から損失を差し引いた「軸出力」と「効率」

の2つの計算をし，結果がほぼ一致するように起電圧

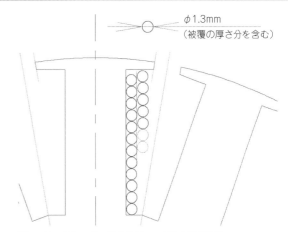

図4 モータのコイル巻き数(ターン数)の見積もり

定数を探して入力しました．

ちなみに，物理的に起電圧定数はトルク定数と同じ意味を持っており，正弦波ベクトル制御のモデル式では仮の数値を使わずに計算できます．

ターン数を18にすると，目標出力での回転速度が若干低かったので，

　　線径φ1.2mm×17T×3直列－2並列

と決定しました．この仕様では，3760rpmでモータ軸出力725W，鉄損，銅損とも30W程度，ピーク効率は約92%と計算され，目標の90%を1～2ポイント上回ることが期待されました．予想特性のグラフを表4に示します．

4．巻いた，組んだ，回した

● モータ・コイルはφ1.2mmで3直2並

図5のように，3スロット直列にφ1.2mmのマグネット・ワイヤ(エナメル線)を巻いてみます．3直2並なので中性点は2カ所になります．

中性点側から始めて3スロット分巻き，中性点とは反対側から端子線を引き出します．全て巻き終わったら，U，V，Wの1組ごとに中性点へ接続します．中性点が2つできますが，等価回路的には同電位なので，この2つの接続は必須ではありません．

● 巻き線の被覆の破損には十分注意して

この巻き方だと，中性点と端子線がコアの別々の側から出るため，ワイヤを接続するスペースに余裕ができます．ワイヤをステータの鉄の部分にひっかけると被覆が簡単にはがれてしまうため，ステータの隙間からワイヤを落とし込む際は十分に注意しましょう．

ステータ間をつなぐ渡り線部分も，短絡の原因にならないようできる限りガラス編み組みチューブを被せました．実は，巻き線作業中に，できそうであれば18Tに挑戦することも考えました．巻き数の多い方

表4 SUGO用に巻いたモータの特性予想――低損失コア, φ1.2×17T, 3直2並

これらの係数を変えて, どのターン数が目標と合致するか調べた

下の2つの計算が一致するように起電圧定数を決めた

| | トルク定数
(標準巻線)
6直→3直2並
変換係数
20T→17T
変換係数 | 0.252 [Nm/A]
0.5 [0]
0.85 [0] | | 起電圧定数
(標準巻線)
6直→3直2並
変換係数
20T→17T
変換係数 | 0.0264 [V/rpm]
0.5 [0]
0.85 [0] | | 巻線抵抗
(標準巻線)
6直→3直2並
変換係数
20T→17T
変換係数
Φ1.0→Φ1.2
変換係数 | 0.684 [ohm]
0.25 [0]
0.85 [0] | | 鉄損の定数
(低損失コア) | 2.2E-06 [W/rpm2] | モータ側
スプロケット
車輪側
スプロケット
タイヤ周長
駆動系
伝達効率 | 11 [0]
90 [0]
1.12 [m]
0.96 [0] |
| | トルク定数
(SUGO用) | 0.1071 [Nm/A] | | 起電圧定数
(SUGO用) | 0.01122 [V/rpm] | | 巻線抵抗
(SUGO用) | 0.100938 [ohm] | | | | | |

電源電圧 [V]	電源電流 [A]		モータ回転速度 [rpm]	出力トルク [Nm]	電源電力 [W]	回転数×トルクで計算			入力-損失で計算			鉄損 [W]	銅損 [W]	起電圧定数 [V/rpm]	巻き線抵抗 [ohm]	車速 [m/sec]	車速 [km/h]	後輪駆動力 [N]
						軸出力1 [W]	効率1 [%]	損失 [W]	軸出力2 [W]	効率2 [%]								
44	44	1	3912.57242	0.024903		10.20331	23.22948	33.779028	33.67809	33.67809	0.100938		0.01122	0.100938	8.926462	32.13526	1.097319
44	44	2	3903.5762	0.132192	88	54.03761	61.40638	33.972146	33.5234	0.40375			0.01122	0.100938	8.905937	32.06137	5.82489
44	44	3	3894.57999	0.239481	132	97.66976	73.99224	34.277495	33.36906	0.908438			0.01122	0.100938	8.885412	31.98748	10.55246
44	44	4	3885.58378	0.34677	176	141.0998	80.17032	34.830075	33.21507	1.615			0.01122	0.100938	8.864887	31.91359	15.28003
44	44	6	3885.59135	0.561348	264	227.3533	86.15836	36.541928	32.90818	3.63375			0.01122	0.100938	8.823838	31.76582	24.73518
44	44	8	3849.59893	0.775926	352	312.7983	88.86314	39.062706	32.60271	6.46			0.01122	0.100938	8.782789	31.61804	34.19032
44	44	10	3831.60651	0.990504	440	397.4346	90.32605	42.392409	32.29866	10.09375			0.01122	0.100938	8.741739	31.47026	43.64546
44	44	12	3813.61408	1.205082	528	481.2624	91.14818	46.531035	31.9604	14.535			0.01122	0.100938	8.70069	31.32248	53.1006
44	44	14	3795.62166	1.41966	616	564.2815	91.60415	51.478586	31.69484	19.78375			0.01122	0.100938	8.659641	31.17471	62.55575
44	44	16	3777.62923	1.634238	704	646.4921	91.83126	57.235062	31.39506	25.84			0.01122	0.100938	8.618591	31.02693	72.01089
決定！		18	3759.63681	1.848816	792	727.894	91.90581	63.800462	31.09671	32.70375			0.01122	0.100938	8.577542	30.87915	81.46603
44	44	20	3741.64439	2.063394	880	808.4874	91.87357	71.174746	30.79979	40.375			0.01122	0.100938	8.536492	30.73137	90.92117
44	44	22	3723.65196	2.277972	968	888.2722	91.76365	79.358035	30.50428	48.85375			0.01122	0.100938	8.495443	30.58359	100.3763
44	44	24	3705.65954	2.49255	1056	967.2483	91.59548	88.350208	30.2101	58.14			0.01122	0.100938	8.454394	30.43582	109.8315
44	44	28	3669.67469	2.921706	1232	1122.715	91.13432	108.76133	29.62633	79.135			0.01122	0.100938	8.372295	30.14026	128.7417
44	44	32	3633.68984	3.350862	1408	1275.067	90.59601	132.40814	29.04814	103.36			0.01122	0.100938	8.290196	29.84471	147.652
44	44	36	3597.70499	3.780018	1584	1424.125	89.90686	159.29066	28.47566	130.815			0.01122	0.100938	8.208097	29.54915	166.5623
44	44	40	3561.72014	4.209174	1760	1569.948	89.20159	189.40887	27.90887	161.5			0.01122	0.100938	8.125999	29.25359	185.4726

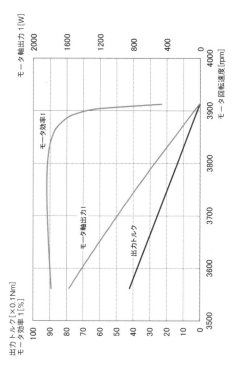

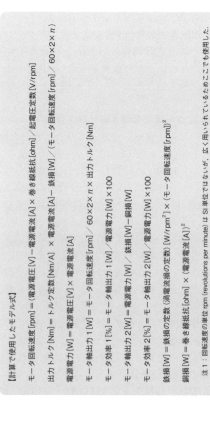

【計算で使用したモデル式】

モータ回転速度 [rpm] = (電源電圧 [V] − 電源電流 [A] × 巻き線抵抗 [ohm]) / 起電圧定数 [V/rpm]

出力トルク [Nm] = トルク定数 [Nm/A] × 電源電流 [A] − 鉄損 [W] / (モータ回転速度 [rpm] / 60 × 2 × π) [Nm]

電源電力 [W] = 電源電圧 [V] × 電源電流 [A]

モータ軸出力1 [W] = モータ回転速度 [rpm] / 60 × 2 × π × 出力トルク [Nm]

モータ効率1 [%] = モータ軸出力1 [W] / 電源電力 [W] × 100

モータ軸出力2 [W] = 電源電力 [W] − 鉄損 [W] − 銅損 [W]

モータ効率2 [%] = モータ軸出力2 [W] / 電源電力 [W] × 100

鉄損 [W] = 鉄損電流の定数 (渦電流損の定数) [W/rpm2] × (モータ回転速度 [rpm])2

銅損 [W] = 巻き線抵抗 [ohm] × (電源電流 [A])2

注1：回転速度の単位 rpm (revolutions per minute) は SI 単位ではないが, 広く用いられているためここでも使用した.

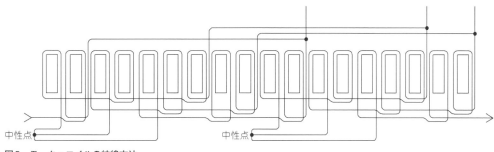

図5 モータ・コイルの結線方法

写真2 完成したステータ

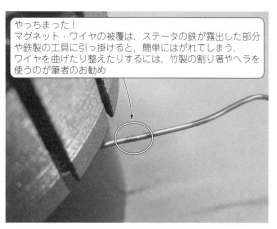

写真4 皮膜がはがれたマグネット・ワイヤ

写真3 モータ出力側の処理

写真5 モータの車両の取り付け

が電流を抑制でき，効率も高められると考えたのです．しかし，17ターン巻いた段階で，次の18ターン目を巻こうとしたら隣の巻き線と接触しそうだったので，予定どおり17Tにしました．

ポイントになりそうな**写真2～5**を載せておきます．

● 最終確認として電圧波形でタイミングを調整する

巻き上げたステータとロータを組み立て，車両に搭載し，起電圧波形と角度センサの波形のタイミングを調整します．

まず，ロータを手で回し，短絡による回転の重さや端子間の起電圧のアンバランスがないか確認します．

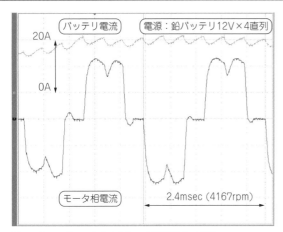

図6 車両のブレーキを負荷とした電流波形の確認

5. インバータについて

● プログラムの書き換えで各コースに対応

「リボンGo!」号のインバータについて簡単に紹介します．回路および制御プログラムとも自作です．制御MPUはルネサス エレクトロニクスのSH7125，通電素子はFETで，IRFB4110を各アーム2並列で使っています．

120°矩形波通電と電子進角機能を持つほか，走行するコースの特性に合わせて異なるモータへの対応や駆動制御の変更が可能です．

また，回生エネルギーをより効率良く蓄えられるとされる電気二重層キャパシタは積んでいません．

● 進角と回生を制する

進角とは，モータが回転し発電する交流の起電圧に対して，早めのタイミングでインバータからモータに電圧を印可して電流を流すことを言います．EV省エネレースでは，進角を調整してモータ回転速度を上下させたり，バッテリ電圧が下がったときに回転速度を元に戻したりする目的で使われます．

SUGOのコースに合わせた特有のものとして，①進角量を自動調整して傾斜の緩い直線で車速を上げる，②下りの回生ブレーキ力を制御する，などの機能が持たせてあります．

下り坂では，ドライバが回生SWのオン/オフ操作することでの回生ブレーキと惰行の選択と，自動の速度リミッタ制御の両方を働かせています．

なお，進角調整はソフトウェアで行っており，レース走行中の変更も可能です．

問題がなさそうだったので，早速バッテリ48Vを電源としてモータを回してみました．

駆動輪（後輪）を回しながら，その駆動輪にブレーキを掛け（負荷，つまり走行抵抗を掛けた状態を模擬する）ます．すると，電源電流が平均で約20Aの時にモータ回転速度は約4170rpm出ていました．

これから「勾配10%は楽に登れそう」という手応えが図6の波形から得られました．

実際に回すまでは，トルク不足のため登れない，あるいはチェーン1段減速では足りない，という不安もありました．しかし，磁石12極で比較的低回転・高トルクという特徴を持つCQブラシレス・モータは，目標の特性を持っており，「リボンGo!」に搭載できました．

項　目	仕様値
車体質量	80[kg]
駆動系伝達効率	0.96[0]
走行抵抗（平地33km/h）	4.6[N]
登坂抗力（10%勾配）	78.0[N]

(a) 車両仕様

項　目	実走値
登坂車速（10%勾配）	33.3[km/h]
駆動出力	763[W]
モータ軸出力	795[W]
バッテリ電力	865[W]
効率（総合）	88.2[%]
効率（モータ）	91.9[%]
モータ進角（電気角）	24[degE]

10sec間の車速低下分を考慮して，モータ軸出力は補正適用済み

(b) 実走データ（10sec間の平均値）

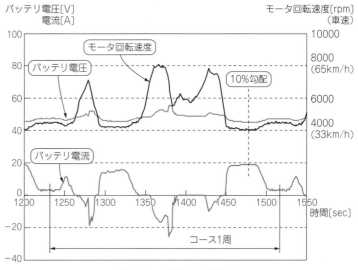

(c) コース1周分の実測データ

図7 練習走行時のバッテリ電圧/電流/モータ回転速度

6. 競技大会結果

● 本戦前の公式練習は走る実験室

レースは，1日目が車検と公式練習走行，2日目が本戦です．1日目の練習走行で，筆者らは初めてCQブラシレス・モータで実走し，性能を確認しました．

図7の記録データによれば，ほぼ狙いどおりの登坂車速が得られていることが分かりました．

● 勾配10％走行の走行はほぼ目標どおり

ある周回での走行データを詳しく見ると，最大勾配10％と思われるモータ回転速度が最も下がった時点の平均値で，バッテリ電圧45.3V，バッテリ電流19.1A，モータ回転速度4060rpm，車速33.3km/hでした．

モータ回転速度が計算表より高めですが，基にした特性図の条件よりも進角が大きいのではないかと推測しています．電圧や電流の測定には誤差があり正確な値とはいえませんが，モータ軸出力は795W，モータ効率は91.9％と計算され，ピーク効率の目標は達成されたと考えます．

一方で，不要な回生電流の発生が一部に見られました．ドライバによれば，回生ブレーキ力そのものは必要なセッティングがされているとのことでした．そのため，あえてプログラム修正はしないで本戦に臨むことにしました．

● 本戦スタート，序盤

本戦は12日10：00にグリッドイン，そのままスムーズに10：30のスタートが切られました．図8に示すように，走行開始後すぐ，これまでよりも周回ごとのバッテリ電圧低下，Ah消費量とも少ない傾向が表れてきました．モータの進角を増やしてラップタイムを縮めることも可能でしたが，タイムおよび順位とも好調なので，まずは様子見としました．

● 電池の消費量が予想以上に少なかったので…

スタート1時間経過時点で，①明らかにバッテリ電圧が予定より高かったので，電池残量が予定より多いと判断できること，②バッテリを使い果たし停止した車両が出てきたために運転しやすい状況になったことから，③モータ進角を大きくしてラップタイム優先の走行に切り替えました．

それでも，タイムの短縮に対してバッテリの消費が予想以上に少なく，バッテリ電圧は高めを維持したまま競技会終了が迫ってきました．競技時間2時間の終了前，1時間56分00秒で24周を走破してこれが公式結果となり，これまでのチーム記録21周を上回りました．

また，この周回数は1位27周，2位26周に次ぐ総合3位の成績となり，表彰台に立つことができました．

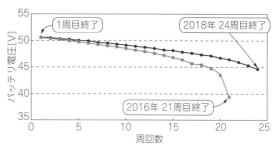

図8 本線のバッテリ電圧の変化（2017年と2018年の比較）

まとめ

狙いどおりの出力と期待を上回る効率を持ったモータに支えられ，従来のチーム記録を越える周回数の達成とともに，総合3位の成績で競技会を終えることができました．

その一方で，モータ性能に見合った走行ペースの引き上げの遅れや，回生制御アルゴリズムの不備がありました．しかし，逆にこれは次年の競技大会でのさらなる記録向上の見込みが得られたとも言えます．

最後に，モータ製作だけではなく，暑い中2時間を走り切ったドライバをはじめとして，モータを取り付けるための車両の改修やバッテリ充電作業，エネルギーマネージメントを担当したチーム・メンバ，応援団の力も合わせての結果であったことを，この場に残しておきたいと思います．

◆参考文献◆

(1) スポーツランドSUGO，「インターナショナルレーシングコース　詳細コース図」
(2) ミツバSCR＋プロジェクト，「学習教材 ブラシレス・モータ製作キット Kt-M代表特性（標準巻き線）」
(3) 見城尚志，永守重信著，「新・ブラシレス・モータ システム設計の実際 第4版」，総合電子出版社，2005年

筆者紹介　　　　　　　　　　　　　本田　聡（ほんだ　さとし）

（株）本田技術研究所

1987年（株）本田技術研究所に入社，ホンダ初のEVスクータ「CUV-ES」の開発に携わる．
その縁あって（株）ホンダアクセスのクラブ「Team ENDLESS」に加わり，1995年 第1回 秋田ワールドエコノムーブ大会への参加から現在に至る．

職業柄，性能よりも「安全で楽に運転できるEV省エネ競技車」の製作を目指しているが，それが長く続けられる秘訣なのかもしれない．

広道を走るEVバスの開発

ベンチャの挑戦
～8輪コミュニティEVバスの製作と普及～

宗村 正弘

EVに挑戦するベンチャ企業は少なくない．ただ，EVでは複雑なエンジンが不要なので，中小企業でも簡単にクルマ開発ができるというわけでもない．紹介するのは，ベンチャ企業が制約条件の中で，ユニークな魅力あるクルマづくりに挑戦した記録である．筆者は，少人数の乗客を対象とした低速コミュニティ・バスを，トルクが小さいモータでも8輪駆動にすることで，楽しく魅力あるクルマになったという．　　　（編集部）

はじめに
——8輪駆動コミュティEVバス

筆者は，自動車会社で車両設計・開発に長年携わっていましたが，定年を前にドロップアウトして，商品開発を生業とした(株)シンクトゥギャザーを地元の群馬県で設立しました．

そして，起業後に受けた仕事の1つが8輪駆動の小型EVバスの開発製作でした．これを契機に会社はEV製造ベンチャ企業としての道を歩みはじめました．

今では，日本各地や海外の街で8輪(10輪型もある)駆動の電動コミュティ・バスが走っています．弊社ではこのバスを"eCOM-8"と命名しています(写真1)．

本稿では，その開発と車両製作を振り返りながら，エンド・ユーザと直結する商品開発において何を考えて開発を進めたかを述べたいと思います．

写真1　電動コミュニティ・バス"eCOM-8"（桐生市）

1. 与えられたテーマ

クライアントから最初にいただいたテーマは，以下の3項目です．予算と製作台数以外，極めて大まかで漠然としたものでした．細かいことは要求されなかったぶん，こちらで考えなければならない事柄が多くなり，負荷的には大変重くなります．

しかし，いろいろ調べたり，知恵を絞ってアイデアを出したり，自分の能力を試す良い機会と捉えて，チャレンジ精神で取り組みました．

(1)「低速電動コミュニティ・バス」とする

読んで字のごとく，「低速」と「電動」は誰もが説明なしに分かりますが，「コミュニティ・バス」と言われても，私にはイメージできませんでした．そもそもバスにあまり乗ったことがなかったのです．

広辞苑で「コミュニティ」を調べてみると「共属感情を持つ人々の集団」とあります．さらに「コミュニケーション」を引くと「社会生活を営む人間の間に行われる知覚・感情・思考の伝達」とありました．そこから「乗り合わせた乗客同士が，そこで得られた感情や感動を共有・交流を図れるバス」と考えました．

(2) 公道を走れること

公道を走るクルマは，法律により「ナンバープレート（以下，ナンバーと略す）」を取得しなければなりません．ナンバーを取得するには，EV車両が道路運送車両法の保安基準を満足する必要があります．

そこで，第1条から第58条の難解な保安基準と細目告示を全文読破し，各条に適用除外条件があることを見つけ，それを整理しました．その結果，

・最高速度20km/h未満
・10人乗り
・動力電圧60V以下

という3つの条件を持つと，最大の適用除外を受けられ，ナンバーが取得しやすいことが分かりました．

クライアントに報告し，その条件で車両仕様を固めることの了解を得ました．もちろん，適用除外になら

写真2 富山県宇奈月温泉で走る"e-COM8"

写真3 マレーシアで走る"e-COM8"

ない項目は法律に規定された内容を満足するように設計しました.

(3) 予算800万円/台と製作台数

正直に言うと，1台800万円で作れるのかこの時点ではまったく分かりませんでした．ただ，ナンバー取得まで含めると，外部委託試験や資料作成に相当費用が掛かるのは明らかで，ナンバー取得は別予算（年度に改めて計上）とする了解を得ました．

それでも1台800万円で作るのは厳しそうです．

● 受託を決める

しかし，私はその後の将来展望も考え，単独プロジェクトとしては赤字を覚悟のうえで引き受けました．いわゆる経営判断というやつです．

自分に与えられた課題を整理し，向かうべき方向をクライアントの合意を得て明確にすることは大変重要な作業で，開発初期において決して疎かにしてはいけないポイントです．

2. 車両基本構想

■ 2.1 魅力ある車両にするために

● 制約の中で希望の特徴をどう織り込むか

次に行う作業は，車両（クルマの法的用語）の全体的な構想と個々の部分の作り方を総合的に考えることです．さまざまな制約や織り込みたい特長などを，どのように整合させていくかです．製品開発としての大方の方向性が決定されます．知恵とアイデアと閃きと苦悩が交錯する場面です．

● 乗る人にとって魅力ある車両にする

ここで重要なポイントは，クルマというものは「人が乗ってなんぼのモノ」であるということです．往々にして技術者は独り善がりやプライドにとらわれがちです．技術的に優れているか，最新技術や先端技術がどうのこうのより，「便利に使えるか」，「心地よく使えるか」，「違和感がないか」，「楽しいか」，「乗りたいか」…など，人の感性に訴えるものをどのように具現化するかが最も重要なことです（写真2，写真3）.

● あえて新技術への挑戦はしない

eCOM-8の車両構想では，予算や時間的な制約もあって，あえて私自身が持つ「既存技術の集積でよし」とし，新技術や高度な技術にはこだわりませんでした．それでも「魅力ある」商品を生み出すことは可能だと考えました．

もちろん，コストの制約は避けられません．どうすれば安く作れるかも併せて考える必要があります．車両のデザインもコストに大きく影響するので，この時点で大まかなデザインの方向性も頭の中に描きます．

■ 2.2 既存のパワー・ユニットを活用する

● 既存のパワー・ユニットではトルク不足

実は当時の弊社は，モータと減速機からなるオリジナルの「パワー・ユニット」を持っていました（図1，写真4）．これは，1人乗り原付ミニカー用途を想定して①ミツバ製モータと②自社開発の減速機を一体化したもので，以下の仕様になっています．

・モータと減速機がインホイール方式で一体化
・定格出力：0.3kW
・最大トルク：5Nm

イメージしにくいかもしれませんが，モータの仕様としては，「CQブラシレス・モータ（ミツバ製，販売

写真4 パワー・ユニット

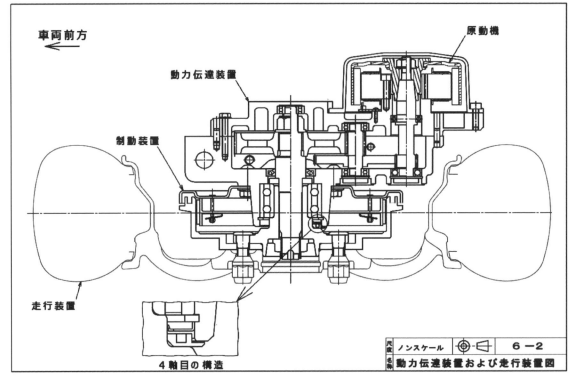

図1　パワー・ユニット断面図

はCQ出版社)」と，減速比15.426の減速ギヤ・ボックスを雨天走行でも水が浸入しないようにシールドしたものです．ただ，クルマ用としては非力です．

● モータ8個で必要なトルクが得られる

想定車両総重量1500kgの車両を20km/hで走らせるには，計算上最低でも既存パワー・ユニットの8倍のトルクが必要となります．つまり，8倍のトルクのモータを開発するしかありません．でももう一つ方法がありました．8輪駆動車にする，です．

新たにモータを開発するコストや時間を考え，手持ちのパワー・ユニットを8個使う方を選択しました．右側4個，左側4個の合計8個の動輪になります（写真5）．

写真5　片側4個のパワー・ユニット

● 8個のモータを連携制御するか…

また，8個のモータを人為的に連携（同期）制御するかどうかについて考えました．しかし，

① あらゆる走行条件下で最適制御を行うのは極めて困難であること

② モータは非力でタイヤをスリップさせるほどのトルクは出ないので，おのおののモータの回転数は車速と転舵角で自動的に決まってしまうこと

などから，特別な連携制御はせずに8個のモータに同じアクセル信号を分配することにしました．

2.3 コミュニティ・バスとしての要件

● 座席は向かい合わせ

人と人とのコミュニケーションは向かい合ってとるものです．したがって「向かい合わせ」の乗客用シートが良いと考えました．片側4個のタイヤを車両の前後中心に置き，その上に前後に長い横向きのベンチシートを設けることで，左右の乗客が向き合うレイアウトです．

また，シートは公園のベンチをイメージさせる木製ベンチシートがナチュラルなイメージで良いのではと考えました（写真6）．

● 乗客の動線を考え乗降口は前後2カ所

また，バスなので乗客の動線を考慮しなければなりません．乗降口が1つだと，乗る人と降りる人が交錯してしまいます．そのため，乗降口を前後に設け，前

写真6 木製の横向きベンチシート

写真7 前後に設けた乗降口とオープン・ボディ

から乗って真ん中に座り，後ろに降りる，直線的な動線とすることで乗客がスムーズに移動できるように考えました(**写真7**).

● **風を感じられるように窓なしのオープン・ボディ**

さらに，コミュニティ・バスとして乗客の共感を呼ぶ仕掛けが必要ではないかと考え，そこで閃いたのは横面にガラスをはめずに開放することによってオープン感を持たせることです(**写真7**).

想定する最高速度は20km/h未満なので，走行風も心地よく，街並みの音や匂いも感じられ，しかも車内と車外の人とが会話することも可能になります．

また，エアコンも必要なく，バッテリ容量の低減も可能になり一石何鳥です．

冬場の寒さや雨天時の対策として，巻き取り式のビニール・カーテンを取り付けることにしました(**写真8**).

3. コミュニティ・バスの基本方針

3.1 車体構造

● **立体フレーム構造の採用**

乗用車の車体は，板金プレス加工のパーツをスポット溶接したモノコック構造が一般的ですが，プレス金型に多額の資金が必要です．この工法は大量生産に向いた工法であって，1台や2台を作るためのものではありません．

モノコック構造の基本は，板金プレス部品を合わせて閉断面を構成する立体フレームです．しかし，eCOM-8では最初から「閉断面を持った鋼管を使った立体フレーム」としました．

● **角型鋼管の採用**

鋼管の種類はいろいろありますが，組み立てやすさと精度管理の面から「角型鋼管」を採用することにしました(**写真9**).

● **フレーム・メンバは全て直線でその結合部は直角**

限られた予算内で，フレームの構成メンバ(構成部品)にデザイン上の微妙な曲線を持たせることはできません．専用のプレス型や曲げ型が必要になるからです．そこで，構成メンバは全て直線で，かつ各構成メンバは直角に接合することとしました．

ただし，デザイン上どうしても直角のピン角(尖った角)が許せない部分についてのみ，単一の曲げRを付けることを認めました．

フロア(床面)構造とサイド(横側)構造を**写真10**,

写真8 雨風除けビニール・カーテン

写真9 角型鋼管製立体フレーム

写真10　フロア・ストラクチャ

写真11　サイド・ストラクチャ

写真11に示します。

● 平らな定盤上で組み立てが可能になる

直角・直線構成にすると，平らな定盤の上で立体フレームを組み上げることが可能になります．製作上，とても重要なポイントです．

● 6つのフレームのサブストラクチャ化で精度を確保

また，立体フレームを6つのサブストラクチャに分解し，一つ一つのサブストラクチャを精度良く作れば，組み立て後の立体フレームの精度も保証されるような構造を考えました（写真12）．

①前面，②③両側面，④後面，⑤フロア，⑥ルーフの6つのサブストラクチャです．

これは弊社独自の技術と言ってよいでしょう．

■ 3.2　ステアリング機構

● クルマが曲がる機構──4輪の場合

クルマが「曲がる」メカニズムをどう設計するかは，クルマの性能を決める重要事項です．運転手がハンドルを回すことで，クルマは転舵（方向変更）しますが，曲がるしくみはそんなに簡単ではありません．

4輪の場合，直進走行時にハンドルを回すことよって左右の前輪の方向が変わります（写真13）．この時，右輪と左輪の角度は異なります．つまり平行にならずに，回転方向の内側の車輪の角度が大きくなるような機構になっています［図2(a)］．そうしないと，前輪の車輪のどちらかに横すべりが生じるからです．

自動車には，それを解消する幾何学的（ジオメトリ）機構が付いています．その方式は幾つかありますが，一般的には"アッカーマン・ジャント方式"と呼ばれる方式が採用されます．

● 8輪でクルマが曲がる機構

8輪車で転舵するためには，どうすればいいのでしょうか．パワー・ユニットおよびサスペンション注（緩衝装置），タイヤが4軸8個の車両をどうやって転舵させるか，そのしくみに大変悩んだ末の結論は，4輪での転舵の基本に忠実に従うことでした．

前述のように，自動車の転舵機構は"アッカーマン・ジャント方式"と呼ばれるジオメトリを基本とします［図2(b)］．第4軸を固定軸とし，第1軸，第2軸，第3軸をそれぞれアッカーマン・ジャント・ジオメトリで転舵する方式です．これにより8個のタイヤが第4

写真13
内側の4つの車輪の傾き
（右側が前方向）

写真12　仮組み中の立体フレーム

注：サスペンションは車体と車輪をつなぐ部位で，一般にバネが付いている．役割は，①車体に路面走行の振動を伝えない，②路面に車輪を押さえつける，など．独立懸架方式，車軸懸架方式など，サスペンションの方式はいろいろある．

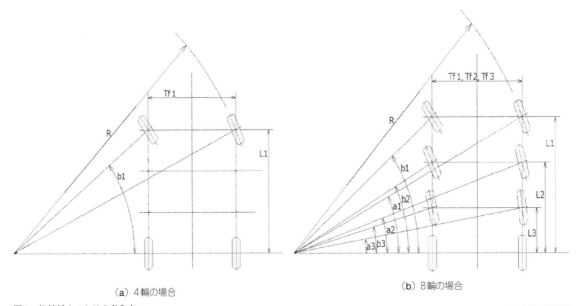

(a) 4輪の場合

(b) 8輪の場合

図2 転舵ジオメトリの考え方
固定軸の延長線上のある基点（この点は急旋回ほど車体に近づく）を中心に円弧を描き，機動する左右の車輪の接線方向に向くように角度を幾何学的に決めるが，それを実現するのがステアリング機構．4輪も8輪も考え方は同じ．

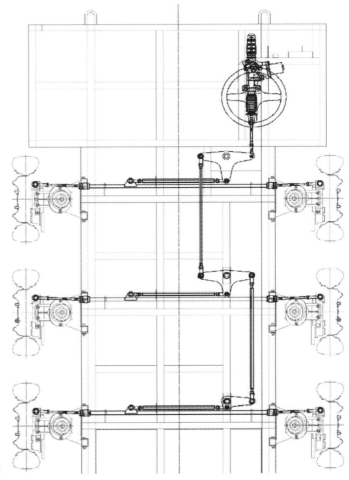

図3
ベル・クランクによる
ステアリング・リンク機構

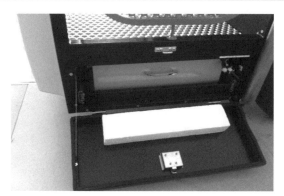

写真14　床下収納のバッテリ

写真15　引き出しトレイに載せたバッテリ

　軸線上のある一点を中心点として同心円上に動くことになります．

　3つの軸の転舵角は第4軸との距離（ホイール・ベース）に合わせて違ったものになりますが，その機構はベル・クランクを使ったリンク機構を考えました（図3）．

　実は，この考え方は10輪にも対応できます．

■ 3.3　バッテリ・パック

● バッテリは床下に置く

　バス内の動線確保や，荷物置きスペースの確保を考え，車両床面をフルフラットにすることに決めると，かさばるバッテリは床下に収納するしかありません（写真14）．

　そのため，「バッテリ・パックの高さを160mm以下」にすることを条件にバッテリを選択しました．

● バッテリ・パック交換方式の採用

　バッテリでもう一つ重要な条件は，コミュニティ・バスとして必要な航続距離を確保することです．航続距離はEVの弱点でもあります．この課題に対して，

　①バッテリの容量を増やす方法
　②充電時間を短縮する方法（急速充電）
　③バッテリ・パックを交換式にする方法

などが考えられます．

　バッテリ容量を増やす方法には，バッテリ・コストの上昇と充電時間が長くなるという短所があります．

　急速充電は定置型の専用充電器を施設しなければならず，充電場所が限定されてしまいます．

　交換方式はバッテリ・パックごと交換する方式で，バッテリ重量が重い場合は重量を支えるための専用設備が必要になりますが，人の手で持ち上げられる程度の重量であれば比較的容易に交換できます（写真15）．しかし，そのぶん電気容量を大きくすることに限界が出ますが，航続距離が足りなければスペア・バッテリを用意して交換すれば解決します．

　そこで今回は交換方式を採用することにしました．

　そしてバッテリ・パックの重量を50kg以下として検討を進めることにしました．また，容易に交換作業を行うため，バッテリは「引き出しトレイに載せて床下に格納」することにしました．

● リチウム・ポリマ電池の採用

　図4に電池の詳細図を示します．

　バッテリの目標重量を50kg以下としたことで，もはや鉛バッテリの出る幕はなく，以前弊社で製作し原付ミニカーで採用したリチウム・ポリマ電池を中心に，目標に適合するセルを探しました．

　薄型パッケージの必要性からもラミネート型セルのリチウム・ポリマ電池が最適と考えたからです．

● 156mm高の5.2kWhバッテリ・パックを製作

　結果として，バッテリ・パックは定格52V，100Ah（5.2kWh）となりました．その高さは156mmで収まり，床下に収納することができ，重量は48kgで交換式にも対応できるものとなりました．

　1回の充電航続距離は，平坦路面の定積状態，19km/hで連続走行した場合，計算上約40kmです．

● 充電方式はどうするか

　充電のための電源は，日本でインフラとして最も普及している商用電源のAC100Vとしました．5.2kWhのバッテリ・パックはAC100Vで一晩（約9時間）掛ければ満充電が可能です．

写真16　スペア・バッテリと専用充電装置

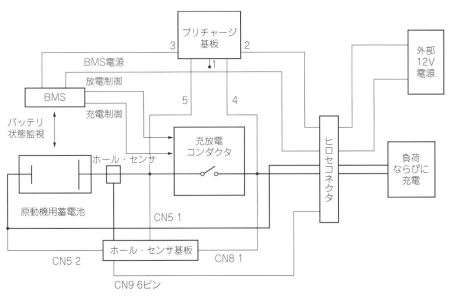

図4 バッテリの内部回路

　スペア・バッテリを別に用意して，それと組み合わせて運用すれば，ルートを決めて巡回するバス運行には何ら支障はないと考えました（**写真16**）．

4. コミュニティ・バスの設計

■ 4.1 基本レイアウト

● 基本レイアウト図の作成

　ここまできて初めて基本レイアウト図の作成に入ります．ここで，これまでの構想検討の結果を元に具体的に図面上で配置検討を行います．

　人の配置，メカニズム部分の配置や成立性，電池や電気部品の配置，必要なスペースの確保，車体フレームの形や構造などを図面上で検討するのです．

　図5は当時のeCOM-8のものではありませんが，この図面上から全体の成り立ちを確認・検討していきます．この段階で車両の大方の部分が決まります．

● 基本レイアウト図は進化する

　基本レイアウト図は，詳細が決まってくるとその分を新しいものに置き換えていくので，常に進化していきます．

　図5は，実はかなり検討が進んだ段階のものです．

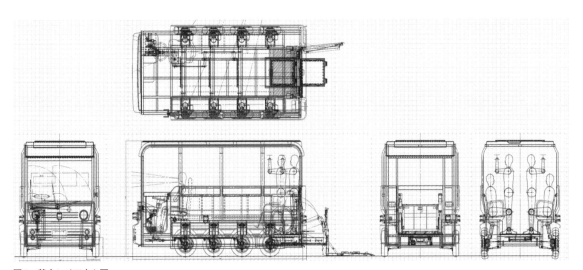

図5　基本レイアウト図

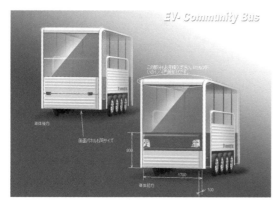

図6 イメージ・スケッチ

■ 4.2 デザイン

● 車両の外観のイメージ化

基本レイアウト図と並行して，デザイン案をまとめます（図6）．どちらが先ということはなく，車両設計者とデザイナが話し合いを密にしてイメージを構築していきます．

時には喧嘩になることもあります（笑）が，どちらを優先させるかは，リーダの判断になります．

5. コミュニティ・バスの製作

いよいよコミュニティ・バスの製作に入りますが，ここでも全てを子細に述べることはできませんので，特徴的なところを述べます．

■ 5.1 パワー・ユニット組み込みサスペンション

● パワー・ユニットごと懸架するサスペンション

弊社のインホイール型のパワー・ユニットは，出力軸が車軸になっていることから，減速機のケーシングがサスペンションの一部品になっています．

図7のように，eCOM-8はケーシングの上下にボール・ジョイント配置した"ダブルウィッシュ・ボーン方式"と呼ばれるサスペンションを採用しています．

● サスペンション用ダンパ・スプリングを3本使用

また，ダンパ・スプリングをロア・アームに2本，アッパ・アームに1本使っており，2.5Gの上下Gに対応しています．

■ 5.2 ブレーキは6車輪に付ける

● ブレーキ・ロックを避けるために

安全面から考えると制動（ブレーキ）制御は極めて重要です．つまり，ブレーキをどうするかです．

eCOM-8は8輪であるため，当初は8個のブレーキ装着を考えていました．しかし，ブレーキ性能の計算をすると，急制動時の荷重移動で第4軸の荷重が抜けてロックすることが分かりました．車輪がロックすると滑ってしまうので，かえって危険な状態になります．

● 第4軸にはブレーキは付けない

その対策として，第1軸～第3軸の制動力だけでも性能的には十分であることから，第4軸にはブレーキを付けないことにしました．

また，コミュニケーション・バスの仕様から最高速

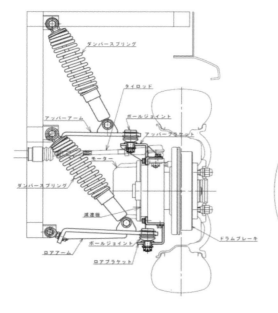

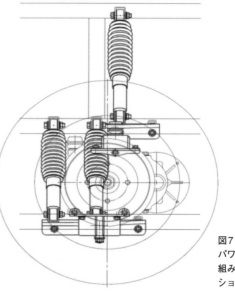

図7 パワー・ユニット組み込みサスペンション

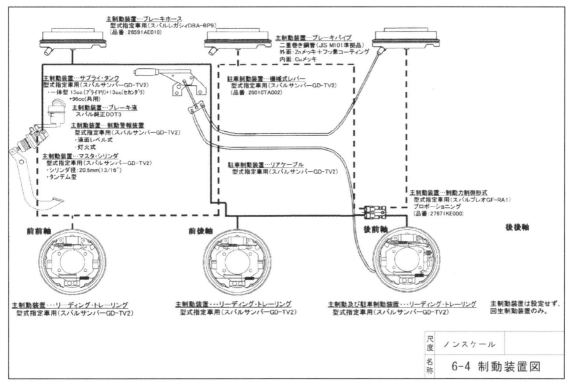

図8　ブレーキ・システム

度は20km/h未満なので，強力なブレーキの必要はなく真空倍力装置も付けないことにしました（図8）．

ブレーキ性能としては十分な制動力がありますが，制動力の上昇が直線的なのでフィーリング上は利きが甘く感じるようで，ブレーキ・ペダルの踏み方には慣れが必要なようです．

■ 5.3　フロア・パネルの剛性を高める

● バスの床面の課題は凹まない面剛性

人が乗って歩く真っ平らなフロア・パネルですが，面剛性を確保するために苦労しました．面剛性が低いとフカフカした印象を与え，不安になります．

乗用車では床の上を立って歩くことはないので，床面にビードを入れたり，平面を曲面にしたりして面剛性を確保しています．しかし，真っ平らなフロア・パネルではそのノウハウは使えません．

● 六角形のエンボス面材を使う

そこで知り合いの板金部品メーカから提案を受けたのが，六角形の小さなエンボスを連続的に成形した「エンブレラ」というアルミ板です（写真17）．

アルミ板なので軽量で，エンボス加工によって凹凸が成形されるので面剛性が高いという優れものです．2mm厚のアルミ板に高さ7mmのエンボス加工をしました．ただ，濡れた靴で乗ると滑りやすく，その対策

写真17　エンブレラのフロア・パネル

としてエンボスの頂点をヤスリ掛けし，表面を荒らすことで対応しました．

■ 5.4　フロント・ガラスとリア・ガラス

● 左右両側にはないが前方・後方にはガラスを装着

前述のように，eCOM-8は左右のサイド面にガラスをはめていませんが，フロントとリアにはガラスを装着しています．

雨天時の運行を考え，フロントにはワイパーを備える必要があるためです．そしてリアは，乗客が室内から転落しないようにするためです．

● 特注で「自動車用安全ガラス」を使う

　自動車で使うガラスは，「自動車用安全ガラス」という規格に合致したガラスを使うことが義務付けられています．そこで自動車用ガラスを製造しているガラス・メーカにeCOM-8用合わせガラスを特注で作ってもらうことにしました．

　特注で，ガラス面形状が曲面だと成形型を製作しなければならず，とても高価なものになってしまいます．しかし，eCOM-8は直線，直角，平面を基調にしたデザインであるため，真っ平らなガラスで良いので，比較的安く作ることができました．また，フロントとリアでまったく同じガラスを使用しました．

■ 5.5　外装パネルにGFRPを使用

● デザイナの活躍部位

　eCOM-8で唯一成形型を起こしたのが外装パネルです．外装パネルとは，**写真1**にある前後・左右のパネル部品です．車両の色や形を印象付ける重要な部分で，デザイナが造形力を発揮する部分でもあります．

　eCOM-8では，GFRP（グラス・ファイバ強化プラスティック）という工法で製作しました．グラス・ファイバのマットに2液混合エポキシ樹脂あるいはポリエステル樹脂を含浸させ，成形型に貼り込んで硬化させたものです．

　通常，成形型はオス形状のマスタ・モデルにFRPを被せて反転したメス形状のものです．eCOM-8では費用削減のためにマスタ・モデルを製作せず，3D造形データから直接型素材ブロックをNC加工で削って製作しました．

　素材が柔らかいので型寿命（成形できる製品の数）は短くても，費用の削減効果は多大です．通常，FRP成型部品は表面に塗装を施して製品とします．

■ 5.6　ソーラ・パネルの設置

　eCOM-8の屋根は平らなのでソーラ・パネルを載せました．これは最初の計画時にはありませんでしたが，車両製作途中でたまたま載せられそうなソーラ・パネルを入手したので載せてみた，いわば遊び心からでした．

　初期のeCOM-8は150Wを4枚で600W，1枚20kgで80kgも屋根上に積みましたが，最近は1枚8kgの100Wパネルを6枚で600W，48kgと軽量化しています（**写真18**）．

　ソーラ・パネルで発電した電気を約57Vに落としてバッテリとつなぐことにより，走行中はモータの電源の一部となり，停止中はバッテリの充電用電源となります．

6. ナンバー取得対応

■ 6.1　ナンバー取得の流れ

● 公道を走るために必要なナンバー

　コミュニケーション・バスは公道を走るので，ナンバーの取得が前提となります．そこでナンバー取得の方法について，関東運輸局へ事前に話を聞きにいきました．

● ナンバー取得の手順

　その結果，「組立車」という申請方法があり，
①ナンバー登録に必要な書類を所轄の地方運輸局に届出申請
②書類審査をパスすれば認可書が発行
③認可書を持って地域の陸運事務所で車検を受ける
④車検終了でナンバーを発行
という流れでナンバーを取得できることが分かりました．

■ 6.2　必要な書類

● 書類審査

　ナンバー取得申請に必要な書類の全てを**表1**に示します．eCOM-8のカテゴリは「改造自動車等」に当たり，その中の「組立車」に属します．申請する車両の内容によって多少の違いがありますが，おおよそ20項目以上の書類を用意する必要があります．

　これらの書類を見て，車両の仕様内容や性能要件，強度要件などが基準を満足しているかどうかが審査されます．つまり，まず書類審査が行われるのです．

■ 6.3　第三者機関による試験

　公道を走るうえでの安全性の確認のために，さまざまな試験が求められます．ベンチャにとっては対応が簡単ではありませんが，安全に走行をするためには必要な試験と理解しましょう．

● 性能試験の一部は第三者機関に委託する

　性能試験は，試験方法や試験環境が決められています．弊社のようなベンチャの場合，社内では試験でき

写真18　屋根上のソーラ・パネル

写真19　JARIでの急制動試験

写真20　JARIでの騒音試験

写真21　電波暗室での電波障害試験

表1　届出に必要な書類

添付資料	試作車	組立車	試作車・組立車の改造
添　付　資　料	○	○	○
届　　出　　書	○	○	○
概　要　等　説　明　書	○	○	○
試作車・組立車審査結果通知書			○
主　要　諸　元　要　目　表	○	○	○
外　　観　　図	○	○	○
装　置　の　詳　細　図	○	○	△※
車　枠（車　体）全　体　図	○	○	△
保　安　基　準　適　用　検　討　書	○	○	○
技術基準への適合性を証する書面	○	○	△※
電　気　装　置　の　要　目　表		○	△※
最　大　安　定　傾　斜　角　度　計　算　書		○	△※
制　動　能　力　計　算　書	○	○	△※
走　行　性　能　計　算　書	○	○	△
最　小　回　転　半　径　計　算　書	○	○	△※
強度検　車　枠（車　体）	○	○	△
強度検　動　力　伝　達　装　置	○	○	△
強度検　走　行　装　置	○	○	△
強度検　操　縦　装　置	○	○	△
強度検　制　動　装　置	○	○	△
強度検　緩　衝　装　置	○	○	△
強度検　連　結　装　置	○	✕	△
強度検　電　気　装　置	○	○	△
その他の書面	△	△	△

注：添付資料を省略する場合には，添付資料欄に×を付すこと．
また，添付資料の詳細は別表の備考欄参照のこと．

（a）前方視界（運転席からフロント越しに基準物を確認）

（b）後方視界（バックミラーで基準物を確認）

写真22　前・後方視界試験

写真23 ワイパー払拭エリア試験

ない項目がどうしても出てきます．その場合は，第三者試験機関に委託することになります．弊社でも制動試験や騒音試験，最近では電波障害試験や原動機用蓄電池試験などを外部に委託しています（**写真19～21**）．

■ 6.4 社内試験

● 社内試験

当然のことながら，外部委託試験には費用がかかるので，社内でできる試験は極力社内で行います．実は，走行性能を試験するための広くて平らな場所を探すのが大変でした．一部を**写真22**と**写真23**で紹介します．

■ 6.5 量産車部品の流用

● 重要保安部品には自動車専用パーツを利用する

設計的にナンバー取得を容易にするための方策として，重要保安部品および灯火器類は量産車の部品を流用するという方法が有効です．

● 車両用部品としてのエビデンス

量産車の部品は，強度や信頼性についてメーカによって保証されており，量産車と同じあるいはそれ以下の条件で使う場合は，認証時の強度や性能のエビデンス（証明）として大きな効果があります．

足回りの重要保安部品や灯火器類は，極力量産車部品を流用することにしました．**表2**にeCOM-8の量産車部品流用リストを示します．

■ 6.6 認可書の発行

書類を届け出てから審査を経て，問題がなければ1カ月後に認可書が発行されます．

■ 6.7 車検，職権打刻，ナンバー交付

次に，認可書と実車を所轄の陸運事務所に持ち込んで，新規検査を受検します（**写真24**）．

車検が無事通った後，組立車の場合は車体と原動機に「職権打刻」という作業があります．昔は刻印していたようですが，現在は「ラベル貼付」に変更されています（**写真25**）．

eCOM-8の場合，車体に1枚，原動機（モータ）が8

表2 量産車部品流用リスト

部品名	型式指定車			備考
	メーカー	型式	車名	
ステアリングロック	スバル	EBD-TV1	サンバーバン	
ステアリングコラム	スバル	EBD-TV1	サンバーバン	
電動ステアリングギヤボックス	スバル	EBD-TV1	サンバーバン	
マスターシリンダー	スバル	CBA-BL5	レガシィ	
ブレーキホース	スバル	DBA-BP9	レガシィ	
ドラムブレーキ	スバル	GD-TV2	サンバーバン	
パーキングブレーキレバー＆ケーブル	スバル	GD-TV2	サンバーバン	
ストラット	スバル	EBD-TV1	サンバーバン	
ハブ	スバル	EBD-TV1	サンバーバン	
ハブベアリング	スバル	EBD-TV1	サンバーバン	
座席（運転席）	スバル	EBD-TV1	サンバーバン	
前照灯	小糸	㊥ HCR-221		丸2灯
車幅灯	スバル	V-KV4	サンバークラシック	
番号灯	スバル	EBD-TT1	サンバートラック	
尾灯	スバル	EBD-TT1	サンバートラック	
後部反射器	スバル	EBD-TT1	サンバートラック	
制動灯	スバル	EBD-TT1	サンバートラック	
後退灯	スバル	EBD-TT1	サンバートラック	
方向指示器及び非常点滅表示灯・前面	スバル	V-KV4	サンバークラシック	兼用
方向指示器及び非常点滅表示等・側面	スバル	EBD-TV1	サンバーバン	兼用
方向指示器及び非常点滅表示灯・後面	スバル	EBD-TT1	サンバートラック	兼用
警音器	スバル	EBD-TV1	サンバーバン	
発煙筒	スバル	EBD-TV1	サンバーバン	
窓拭器	スバル	CBA-BP5	レガシィ	モーター、シャフト、アーム、ブレード
ウォッシャータンク	スバル	CBA-BP5	レガシィ	
ウォッシャーノズル	スバル	EBD-TV1	サンバーバン	
工具	スバル	EBD-TV1	サンバーバン	
ジャッキ	スバル	EBD-TV1	サンバーバン	

写真24 検車ライン

写真25 職権打刻ラベル

個ぶんの8枚，合計9枚の刻印ラベルを貼ってもらいました．

そして，ナンバー交付手続きをし，税金を納めれば晴れてナンバー交付となります（**写真26**）．

7. eCOM-8そしてeCOM-10

■ 7.1 販売実績は18台

かくして公道を走行できる電動コミュニティ・バスを実現することができました．2012年に初号車を納めてから，これまで18台を製造販売しました．うち3台はマレーシアへ輸出，国内では15台のeCOM-8が走っています．

顧客は群馬県の自治体が多く，桐生市4台，みなかみ町2台，玉村町1台，富岡市1台，みどり市1台です．他には富山県宇奈月温泉3台と長野県と千葉県の民間団体に3台納入しました．

いずれも用途としては観光やイベント，送迎の足として使われています．また，桐生市では群馬大学を中心に高齢者向けのラストワンマイル実証実験などにも活用されており，eCOM-8はお年寄りからは絶大な評価をいただいております．

■ 7.2 自動運転対応車両"eCOM-10"

● 8輪を10輪に

最後に，昨年弊社で製作した"eCOM-10"という車両について解説します．その名前から察しが付くと思いますが，eCOM-8を10輪車に発展させた車両です（**写真27**）．

10輪車にした理由は，単純に2020年の東京オリンピック・パラリンピックに向けてアピールしようとの遊び心（！）からです．

● 大学との自動運転研究コラボの実験車両として

このeCOM-10は，自動運転研究の1つの題材である低速電動バスとして，群馬大学から製作を依頼されました．

表題で自動運転対応車両としたのは群馬大学と弊社のテリトリーからくるもので，自動運転制御システムは群馬大学，その指令を受けて動く車両が弊社という区分けをしたからです（**図9**）．

● 自動運転の概要

eCOM-10はVCU（ビークル制御ユニット）というコ

写真26 ナンバー取り付け（封印）

写真27 eCOM-10

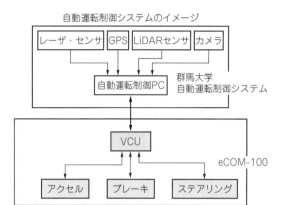

図9 群馬大学とのテリトリ区分

(a) LiDARセンサと全方位カメラ

写真28 床下の電気室に積んだVCU

(b) GPS（前後に2個）

(c) レーザ・センサ（4面）

写真30 自動運転e-COM10に付けられたセンサ類

写真29 自動運転低速電動バス"eCOM-10"

ンピュータを積んでおり，その指令でアクセルやブレーキ，ステアリングの操作ができるようにしてあります．群馬大学の自動運転制御PCとVCUをつなぐことで自動運転を行えます（**写真28**）．

このようにお互いのテリトリーを決めたことによ

り，eCOM-10は他の自動運転システムにも車両として比較的容易に対応できることになります．「自動運転対応車両」としたゆえんはここにあります．

自動運転eCOM-10は，群馬大学の次世代モビリティ社会実装研究センター（CRANTS）により，すでに富岡市や福岡市で実証実験を行っています（**写真29**，**写真30**）．これからさらに各地で実証実験を行う予定

とのことです．

7.3 今後の展望 ―― のんびりゆっくりイズム

現在は，観光産業促進，高齢化社会，環境保全といった社会的ニーズが高まっています．その中で「のんびりゆっくり」の低速電動モビリティが見直されつつあり，需要も増えてくる傾向にあります．

● 水戸岡鋭治氏デザインの車両が東京の路線バスに！

筆者らは，2019年秋に東京都豊島区へ10台の低速電動バス（e-COM10）を納入することが決まり，現在専用10輪車両を開発・製作中です（図10）．

車両デザインは，JR九州の「ななつぼし」をデザインされた水戸岡鋭治氏によるオリジナルで，真っ赤なボディが特徴的な車両です．

池袋駅周辺を路線バスとして周遊する予定です．

● 国交省と環境省が進めるグリーンスローモビリティ

また，最近では国土交通省と環境省の連携事業として「グリーンスローモビリティ」と銘打った低速電動バスを社会実装する動きが出てきました．

「グリーンスローモビリティ」の定義は，最高速度20km/h未満，電気自動車，4人乗り以上，の車両です．eCOM-8，eCOM-10は正にこれに相当する車両です．他にもヤマハのゴルフカートベースの車両があります．

平成30年度は全国8カ所の自治体でその実証実験が行われました．主に観光客を対象としたものや，高齢者の足としての活用する実証実験です．乗車した人のアンケート調査では大多数の方が肯定的な意見を述べられ，乗って楽しい自動車として今後大いに発展する可能性を示したものと受け止めています．

これを受けて国土交通省では，平成31年度からグリーンスローモビリティを導入する自治体や団体に対して補助金を出す制度を5カ年にわたって行う方針を打ち出しました．まさに国を挙げて電動スローモビリティを普及させていこうとする動きです．

● 低速車でも一般公道を安全に走れるように！

最高速度20km/h未満の自動車が公道を走ることに対する不安はあります．しかし，それは自動車に対する既成概念上の不安であり，走るコースを選ぶ，時間帯を選ぶ，譲り合うなどの対応により大部分は解消するのではないかと考えられます．

「グリーンスローモビリティ」には，周りの景色がよく見える，風が気持ち良い，音や匂いがそのまま入ってきて周囲との一体感がある，乗車時間が長いので会話の時間が長いなど，従来の車両とはまったく違う特徴があります．

これは，これからの社会の新しい価値観でもあると言えます．時代にマッチした新しい乗り物として「グ

図10　東京都豊島区低速電動バスのイメージ図

リーンスローモビリティ」が普及していくことを期待しています．

おわりに

長々と弊社の低速電動バスについて説明しましたが，グリーンスローモビリティの普及についてはまだまだ課題も残されており，今後の実証実験や社会実装の中でその解決策が模索されていくものと思います．

しかしながら，ベンチャーとしてチャレンジしたものが大きなうねりとなって動き始めたことは大変喜ばしい限りです．

筆者らは，今後もさまざまな社会ニーズに対する新しい価値観を広めながら，これからも低速電導バスを開発し続けていく考えです．

筆者紹介  宗村 正弘（むねむら まさひろ）
株式会社シンクトゥギャザー　代表取締役
SUBARUでの車両開発経験のもとに2006年に同社を設立．スローモビリティを中心に新しい価値観を提案する．

連載エッセイ

クアラルンプールの教壇から④
英語をしゃべって「変わり者」になろう！

小林 史典

これまで3号にわたって，クアラルンプール（KL）の大学の4年間に感じたことを，日本の技術者はもっと自信をという方向性に結び付けて述べてきました．今回は締めくくりとして，現在および将来の技術者に贈る言葉です．

姿勢の問題

● もっと厚かましくなろう！？

本誌No.9の最後で，日本の技術教育について「今後日本はどうすればいいか」に対する解決策を2つ簡単に述べた後，「もう1つ．その答えは次号で」と気を持たせていました．

そのもう1つとは「正当な自己主張」です．つまり，「厚かましくなろう」ということです．

● 謙虚さか，厚かましさか，の問題ではなく

「謙虚なのはいいが，ときにそれが行き過ぎて損をしている」とは，日本人がよく言われることです．自分を含めてなのですが，クアラルンプール（以下KLと略す）で感じたことの1つがまさにこれでした．

彼の地では，教員も学生も実に自信たっぷりに主張します．前向き思考でいいのですが，ときに（ほとんど常にかもしれない…）それに裏付けがなく，そこを突くとあっさり引き下がることにも驚きました．

学生の主張で多かったのが，試験やレポートの点に関するクレームです．そんなの受け付けられないと突っぱねてもよいのですが，門前払いにせず，理由を丁寧に説明すると，そこで黙ってしまいます．さっきまでの元気はどうしたのという感じです．

ただ，この説明は丁寧なだけではダメで，キッパリ言う必要があります．理由は隠さず言ってあげるがダメなものはダメだ，という態度が相手を引き下がらせたのでしょう．

● 負けないために自分の意見ははっきりと！

日本では，言う方も「心の底に謙遜を持ちつつ」ですし，言われた方も「まあ，確かに欠点はあるしなあ」と考え，よほど自信がなければ反論しません．

一方，一度日本を離れれば，あるいは国内でも外国との関係においては，上記のような自己主張し慣れた人たちとの勝負になるので，引っ込み思案では確実に負けます．損をするともいえるのです．

おそらくKLだけでなく，世界のどこでも国内だったら「少々派手で恥ずかしいくらいアピールして，まだ足りないかもしれない」と考えた方がよいでしょう．

日本人の裏には実力があるので，その謙虚さはKLでも評価されています．しかし，日本人は「謙譲の美徳」にあまりにもなじんでいるために，自信があっても必要以上にポジティブにはなれません．が，「正当」，つまり裏付けに本当は自信があるなら，もう少しアピールしませんか？「謙譲は不（美ではなく）徳」くらいに思いましょう！

● 技術に打ち込む「変わり者」になろう

「そう言われても，自信がなくて…」と下を向いてしまう方がおられるかもしれません．そういう人には，「技術にもっと打ち込んでみたら自信が湧くのでは？」と助言したいのです．「もっとって，どこまで打ち込めばいいの？」という声も聞こえてきそうです．では，こう言い換えましょう．

私は，競争の激しい中で育ってきた団塊世代の人間なので，そういう姿勢は最近の時代にはちょっと…と

写真1　大学フェアでの質疑：活発な自己主張の例1

写真2 街に政党の旗が翻る総選挙：活発な自己主張の例2

写真3 KL風景1：中心街は先進国並みの風景だが…

いうご批判は承知で，スローガンは「変わり者になろう！」です．

今の若い方を見ていると，工業大学に入ってくる学生も，ファッション［平均から見たら，いくらダサくても（笑）］や女の子と遊ぶことに結構熱心です．しかし，これで将来後悔しないかなあと心配になります．若いときこそ「技術」にも熱心であってほしいのです．

● 「変わり者」は人生を楽しめる

今は技術者が報われない時代だと思います．しかし，後輩や研究室の卒業生を見ていると，そんな苦しいときでも多少の波をかぶりながら，誇れる仕事を楽しみつつ続けている人たちがいます．それは，昔から「変わり者」として技術に打ち込んでいたな，と感じる人たちです．A君しかり，K君しかり…かくいう私も，高校時代から制御理論をかじって，「初等数学では理解できないだろうが」という技術誌の文章に歯がみをしていたのです．

「打ち込む」といっても，電子工作や機械いじりを趣味にして，週末もそれをやれというのではありません．少なくとも勤務時間中の仕事に，言われたからではなく，その中に面白さを見付けて，積極的に取り組んでいただきたいのです．

「それがなかなか見付からなくて…」ですか？でも本誌を勤務先から言われずに読んでいるのであれば，すでにそういう類なのではないでしょうか．そのうち何とかと信じて続けていたら，どこかで必ず糸口が見付かり，自然に打ち込むようになれると思います．

● これらを裏付ける日本の環境

この連載の最初の号（No.7）で，「日本が必要な変化をすれば開発途上国に脅威を感じることはない」と書きました．必要な変化は，上記2つとこの後述べる英語ですが，ここでその根拠を示します．マレーシアについては既にいろいろ述べたので，中国のことです．

残念ながら，スタッフになって，中国の大学の雰囲気を肌で感じたことはありません．しかし，マレーシアには中国系の人が多く，彼らを通じて見えることから言えるのは，日本はやはり奥が深い，です．

例えば，学会に出す論文の質を，一般に日本人は投稿前にできるだけ高める努力をします．しかし中国では，「一部の人」を除いて，書いたらまず出す，推敲は査読結果を見て，が多いように感じました．レースでいえば，断トツないし十分リードしての1位を目指すのと，2位をほんの少しリードするだけでも，とにかく1位になればいい，の差という感じでしょうか．この余裕が，ノーベル賞の数や製品の質になって現れていると思います．

ただ，中国は人口がとても多いので，上記「一部の人」が，絶対数としては相当な多数になる点に注意が必要です．この点は，もともと人口が少ない上に最近少子化が急激に進む日本では，「一部の人が頑張ればいい」では済まない状況になってきました．ここの解決は，広い意味で教育の課題でしょうか．

なお最近，中国そして韓国の文化を儒教に関連付けて論評した本が，多少過激なもの(1)まで含めて多数刊行されています．この点は，儒教の影響がないとは言えないまでも大きくない日本には，一定のアドバンスがあるとも言えるかもしれません．

写真4 KL風景2：角を曲がると日本なら積載違反の移動販売

コラム　マレーシアの研究と教育の一面

◆研究

　研究指導で学生に物理の素養がないことに当惑した，と先に書きましたが，現地教員がやっている内容はどんなものかを紹介しておきます．

　サイエンティストを自称する教員が多い化学系を除くと，テーマには実用的なものが多いようです．実用的かつユニークなものとして，さすがイスラム圏の大学だというのが，**写真A**と**写真B**のハラル（イスラム教義に則った食材処理）プラントです．これは，研究室レベルでの検証後，KL郊外の工場で実用化されています．日本なら現場の機器は組み込み機器メーカに作らせることが多いのに対して，学生が作ったものがそのまま実用に供されています．

　他に驚いたのが，通常，研究は学生の学位取得と関連していますが，その論文審査の合否を完全に外部の人が握っていることです．そしてときに，なぜこれが不合格なのだと思われる審査結果が出るので，学生はなかなか大変だなと感じます．

◆教育

　最初に，電子回路の期末試験に74LSIの使い方が出ることを紹介しましたが，それ以外に日本と違うことが2つありました．

　1つは，マレーシアのほとんどの大学は，EAC［Engineering Accreditation Council（工学認定協議会）］の審査を受けるべくカリキュラムを組むことです．これは日本でいえばJABEE（ジャビー：日本技術者教育認定機構）ですが，はるかに厳密で，言い換えれば教員には面倒なものでした．

　全ての科目には詳細なCourse Outline（シラバス）があり，成績評価も，小テストの何問目が授業目標の何番目に相当し，重みは何点，まで決めて学期をスタートしなければいけない点は，慣れないとなかなか大変です．計画当初の配点では不合格がかなり出てしまうという状況での調整には，毎学期の末に苦労しました．

　2つ目は，教員にとって期末試験が極めて厳格なことです．学期半ばを過ぎると問題案を学科長に提出し，それに基づいて，学科の全員が集まる査読会が開かれます．全員が全科目にコメントするわけではありませんが，1科目につき2人の査読者が割り当てられ，そこでのコメントに答えないと期末試験ができないのです．最終原稿も確認した後に学科長経由で教務係に提出され，試験当日まで金庫に保管されるという，日本なら入試並みの体制でした．

写真A　ユニークな研究：鶏肉のハラル加工プラントの模型

写真B　写真Aの研究の実証プラント

最後に，再び英語について

　しつこいですが，最後に英語のことをもう一度述べます．ここでもキーは「厚かましく」です．

● 英語をしゃべると「より厚かましく」なれる！？

　この連載の最初に，普通の意味での国際化の必要性に触れた後，「さらに英語が必要な理由は後で」と予告していました．

　グローバルな調達と販売のために英語がいると言うと，そのコミュニケーション手段のみとしてと解釈されがちなので，「さらに」と書いたのです．手段を越えて英語ができれば，"より厚かましく"なれるというのが「さらなる理由」で，実は手段よりもっと大事なことだと思います．

　あるいは，コミュニケーションは単なる手段ではなく，「人格にまで関わる」と言い換えができます．しゃべれれば，それによって新しい地平線が開かれ，厚か

ましくなるのも難しくありません．

● 英語が上達するためにも

ただし，鶏か卵かになりかねませんが，厚かましくなるための英語の上達には，多少の厚かましさが必要です．発音や文法などの多少のことは気にせず，どんどんしゃべることです．

「しゃべる」とは，もちろん一方的な発言ではなく会話です．商売だけでなく，文化面での会話を通じて自信が増し，厚かましくなれます．その第一歩が厚かましくしゃべること：それでいいんだ，もKLで学んだことの1つでした．次にこれについて述べます．

● しゃべろう Global Englishes で

連載の最初にBasic Englishのことを書きましたが，もう1つ，World Englishesという言葉を紹介しておきます．

注意していただきたいのは，Englishesと複数形なこと．つまり，英国人の言葉としての英語ではなく，最も広く使われる国際コミュニケーションの言葉です．日本人がしゃべるのは英語，アフリカの小さな国の人がしゃべるのも英語，と広く考えてください．

マレーシアには，日本ではあまり接する機会のない中近東やフリカを主とした，かなり多様な外国人が居住し，社会の共通語が英語です．しかし，発音は本当に千差万別でした．極端な場合，相手が話しはじめてすぐには何語か分からず，1分ほど聞いて，「あ，英語だ」と気付くようなこともありました．それでも，皆会話して，意思を疎通しているのです．

日本人は，とかく'B'と'V'，また'S'と'TH'や'R'と'L'など，発音に気を付けなくちゃと緊張します．がKLでは，もちろん正確さが必要な場面はありますが，'B'で発音しているけれど'V'の間違いだな，と適当に補って聞いてくれたりします．

なお，その代わりといっては何ですが，書くのは日本人の方が得意で，文法ミスだよなあという文章に出合うことも度々ありました．

ただ，それでいいのだと思うのです．例えばマレー語の動詞には時制（過去，現在，未来）がありません．たいていの言語には時制がありますが，ない言語もあるんだと思えば，「昨日大阪へ行きます」と言われても，あ，間違いだけど分かるな，でやりすごすことができます．それを直すより，「へえ，大阪で何したの？」と会話を続ける方が，本当のコミュニケーションになるのではないでしょうか．

● 日本の教育の問題

日本の英語の一番の問題は，上記のとおり会話です．KL滞在中に受け入れた日本の大学生や高校生の英会話能力は，平均的には，数十年前とそう変わっていないように思います（一部は良くなっているかも）．

では，英会話スクールに行ったらいいのでしょうか？もちろん悪くはありませんが，英会話スクールの英語はまさに英米人の言葉なので，私はあまり賛成できません．上記のように，世界の英語の平均はGlobal Englishesで，英米から少し外れたところにあるからです．例えば，3人称単数にはsを付けるという規則も，それが間違ったからといって混乱しません．それより，まず多くの外国人と会話を重ねる方が前向きで楽しいと思います．

そんなブロークンな英語をしゃべる人たちを見つけ，日本なまりを気にせず，どんどん話せばいいのです．首都圏ならその機会はどこかにあるでしょうし，英米にこだわらなければ，最近は地方都市にも外国人が大勢います．ここも，厚かましくいきましょう．

むすび

いろいろな業界での「働きすぎ」が見直されはじめた日本ですが，では，ほぼ全員が毎日17時前から帰り支度を始めるような勤労文化はどうでしょうか？私なら，例えばトラブルシューティングを始めて，手掛かりも得られていない段階で定時帰宅することは，技術者としてできません．

技術レベルを保つためには，日本人が持つ勤勉さをある程度維持する必要があると思います．それをしつつ国際化を進めれば，日本の技術は決して捨てたものではないと，この4年間で実感しました．このことを再度強調させていただき，この連載を閉じます．

最後に，KL滞在中よく議論をたたかわせた若林，福田両教授をはじめとする「霧島金曜会」のメンバと，場の支援をいただいた有馬さんに，心から感謝の意を表します．

◆参考文献◆

(1) 例えば，K.ギルバート，儒教に支配された中国人と韓国人の悲劇，講談社，2017年．
(2) 飯山 陽，イスラム教の論理，新潮新書，新潮社，2018年．

筆者紹介　小林 史典（こばやし ふみのり）

- 1949年生まれ．
- 東京工業大学 制御工学科卒
- 2012年9月〜2016年12月 マレーシア工科大学（Universiti Teknologi Malaysia）教授．
- 幼稚園からの秋葉原通いの続きで，専門は電子工学（回路とシステム）．

「MOTORエレクトロニクス」編集部から

- 「MOTORエレクトロニクス」No.10は，発行が予定より大幅に遅れてしまいました．読者の皆様，執筆者の皆様にはたいへん申し訳ありませんでした．また，頁数がこれまでの号より大幅に増えたため，定価も大幅に上げざるを得なくなりました．重ねてお詫びをいたします．

- EVは，「大手自動車メーカでなくても簡単にできる」と思われていた時代もありました．モータとコントローラと電池を搭載すればいいのだ…と．しかし，意外にとても奥深い技術でした．EVモータも，現在はブラシレスDCモータが主流ですが，米国テスラ社は永久磁石がない誘導モータを採用しているし，同じくSRモータも出番がありそうです．さらに将来のEV用モータは，今はないこれから新たに開発されるモータが主流になるかもしれません．

- モータ制御方法も，ブラシレスDCモータ用の120度通電(矩形波)とか180度通電(正弦波)とか，ベクトル制御とかでなく，新しいモータに対応したこれまでにない効率的な制御方法が新たに提案されるかもしれません．モータも1個でしょうか．

- 本号の特集で取り上げた電池もそうです．10年後のEV用電池は，リチウム・イオン電池ではないかもしれません．また，EVへの給電方法も進化するでしょう．

- それだけではありません．自動運転技術の進化はすでに予約されています．ただし，どのような制御形態になるのかはまだ見えていません．ただ，ソフトウェア開発の重要性が極めて高まることだけは間違いありません．

- 今の時代，日本では，失敗はあまり許されない風潮があります．しかし，失敗なしに成功することは，もの作りではまずあり得ません．失敗は「イヤ」なことではなく，何度も何度も失敗するからこそ，技術開発は楽しく，成功時の喜びは尊いのだと思います．

- そこで『MOTORエレクトロニクス』では，単なる技術の紹介だけではなく，また「こうしたら動いた」だけでもなく，成功の陰にある「失敗した例」も多く掲載するように心掛けました．失敗から何を学び，どう成功に結び付けたかです．実際に，個人でモータから手作り，コントローラも手作り，電池も手作り，車体も手作り．そういう人たちは，今の日本にもたくさんおられ，そういう方々に登場，ご執筆いただきました．感謝です．

- EV時代はこれからという時に残念なのですが，本誌はこの号で一旦休刊します．これまで，ご愛読いただいた日本の読者の方々，翻訳出版されて中国語で読んでいただいた方々，そして，これまでご執筆いただいた全ての方々に深く感謝いたします．

- **本書記載の社名，製品名について** ── 本書に記載されている社名および製品名は，一般に開発メーカーの登録商標または商標です．なお，本文中では™，®，©の各表示を明記していません．
- **本書掲載記事の利用についてのご注意** ── 本書掲載記事は著作権法により保護され，また産業財産権が確立されている場合があります．したがって，記事として掲載された技術情報をもとに製品化をするには，著作権者および産業財産権者の許可が必要です．また，掲載された技術情報を利用することにより発生した損害などに関して，CQ出版社および著作権者ならびに産業財産権者は責任を負いかねますのでご了承ください．
- **本書に関するご質問について** ── 直接の電話でのお問い合わせには応じかねます．文章，数式などの記述上の不明点についてのご質問は，必ず往復はがきか返信用封筒を同封した封書でお願いいたします．ご質問は著者に回送し直接回答していただきますので，多少時間がかかります．また，本誌の記載範囲を越えるご質問には応じられませんので，ご了承ください．
- **本書の複製等について** ── 本書のコピー，スキャン，デジタル化等の無断複製は著作権法上での例外を除き禁じられています．本書を代行業者等の第三者に依頼してスキャンやデジタル化することは，たとえ個人や家庭内の利用でも認められておりません．

〈JCOPY〉〈(社)出版者著作権管理機構委託出版物〉本書の全部または一部を無断で複写複製(コピー)することは，著作権法上での例外を除き，禁じられています．本書からの複製を希望される場合は，(社)出版者著作権管理機構(TEL：03-3513-6969)にご連絡ください．

MOTORエレクトロニクス No.10

編集　トランジスタ技術編集部	2019年4月1日 発行
発行人　寺前 裕司	
発行所　CQ出版株式会社	©CQ出版株式会社 2019
〒112-8619	(無断転載を禁じます)
東京都文京区千石4-29-14	定価は裏表紙に表示してあります
電話　編集 03-5395-2123	乱丁，落丁はお取り替えします
販売 03-5395-2141	編集担当者　山本 潔
	印刷・製本　三晃印刷株式会社
ISBN978-4-7898-4720-9	DTP　クニメディア株式会社
	Printed in Japan